MEI GONGCHENG
酶 工 程
（第三版）

主　　编：禹邦超　　周念波

副主编：汤文浩　　曾青兰　　王丽珍

编　　者：（以姓氏笔画为序）

王丽珍　　刘德立　　李轶群

汤文浩　　周念波　　郑　进

禹邦超　　胡燕梅　　胡耀星

涂绍勇　　黄芳一　　曾青兰

主　　审：刘德立

华中师范大学出版社

印600册.
3134—3733册

1-1 3000册
1-2 133册
1-3 600册

内 容 提 要

　　酶工程是生物工程的重要组成之一。本教材为高等院校酶工程课程的本、专科教学编写。全书共11章,绪论概要介绍酶工程的发展和研究对象;后续各章分别讲述酶催化的基础知识、酶制剂的生产、酶的分离纯化、工程酶(包括固定化酶)、酶在有机溶剂中的催化作用、酶的定向进化、酶反应器、几种工业酶制剂和酶的应用。本书供高等院校生命科学类专业的本科生和专科生作为教材使用,亦可供相关专业的技术人员参考。

兴和

新出图证(鄂)字 10 号

图书在版编目(CIP)数据

酶工程(第三版)/禹邦超 周念波主编. —武汉:华中师范大学出版社,2014.1(2020.1重印)
(21世纪高等教育规划教材·生物学系列)
ISBN 978-7-5622-6484-2

Ⅰ.①酶…　Ⅱ.①禹…　②周…　Ⅲ.①酶工程—高等学校—教材

Ⅳ.①Q814

中国版本图书馆 CIP 数据核字(2013)第 313617 号

书　　　名:酶工程(第三版)
主　　　编:禹邦超　周念波ⓒ
选题策划:华中师范大学出版社第二编辑室　电话:027—67867362　④
出版发行:华中师范大学出版社
地　　　址:武汉市武昌珞喻路 152 号　邮编:430079
　　　　　销售电话:027—67861549
　　　　　邮购电话:027—67861321　传真:027—67863291
　　　　　网址:http://press.ccnu.edu.cn　电子信箱:press@mail.ccnu.edu.cn
责任编辑:张晶晶　　　责任校对:刘 峥　　封面设计:罗明波　　封面制作:胡 灿
印　　　刷:北京虎彩文化传播有限公司　　　督　　印:王兴平　刘敏
开本/规格:787 mm×1092 mm　1/16　印　张:15　字　数:345 千字
版　　　次:2014 年 1 月第 3 版　　　　印　　次:2020 年 1 月第 2 次印刷
定　　　价:27.00 元

敬告读者:欢迎上网查询,购书;欢迎举报盗版,电话 027—67867353。

广东虎彩云印刷有限公司

第三版前言

　　21世纪生物工程发展迅速,社会对人才培养的要求不断提高,在新形势下,各高校教学改革不断深化,对教材质量也提出了更高的要求。《酶工程》(第二版)自出版以来,得到了广大读者的关注和好评,在多所高等院校广泛使用,取得了良好的教学效果。为进一步对教材进行完善和内容更新,我们精心组织了此次修订。

　　第三版教材除文字修饰外,也增补了不少新的内容,如在第五章新增了"固定化细胞和原生质体"、第九章新增了"酶反应器的应用"等内容。近年来,随着易错PCR、DNA重排、基因家族重排等基因随机突变技术和各种高通量筛选技术的发展,酶分子定向进化已成为当前酶工程领域研究的热点。作为一种酶分子改造的新策略,酶分子定向进化在改造酶分子特性方面的应用越来越广泛。为此,本次修订对原"第六章 工程酶(Ⅱ)"中有关进化酶的内容进行了扩充,使其独立成为一章,本书也由原来的十章扩展为十一章。同时由于主体篇幅的增加,删除了原书所附"酶工程实验"部分,并对第二版"第九章 几种工业酶制剂"中因与"酶工程实验"内容有重复而删除的部分作了还原补充。本次修订仍然坚持理论够用、侧重实践的原则,增添了诸多实际应用案例,进一步提高读者理论联系实际的能力。为方便读者学习和理解,每章还增加了"学习提要",并对一些内容进行了归纳总结,主要以图表的形式呈现。

　　本书在禹邦超教授的主持下,周念波(第一、四、五、八、十、十一章)、李轶群(第二章)、黄芳一(第三章)、涂绍勇(第六、七、九章)参加了修订,全书由周念波统稿。本书修订过程中,得到了武汉生物工程学院各级领导和教师同事、华中师范大学出版社及负责本教材策划工作的编辑室的大力支持,在此一并表示衷心的感谢!

　　酶工程是一门迅速发展的学科,新技术、新工艺、新方法不断涌现,虽然经此次修订后的第三版教材在内容上已有较多的更新,但是难免会有疏漏或不妥之处,恳请读者不吝赐教,提出宝贵意见。

编　者
2013年12月

第二版前言

随着生物工程的迅速发展,人们对酶工程学科重要性的认识日益深入,高等院校开设酶工程课程的相关专业越来越多,酶工程教学用书的需求量也在增加。本书第一版自出版发行以来,两年时间内已两次印刷,反映了酶工程教材的需求趋势。根据华中师范大学出版社的选题运作计划,考虑教材使用方面的现实需求、酶工程的学科发展情况,以及在教学过程中教师和学生对教材的诸多建议,我们精心组织了此次修订再版。在修订时,除了对第一版中的一些错漏之处进行订正外,为适应本科生教学的要求,在内容方面作了合理的修改和补充,具体体现在七个方面:一是增加了核酸酶的内容,在"第六章 工程酶(Ⅱ)"中单列一节"核酶与脱氧核酶";二是对进化酶等作了科学的补充;三是对酶催化的基础知识进行了精简;四是对固定化酶的扩散限制部分进行了重新编写;五是对酶反应器的设计知识的内容作了合理的调整;六是对第九章和第十章的部分内容进行了科学的整合;七是对实验内容进行了适当增删。

此次修订,特别邀请华中师范大学生命科学学院博士生导师刘德立教授主持审定全书内容,并具体执笔修编了"第六章 工程酶(Ⅱ)"。修改稿的其他内容由原作者以及湖北生物科技职业学院汤文浩、咸宁职业技术学院曾青兰和湖北生态工程职业技术学院王丽珍完成。主编禹邦超对全书统稿并定稿。

本教材在修订过程中参考了许多书刊文献,包括直接引用或以原作为蓝本进行适当修改的图、表,特在书末列出主要书目,并对相关作者谨表感谢。同时感谢使用本教材第一版的教师和学生提出宝贵意见,这些意见均已融入此次修订的原则与具体的编写之中。华中师范大学出版社及其承担本教材运作的编辑室、责任人,在教材的初版及再版的过程中,长远规划,精心组织,精细运作,也是本教材编写成功的重要前提。

本教材可供高等院校生物工程、生物技术、发酵工程、生物化工等专业酶工程课程作为讲授及实验教材使用,也可供有关专业的教学工作者、科学工作者和相关领域的工程技术人员参考。

酶工程领域发展迅速,新技术、新方法、新概念不断涌现,受编著者知识和视野所限,书中难免存在不当和错误之处,敬请专家学者和读者批评指正。

编　者
2007 年 6 月

第一版前言

酶工程是生物工程的重要组成部分。现在各类大学及部分高等职业技术院校的生物工程和相关专业都开设有酶工程课程,但教材不多见。几年来,我们在武汉生物工程学院讲授酶工程课程,倍感实用性强的酶工程教材建设很有必要。在学院领导的鼓励和支持下,我们几位任教同仁,不揣冒昧,试图本着理论够用、侧重实践,以叙述酶工程的成熟技术为主,适当介绍学科发展前沿,以及兼顾本科和专科教学的宗旨,编写了此教材。根据目前国内酶工程实验教材阙如和教学急需的现状,亦将我们多年教学中做过的实验,加以整理和充实,一并纳入本书。这一方面可以减轻学生的经济负担,另一方面也算是酶工程教学实验教材的一块砖,渴望有引玉之功效,同时也为课程教学提供方便。

在酶工程理论部分的编写体系上,教材编写的宗旨是充分考虑酶工程发展的历史及现状,关注酶工程已经不是简单的"酶制剂的生产和应用"的学科发展特点。近十多年来,诸如抗体酶、印迹酶、杂合酶、进化酶等"工程酶"(engineering enzyme)已经有了深入的研究,在专著性的《酶工程》中已占据了主要篇幅,这当然也是本教材进行较为深入的理论探讨的对象。某些新编的大学本科生和研究生用的《酶工程》教材,也开始介绍这方面的研究成果,而且对化学修饰酶也作了较多的叙述,但还是让人感觉理论偏重了一些。这也是因其读者对象使然。我们根据高等职业教育的特点和定位,大胆尝试,将工程酶理解为"应用某种技术操作,对天然酶进行性能优化和其他人为研制的生物催化剂的统称"。这就可以把固定化酶纳入工程酶范畴来讨论,但从酶工程发展史实和实用角度考虑,仍将其单独编写为一章(工程酶Ⅰ)。在工程酶的概念下,对于通常在固定化酶和酶的化学修饰讨论中重复的某些化学反应方面的内容,就可尽量删繁就简。而将固定化酶以外的各种工程酶集中在另一章(工程酶Ⅱ)中简要介绍,但不介绍核酶和脱氧核酶方面的内容。对于"有机溶剂中的酶催化反应"这一热点,也有专章予以简要介绍。此外,我们还设有"几类工业酶制剂"一章,以便讲述其性质和一些典型的酶制剂的生产工艺。这也是针对教学中学生反映的"学了酶工程,对一些具体的酶了解不多"的一种"补缺"。这一章和"酶的应用"一章,一横一纵,相互补充,试图体现编写宗旨。

酶工程是酶学理论和工程学结合的技术学科,涉及的知识面很广。教材中对于一些复杂数学推导的内容,采取了注重其结论和实用的原则处理。我们不惜篇幅,在书中各章末,编写了"本章要点"和覆盖面较宽的"复习思考题",以便使学生能更好地理解和掌握基本内容。

本教材由武汉生物工程学院的教师主持编写,内容编写分工为:第一～六章和第八章,禹邦超编写;第七章,胡耀星编写;第九章,胡燕梅编写;第十章,周念波编写;实验一～十,任俊编写;实验十一～十九,卢金珍编写。另外,湖北生物科技职业学院汤文浩、湖北生态工程职业技术学院郑进参加了编写及书稿整理工作,全书由禹邦超教授统稿。

酶工程（第三版）

本教材在编写过程中参考引用了许多书刊的图表资料，谨向相关作者表示衷心的感谢。华中师范大学出版社刘敏主任、何军华编辑对本教材的运作进行了精心策划，严定友副总编辑审定此书，在此谨表谢忱。同时还要感谢历届学生对编写此教材所提出的启发性意见。

编者学识肤浅，书中讹误之处，敬请专家学者和读者批评指正。

编　者

2005 年 7 月

目 录

第一章 绪 论

✳ **学习提要**

1. 理解酶工程的基本概念；
2. 掌握酶工程主要研究内容；
3. 了解酶工程与相关学科的关系。

何谓酶工程（enzyme engineering）？酶工程研究的对象是什么？酶工程有哪些理论和实用价值？酶工程的过去、现在和未来的状况如何？酶工程与相关学科有何关联？在学习酶工程具体内容之前，简要介绍酶工程研究和应用的历史、现状与发展，是为绪论。

一、酶工程的基本概念

先从酶说起。酶可以用最为美妙的词汇来描述，如酶是生命的序幕，酶是生命的主角等，但酶实际上就是高效专一的生物催化剂。中国早在 4 000 年前的夏禹时代，酿酒已盛行，"曲"（今曰酶）的发现功不可没；在西方，至 17 世纪也出现了关于酶的记载，1878 年德国人 Kühne W 首创 enzyme（酶）一词。无论汉语的酶或酵素，或是西文的 enzyme 或 ferment，都源于发酵、酵母之类。时至 1926 年，独臂学者 Sumner J 证明酶是一类蛋白质；半个世纪之后的 1982 年，Cech T 发现了他称之为 ribozyme 的 RNA 催化剂（译为核酶）；1994 年，Breaker A 等又发现可以切割 RNA 的 DNA，并称其为 DNAzyme 或 deoxyribozyme（译为脱氧核酶）。从生命分子进化来考察，不妨说核酶和脱氧核酶的发现好比是发现了生命催化剂的"活化石"。迄今这类催化剂与经典意义上的蛋白质属性酶（protienous enzyme）相比，还是凤毛麟角，目前还处于开发研究的初期。

何谓酶工程？酶学理论用于实际的技术科学，酶学和工程学结合的技术科学。这是从工程定义衍生出来的回答。酶工程像酶的概念一样，也是发展的。没有人认为夏禹时代就有了酶工程。一般认为，酶工程史从第二次世界大战时算起。20 世纪中叶，已由微生物发酵制得了酶制剂，并在工业上大规模应用，因而，当代的酶工程主要是指天然酶制剂在工业上的大规模应用。在实际应用中人们发现天然酶存在诸多不足之处，于是开展了对酶进行化学修饰的研究，逐渐形成了以固定化酶技术为当代热门的酶工程。时至 1971 年第一届酶工程国际学术研讨会召开，会上统一了"固定化酶"（immobilized enzyme）这一术语，固定化酶是一种修饰酶，并将其称为第二代酶工程。随后又有以固定化多酶反应器为特点的第三代酶工程。再后，便出现了"化学酶工程"、"生物酶工程"、"分子酶工程"或"酶分子工程"（molecular enzyme engineering）（Holmes D，1987）等术语；同时由于基因工程的鹊起，又有"工程酶"（engineering enzyme）（Fersht A，1984）这一术语出现。至 20 世纪 90 年代初，新的研究热点诸如抗体酶

(abzyme)或催化抗体(catalytic antibodies)的研制、酶在非水介质中的反应的研究和随之而来的溶剂工程(medium engineering)，以及新型生物反应器的研制与反应过程的计算机控制等研究，杂合酶、进化酶研究等等，频频登台。随着新世纪的到来，酶工程迎来了欣欣向荣的局面，现代酶工程的概念由此应运而生。

应当指出，上述酶工程发展的梗概，只不过是传统酶概念下的酶工程史略，至于核酶，在罗贵民（2002）主编的现代生物技术丛书《酶工程》中已有专章讨论，但离规模性应用还有相当的距离。有人认为从酶的工业应用出发，酶工程是指工业上有目的地设计一定的反应器和反应条件，利用酶的催化功能，在常温、常压下催化化学反应，生产人类所需要的产品或服务于其他目的的一门应用技术。现在看来，可以认为酶工程是以酶学、微生物学理论为基础，以化学化工原理和技术、生物工程技术为主要手段，进行酶制剂的生产、酶性能优化、新型酶催化剂研制以及酶反应器的设计和酶催化剂应用的技术科学。这里用了"酶催化剂"一词来概括经典意义的酶(enzyme)、抗体酶(abzyme)、核酸酶(nuclic acid enzyme)和人工酶(artificial enzyme)等。

二、酶工程的研究对象

酶工程的发展十分迅速，研究的对象日益深广，大致可以概括为七个方面来理解，也可以从中看出酶工程发展的大致进程。

1. 酶制剂的生产

天然酶存在于各类生物之中，人工酶是模拟天然酶的催化功能用化学方法合成的催化剂。含酶的制成品，谓之酶制剂。酶制剂的生产，最初是从动、植物中提取酶制成的，以后则发展为用微生物发酵法生产。在差不多经历了一个世纪的发展之后，现今又在一个更高层次上再来利用动、植物细胞生产酶制剂，即用大规模动物细胞培养和植物组织培养或发酵法生产酶制剂。微生物、动物、植物细胞的发酵或大规模培养，是酶制剂生产的第一阶段，可称为酶源培植工程。微生物酶优良生产菌种的选育一直是发酵法生产酶制剂关注的重点，现在仍是重要的研究对象；生物反应器研制的进展在这方面亦发挥了重要的作用，研究正在深入发展。发酵所得物料，有时经简单工艺处理即可以应用，但一般都要经过繁复的工艺分离纯化酶，再制成成品。发酵液的加工，是酶制剂生产的第二阶段，在酶制剂生产总投资和总工时中，这一阶段一般约占 2/3，因此研究和应用提高酶的分离纯化效率的新技术、新工艺，必将为酶制剂以生产带来巨大的效益。

2. 酶催化性能的优化

从生物中分离制得的酶常称天然酶。在天然酶制剂的大规模应用中曾经遇到了两个主要障碍：一是酶离开生物体后，往往变得不稳定；二是酶制剂生产成本高，而且往往是"一次性"用品，使用成本更高。为克服天然酶制剂大规模应用上的困难，早在 20 世纪 50 年代之前，许多酶学研究者就开始酶催化性能优化的探索，首先是在酶学研究催化活性的化学修饰基础上，进行催化性能的优化探索，主要目的是增强酶制剂应用的稳定性。而酶的固定化和紧随其后的细胞固定化，则是当代具有里程碑意义的一类应用技术研究，其主要目的是赋予酶制剂以反复多次使用性。迄今业已积累了许多有相当实用价值的方法和技术，但在大规模工业应用方面，仍是酶工程的重要研究对象。

为了优化酶的催化性能，应用化学试剂对酶蛋白进行的处理，往往会改变酶的相对分子质量,称为化学修饰;若是应用物理的或物理化学的方法处理,只对酶高级结构有影响,或是对酶的应用条件有所优化,称为酶的改造。"修饰"和"改造"两词有时并不严格区分,现在一些文献中更常见"酶分子改造"的用语。酶的固定化就有修饰或改造的优化过程。利用化学或物理化学方法优化酶催化性能的内容,称为化学酶工程。

随着基因工程技术的成熟,现在已可以应用 DNA 重组技术来改变酶蛋白质的氨基酸组成,从而优化酶的催化性能,乃至创造"新酶"。利用基因克隆技术提高酶的产量,特别是生物细胞中含量极微而又非常有用的酶的基因克隆和生产,将带来巨大的社会效益和商机。这些内容,就是前述生物酶工程的基本内涵,也是 Fersht 的工程酶之所指。

应用物理因素(如加压、升温或降温、辐射等)来改变酶的催化活性的探讨,在 20 世纪中叶已有报道,20 世纪 90 年代又引起人们的关注,随着实验技术条件的进步,将会吸引更多人从事这方面的探索。

3. 工程酶的研制开发

这里引用"工程酶"这一术语,但不局限于基因工程酶,而将应用生物工程技术和/或化学合成技术研制开发的酶催化剂都概括其中,也包括固定化酶。

(1) 抗体酶的研制开发

抗体酶是具有催化活性的免疫球蛋白(抗体),或称催化抗体。它是细胞工程技术与有机合成技术相结合取得的成果。自 1986 年 Lerner 和 Schultz 同时报道抗体酶研制成功以来,十多年的时间已研制出能催化天然酶催化的 6 种反应和其他类型常规反应的抗体酶,抗体酶催化的反应已超过 80 种,而且还在不断增加。已总结出一些较成熟的抗体酶制备方法,相关的基础理论探讨和应用研究日渐深入广泛,少数催化抗体已获实际应用。由于抗体的多样性和高度的专一性,使得抗体酶的研制开发潜力极其巨大,故而成为酶工程的研究热点。

(2) 人工酶的研制开发

人工酶或称模拟酶,是模拟酶催化功能,由人工合成的或是半合成的一类较天然酶简单的非蛋白质分子或蛋白质分子,是综合应用有机化学和生物化学等方法研制的一类酶催化剂。研制人工酶是当今自然科学领域中的前沿课题之一,当然,也是酶工程研究的重要对象。目前这方面的工作成果多出自生物有机化学研究者之手,这也昭示了它的学科边缘性特点。

(3) 杂合酶的研制开发

杂合酶(hybrid enzyme)是指由来自不同酶分子中的结构单元或整个酶分子进行组合或交换,所产生的具有所需性质的优化酶杂合体(张今,2003)。杂合酶的研制,是现今蛋白质工程进步的一种展示,是现阶段创造新酶的一种有效途径,也是改善酶的非催化特性(如耐热性等)、开发酶的新催化特性的新途径。自 1985 年第一个杂合酶研制成果问世以来,已有大量这类研究报道和综述见诸书刊,构建杂合酶的策略和具体方法均有所梳理。至少已有十多个采用杂合酶技术改良的酶获得了美国专利。可以预期,这一研究领域即将形成酶工程的新热点。

杂合酶研制有理性设计和非理性设计之分,根据酶分子结构资料充分占有为基础而创建的一类方法为理性设计法；酶分子的体外定向进化（directed evolution of enzyme *in vitro*）是产生杂合酶的另一途径，在蛋白质工程中属于非理性设计（irrational design）法。它是在实验室中人为地创造特殊的条件，模拟自然进化机制（随机突变、重组和自然选择），在体外改造酶基因，定向选择出所需突变体的技术，故又称实验分子进化（experimentally molecular evolution）。定向进化＝随机突变＋选择，利用定向进化技术研制的酶称为进化酶。

（4）极端酶等新生源酶的研究开发

极端酶（extremozyme）是指能在非常规条件下作用的酶，主要来自生长于超常生态环境条件下的嗜极菌（*extremophiles*），也可以对现有酶通过改良而获得。还有人将酶在非水介质中的反应也列入极端酶范畴，因为这也是在非常规条件下的酶催化反应。极端酶的深入研究和应用将引领化学工业、食品工业和医药工业走向"绿色"产业。

生物资源还有很多是人类未知或知之甚少的。仅就微生物而言，新近有关资料表明，能在实验室培养的微生物种类不足自然界中微生物总数的1‰，其余的则被称为未培养微生物（unculturable microorganisms）。随着分子生物学方法和技术迅速进步，人们已经开始从这类微生物中直接寻找有开发价值的基因，通过基因克隆，利用已经培养驯化的宿主表达，筛选新酶基因。这是酶工程研发中的又一新发展方向。

4. 非水介质中的酶反应研究开发

常规酶反应都是在水溶液中进行的，20世纪后半叶陆续开展了酶在有机溶剂中的反应的研究。1984年，Klibanov A M综述了此前的工作，促使许多敏锐的学者投入这方面的研究，从而促进了溶剂工程的形成和发展，现已成为酶工程研究中十分活跃的研究领域。已报道有十几种酶在适宜的有机溶剂反应系统中，其催化活性与在水中的催化活性相当，特别是一些酶，例如脂肪酶，在有机溶剂中具有多种催化活性，在不同的有机溶剂中具有不同的立体选择性，更引起了有机合成工作者的极大兴趣。因而非水介质中的酶反应，也成为一个边缘学科的研究领域，一个由酶催化、化学催化和生物转化联合应用所形成的所谓组合生物催化（combinatorial biocatalysis）应运而生。

5. 酶生物反应器和酶抑制剂的研制开发

酶生物反应器的设计和酶抑制剂的研究，是酶工程的两项重要内容。酶生物反应器是酶的发酵生产和酶制剂进行催化反应的装置，其设计研究的目标主要是提高产量、降低成本，从而增加经济效益。因而，可以说它是酶工程研究中永恒的对象。酶抑制剂是能阻断或降低酶催化活性的物质，在酶制剂的应用技术中占有特殊的位置，例如许多重要的抗生素就是酶的抑制剂；酶抑制剂在有机体的代谢控制中发挥特殊的作用，因而在药物、农药和除草剂设计中，形成了所谓酶标设计（enzyme target design）的新方向。所以酶抑制剂的研制开发也是酶工程的重要研究对象。

6. 酶制剂的应用技术研究开发

酶制剂的用途很广，工农业、医药、环保、能源等国民经济的各个重要领域，都有酶制剂的用武之地。有资料表明，在生物催化剂数据库（biocatalyst database）中收集有8 000余篇论文和专利，介绍了18 500余种酶、微生物和抗体酶催化的生物催化反应，而现在实际用于生产、医药、日常生活和科研的酶仅数十种。酶催化剂的应用技术研究开发潜力之大是不言而喻的,更何况新发现的酶数量还在增加,已知酶达 3 000 余种,若再考虑到工程酶数量的增加不受自然资源限制,酶催化剂应用技术研究开发前景之美好自不待言。

7. 核酸酶的研究开发

最近有学者将核酶和脱氧核酶概括为核酸酶(nucleic acid enzyme)。此处的核酸酶不是蛋白质属性酶中的核酸酶(nuclease)和核糖核酸酶(ribonuclease),它的化学本质是核酸(nucleic acid)。自核酶(ribozyme)发现以后,随着人工进化技术的出现,人们应用这种技术获得了能切割 RNA 和 DNA 的 DNAzyme(不同于蛋白质属性的 DNA 酶,是一段具有酶切活力的寡核苷酸序列),随后又陆续制得了催化核酸连接、过氧化反应等的脱氧核酶,但迄今还未发现天然的 DNAzyme。核酸酶的应用,目前主要集中于基因治疗领域,近年应用于抗植物病毒方面的报道已有不少,也可能会在抗虫农药开发和其他领域的应用开发中出现突破。

三、酶工程与相关学科的关系

酶工程作为生物工程的一个重要组成部分,它和发酵工程、细胞工程、基因工程、蛋白质工程等是相互依存、相互促进的。如上所述,目前大量生产的酶都是由发酵法生产的产品,酶生产菌种的改良离不开细胞工程和基因工程技术,天然酶催化性能优化的重要手段也要利用基因工程技术,抗体酶的研制开发需要利用细胞工程技术(单克隆抗体技术),许多工程酶的研制开发都要利用蛋白质工程技术去完成。而基因工程、蛋白质工程、细胞工程和发酵工程中,都要用酶和各种各样的工具酶以及生产用的酶制剂。没有基因工程工具酶,就没有基因工程和蛋白质工程。

酶工程的理论基础是酶学、生物化学;解决酶工程的许多工程技术问题,需要应用化学和化学工程技术;人工酶、抗体酶的研制、非水介质中酶反应的研究,都要求研究者既具有良好的酶学基础,还要有良好的有机化学功底;极端酶的开发,离不开微生物学基础和技术;酶制剂应用技术的开发,则需要与其应用领域相应的更为宽广的知识……现代科学技术的发展,使得许多学科的交叉特点愈益明显,而计算机的应用已是必备的手段,酶工程也不例外。酶工程反馈相关学科的则是,酶工程的原理、技术和实践,使酶学理论得到了充实和发展,给酶学增添了新篇章,给微生物学增添了新内容,也促成生物化工、超分子理论的诞生,并将推动"绿色"化工的发展,如此等等,不一而足。

最后应当说明,本书中若无特指,酶就是指蛋白质类经典意义的酶(enzyme),酶工程也主要讨论经典意义的酶的一般工程技术内容。在工程酶(Ⅱ)中简介了核酸酶的内容。书中也常会使用"生物催化剂"这一术语,以表示利用酶和/或细胞中的酶作为催化剂之意。

本 章 要 点

酶是高效专一的催化剂,从化学属性上可分为三类:蛋白质酶(含抗体酶)、核酸酶(包括核酶和脱氧核酶)、化学酶(chemozyme,即化学合成的非蛋白质人工酶)。

酶工程是以酶学理论为基础，以化学化工原理和技术、生物工程技术为主要手段，进行酶制剂的生产、酶催化性能的优化、新型酶催化剂的研制、酶反应器的设计以及酶催化剂应用研究的技术学科。经典酶工程，是就酶制剂的生产和应用而言，近现代酶工程已派生出诸如化学酶工程、生物酶工程和工程酶等概念，但目前尚未形成统一的共识。

　　酶工程的研究对象大致概括为七个方面：1.酶制剂的生产；2.酶催化性能的优化；3.工程酶的研制开发；4.酶在非水介质中的反应的研究开发；5.酶生物反应器和酶抑制剂的研制开发；6.酶制剂的应用技术研究开发；7.核酸酶类的研究开发。从中也可窥见酶工程发展之一斑。

　　酶工程是生物工程重要的组成部分，与其他各部分相互依存，相互促进；与酶学、微生物学、化学化工特别是有机化学等相关学科也是密切关联，相互推动各自的发展，并且产生了一些边缘学科。

复习思考题

1. 试述你对酶和酶工程含义的理解。
2. 你能从有关酶工程的研究对象的内容中整理出酶工程的大致发展过程吗？
3. 试述你已学过的相关课程内容与学习酶工程的关系，以及你对学习酶工程的设想。

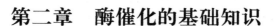

第二章 酶催化的基础知识

❊ 学习提要

1. 熟悉酶催化的特点和分类命名；
2. 了解酶分子的结构特征；
3. 掌握酶活力测定方法；
4. 掌握影响酶催化作用的因素。

第一节 酶催化的特点

酶作为催化剂，除了催化剂的共性外，还有以下特点：

一、催化效率高

酶催化效率通常是指酶加速化学反应速率而言。它是化学催化反应速率的 10^7 倍～10^{13} 倍，是非催化反应的 10^8 倍～10^{20} 倍。例如，H_2O_2 分解为 H_2O 和 O_2 的反应，用铁离子催化，速率为 6×10^{-4} mol·mol^{-1}（铁）·s^{-1}；用血红素催化，速率为 6×10^{-1} mol·mol^{-1}（血红素）·s^{-1}；而过氧化氢酶催化的速率，则是 6×10^6 mol·mol^{-1}（酶）·s^{-1}。酶催化常称"酶促"，催化即促进。

二、催化专一性强

酶催化的专一性是指一种酶只能催化某一种或某一类化学反应的性能特点。例如，脲酶只催化尿素水解，生成 CO_2 和 NH_3，不能催化结构与尿素类似的硫脲和其他具有酰胺键的化合物水解。这样的特性通常称为绝对专一性。又如，蛋白质水解酶（简称蛋白酶）可以催化肽键水解；α-淀粉酶能催化淀粉的 1,4-糖苷键水解，但不能水解 1,6-糖苷键，这就称为键专一性。再如，L-乳酸脱氢酶只能催化 L-乳酸脱氢，而不能使 D-乳酸脱氢，则称为立体化学专一性。酶能特异地识别并结合它的底物，而一般化学催化剂则无此专一性；免疫球蛋白（抗体）虽然也有特异识别并结合某种抗原物的功能，但不能催化抗原发生化学反应，这正是酶和抗体之间的最大区别。人们将化学和免疫学技术相结合，研制出抗体酶，从而使抗体获得了催化功能，构建了抗体通往酶催化剂的通道。

三、反应条件温和

酶催化反应通常都在常温、常压、pH 近乎中性的条件下进行，因而应用酶催化的工业生产能耗低，设备投资也低。

四、酶对环境极敏感

在一定的条件下，化学催化剂会发生中毒而失去催化活性；酶的蛋白质属性使其更加脆弱，在高温、短波辐射、极端 pH、重金属盐、表面活性剂等理化因素的影响下，酶蛋白将会发生构象变化，轻则使催化活性降低，重则变性、丧失活性。当酶蛋白质遇到蛋白酶时，将被降解而失活。若反应环境中存在酶的抑制剂，酶的催化活性也将受到不同程度的抑制。通俗地说，酶很"娇弱"，这是在酶的应用中要特别注意的，也是酶工程需要对酶进行改善的重要缘由。

五、酶在机体中受到严格的调控

生命活动是各种各样的酶有序行使催化功能的现象，酶在机体中合成、存在和降解，酶进行催化反应的速率、时间、空间、条件等，都要受到机体的严格调控。调控的途径、方式多种多样，这是代谢调节讨论的对象。酶工程所关注的是，在酶制剂的发酵生产中如何控制酶在细胞中的合成，提高酶产量，降低生产成本；酶作为一种外来物，譬如作为药物进入机体后，将会遭受何种际遇，酶工程工作者应当采取何种对策以提高酶药物的功效，尽量减轻酶作为外来物引起的机体不良反应。

第二节　酶的分类命名

一个典型的细胞中大约包含 1 000 种～10 000 种不同的酶，酶分子总数 5×10^8 个～50×10^8 个；现已发现的酶多达 4 000 种以上，而且每年都有新认识的酶增加记录数字。为了更好地研究和应用酶，必须对酶进行科学的分类和命名。

一、酶的国际分类命名系统

1961 年，国际生物化学联合会（International Union of Biochemistry，IUB）酶学委员会（Enzyme Commission，EC）根据催化反应的性质，将蛋白质属性的酶分为六大类：① 氧化还原酶；② 转移酶；③ 水解酶；④ 裂解酶；⑤ 异构酶；⑥ 连接酶（或合成酶）。每大类下，按照酶作用的底物、化学键和基团的不同分为若干亚类；亚类下根据作用基团受体类型的不同分为若干亚亚类；在亚亚类下，按照酶发现的先后顺序进行编号。酶学委员会对每个酶的分类地位给出一个由 4 个阿拉伯数字组成的编号，每个数字依次代表上述三级分类和发现顺序号，数字间用圆点分开，数字前冠以"EC"。每个酶都按规则命名（学名），并推荐一个俗名。酶的俗名，通常是由它们的底物名称加上"酶"字（英文是加后缀"-ase"）而成。例如，前述催化淀粉（α-1,4-葡聚糖）水解的酶，俗名为 α-淀粉酶（amylase），学名是 1,4-α-葡聚糖-4-葡聚糖水解酶（EC 3.2.1.1）；催化 L-乳酸脱氢的酶，俗名 L-乳酸脱氢酶（lactic acid dehydrogenase，LDH），学名是 L-乳酸：NAD 氧化还原酶（EC 1.1.1.27），编号附于括号中。因 L-乳酸脱氢酶催化的是双底物反应，命名规则规定，两个底物名之间用双圆点分开。表 2-1 列出了六大类酶催化的反应类型。

表 2-1　EC 分类的酶催化反应类型

分类名称（编号）	反应类型	反应通式	实　例
氧化还原酶（EC 1.）	电子的转移	$A^- + B \rightarrow A + B^-$	醇脱氢酶（EC 1.1.1.1）
转移酶（EC 2.）	转移功能基团	$A-B+C \rightarrow A+BC$	谷草转氨酶（EC 2.3.2.7）
水解酶（EC 3.）	水解反应	$A-B+H_2O \rightarrow$ $A-H+B-OH$	胃蛋白酶 A （EC 3.4.23.1）
裂解酶（EC 4.）	键的断裂（常形成双键）或生成	$\underset{X\ \ \ Y}{A-B} \rightleftharpoons A=B+X-Y$	丙酮酸脱羧酶（EC 4.1.1.15）；腺苷酸环化酶（EC 4.6.1.1）
异构酶（EC 5.）	分子内的基团转移	$\underset{X\ \ \ Y}{A-B} \rightleftharpoons \underset{Y\ \ \ X}{A-B}$	葡萄糖（木糖）异构酶（EC 5.3.1.5）
连接酶或合成酶（EC 6.）	由两分子连接成一分子，键的形成与 ATP 偶联	$A+B \rightarrow A-B$	丙酮酸羧化酶（EC 6.4.1.1）乙酰辅酶 A 合成酶（EC 6.2.1.1）

二、工业酶制剂的命名和分类

中国发酵工业协会根据酶制剂工业迅猛发展及国外酶制剂产品纷纷涌入国内的情势，为了加强行业管理，委托酶制剂分会起草了一份《工业酶制剂的命名和分类规定》（建议稿），摘录示例见表2-2。该规定列出了目前生产应用较广的 32 种工业酶制剂，根据酶作用的底物归为 4 类：碳水化合物酶、蛋白质酶、酯酶和其他酶。"系统名（IUB）"和"IUB编号"两栏，分别列出了酶的国际制名和编号，以便接轨，避免引起混乱。"来源"和"备注"栏，可以看做是分类的补充或说明。不同来源的同一名称的酶，在用途和使用性质上可能有很明显的差别，所以应用时要特别注意产品使用说明。

表 2-2　工业酶制剂的命名和分类规定（建议稿）

酶　　名	分　类	系统名（IUB）	IUB 编号	来　源	用　途	备　注
α-淀粉酶	碳水化合物酶	1,4-α-D-葡聚糖-4-葡聚糖水解酶	3.2.1.1	①米曲霉变种②枯草杆菌变种③地衣芽孢杆菌	酿酒、淀粉加工、烘焙、纺织、造纸、洗涤剂、饲料等	最适温度 90 ℃以上冠"高温"，60 ℃以上冠"中温"；最适 pH ≤5 冠"酸性"，最适 pH >9 冠"碱性"
糖化酶（葡萄糖淀粉酶）	碳水化合物酶	1,4-α-D-葡聚糖-4-葡萄糖水解酶	3.2.1.3	黑曲霉变种	酿酒、葡萄糖制造	

酶　名	分　类	系统名（IUB）	IUB 编号	来　源	用　途	备　注
蛋白酶（通称）	蛋白质酶	蛋白质水解酶	3.4.23.18 3.4.24.28 3.4.21.62	①黑曲霉变种 ②米曲霉变种 ③枯草杆菌变种 ④地衣芽孢杆菌	啤酒、肉类嫩化、蛋白质水解物、洗涤剂、纺织、制革等	最适 pH＜5 冠"酸性"，最适 pH 5～9 冠"中性"，最适 pH＞9 冠"碱性"
葡萄糖异构酶	其他酶	D-木糖-酮异构酶	5.3.1.5	①密苏里放线菌 ②凝结芽孢杆菌 ③其他	果葡糖浆制造	
脂肪酶	酯酶	三酰甘油酯酰基水解酶	3.1.1.3	①动物胃、胰腺等 ②曲霉、根霉等	洗涤剂、油脂水解、非水相反应中应用等	

＊摘自中国发酵工业协会酶制剂分会的资料。

三、一些习惯归类

在酶工程的叙述讨论中，通常使用一些习惯的酶归类术语，其含义并不十分确定，却可避免冗长的叙述，读者也能大致领悟其义。下面略述几种这样的归类：

1. 动物酶、植物酶、微生物酶

这是按酶的生物来源进行的分类，动物酶如胃蛋白酶、胰脂酶、唾液淀粉酶等，在命名时常冠以动物脏器或体液的名称；植物酶如木瓜蛋白酶、刀豆脲酶、南瓜种子脂肪酶等，酶名称常冠以植物或/和器官名；微生物酶又常分为细菌酶（如枯草杆菌蛋白酶）、霉菌或真菌酶（如黑曲霉糖化酶）、酵母菌酶（如假丝酵母醇脱氢酶），也以来源微生物名来命名。

2. 胞内酶和胞外酶

酶在细胞中合成后仍留在细胞质膜内发挥作用的，称为胞内酶。胞内酶因其在细胞中的定位不同，又有胞质酶、线粒体酶、溶酶体酶之分，还有溶酶和结酶之分。结酶，是结合在细胞的膜结构之中的酶；溶酶，则是游离态的酶。胞外酶的概念较为混乱，一种观点认为，凡合成后穿过了质膜的酶都叫胞外酶，再加以细分；但在酶工程中，通常是把分泌到细胞外环境中的酶称为胞外酶（即细分法的外泌酶）。结酶的分离纯化比较麻烦，溶酶的分离纯化容易一些，胞外酶则更便于提纯。生产酶制剂的生产菌当然首选产胞外酶者。

3. 溶液酶和固定化酶

酶蛋白质一般是水溶性的,酶促反应一般也是在水溶液中进行的,所以,为了与固定化酶区别,经常把未固定化的酶称为溶液酶,有时也称为游离酶或自由酶。固定化酶则是指酶经过某种物理或化学方法处理后,其运动被限制在一定空间范围的制剂。通常固定化酶不溶于水,由于固定化方法不同而有各种不同形态的制剂。固定化酶的研制是第二代酶工程的标志性成就。

除此而外还有一些归类性酶名称,诸如单体酶和寡聚酶、巯基酶和丝氨酸酶、基因工程工具酶等,将在相关章节中介绍。

四、核酸酶的分类命名

核酸酶类现在还没有公认的统一分类命名法,一般是根据核苷酸组成不同分为核酶和脱氧核酶。核酶根据反应的类型分为剪切型核酶、剪接型核酶和多功能核酶三类;根据结构特点不同分为锤头型核酶、发卡型核酶、含Ⅰ型内含子和Ⅱ型内含子核酶以及蛋白质-RNA 复合物核酶四类;还有作用于 DNA 的核酶、作用于多糖的核酶、作用于氨基酸酯的核酶可以归为分子间催化的核酶。

迄今为止,还未发现天然存在的脱氧核酶,已有的 DNAzyme 都是应用分子进化技术获得的。催化的底物有 RNA 和 DNA 等,可切割(水解)RNA 和 DNA,还可以催化磷酸化反应、连接反应和卟啉环的金属螯合反应等。

第三节 酶分子的结构特征

现在已知的酶几乎都是蛋白质,这类蛋白质具有催化活性是由它们特定的分子结构所决定的。酶蛋白质除少数属于简单蛋白质外,大多数属于复合蛋白,即"全酶=酶蛋白+辅因子"。酶蛋白是主体,辅因子对酶催化起重要的辅助作用。

一、酶蛋白的结构特征

1. 酶蛋白质一般具有球状外形

酶蛋白质和其他蛋白质一样由 21 种基本氨基酸(L 型)组成,氨基酸按一定顺序共价结合的多肽链为一级结构;一级结构中几个邻近的氨基酸以一定规则的氢键相互作用,形成螺旋、折叠、转角、卷曲等二级结构;二级结构单元进一步盘曲折叠,形成球状分子,即三级结构,亦即简单的酶分子。这种只有三级结构的酶称为单体酶。现在广泛应用的工业用酶制剂都是单体酶。其实,大多数酶是由两条或多条具有三级结构的单体构成的,称为寡聚酶。而且单体数多为双数,单体之间依靠疏水相互作用、氢键、离子键和范德华力联系而成整体分子。它们也呈球状外形。

2. 酶的相对分子质量

统计表明,单体酶大约占统计酶数的 11%,二聚体占 36%,四聚体占 33%。单体酶和酶单体(称为酶亚基)的相对分子质量分布在 30 000~60 000,而且在 40 000 左右较为集中。寡聚酶的相对分子质量至少比单体加倍,多者数万至十几万,乃至数百万单位。

3. 氨基酸组成和排列顺序与酶催化活性的关系

研究表明，不同来源的同一种酶，或是功能相近的酶，其氨基酸组成相近，氨基酸的排列顺序也存在大量的同源序列，特别是催化活性部位附近的氨基酸序列常具有惊人的相似性。例如，一些以丝氨酸（Ser）为催化基团的蛋白酶，在 Ser 附近的氨基酸顺序为……Gly-Asp-Ser*-Gly-Gly-Pro……（*示其为催化残基），而酶蛋白质氨基酸排列序列之间的差异一般是在远离此类活性部位的地方。

4. 氨基酸的空间分布

酶蛋白质貌似球状的分子，其实表面凹陷呈一裂隙，直至核心，催化活性部位就处于此间的狭小区域，故活性部位又有活性中心之称，其氨基酸分布以疏水性者居多，构成了疏水性氨基酸为主的内核；而酶分子的表面则以亲水性氨基酸占优势，这就赋予了酶的水溶性特点。

5. 酶分子的柔顺性

酶在水溶液中通常能以多种构象状态存在，称为酶分子的柔顺性或流动性。在无水状态下，酶分子的极性和带电基团相互作用，则产生一种"锁定"构象，即相对刚性的状态。水作为一种极性和高介电常数的物质，像润滑剂一样，加到无水的酶中以后就使酶由"刚"向"柔"转化，并在酶与其底物相遇时，才可能发生诱导契合，催化底物转变成产物。现今的研究表明，酶在非水介质中的催化反应仍然需要有微量的水存在，绝对无水时，酶只能是无活性的"锁定"构象状态。适当的刚性使酶的立体专一性增强。酶在水环境中，因"柔性有余"，反而使其失去了某些"天才"的催化功能；一些酶，如脂肪酶、某些蛋白酶，在有机溶剂中催化的反应类型发生改变，如立体选择性增强等，与溶剂所引起的酶的柔性降低有密切的关系。因而开发酶在非水介质中的反应就成了当今诸多学者的理性追求。

二、酶的辅因子

酶的辅因子是酶分子结构中的非蛋白质组分，大部分酶必须有辅因子才显示活性。辅因子分为两类：金属辅因子和有机辅因子。它们都是一些热稳定的小分子物质。前者如 Zn，Ca，Cu，Fe，Co，Mo，Mg，K，Na 等，它们参与维持活性构象，或作为催化过程中的电子传递体；有机辅因子大多是维生素的衍生物，或是维生素本身，或是核苷酸，还有苯醌类等，已知共有 20 多种，其中有的与酶蛋白紧密结合，称为辅基，有的结合松散，称为辅酶。它们的作用是，在催化过程中参与质子、或电子、或基团的转移，参与催化活性构象的形成和稳定。很多有机辅因子都是杂环类化合物，且以含氮杂环居多，利于形成氢键，而其芳环或脂肪族侧链可能对疏水相互作用等有贡献。有机辅因子分子结构中几乎都含有磷酸基或羧基，在与酶蛋白结合时可形成盐键。这些结构特点也是其参与催化作用的基础。

不同的酶，对辅因子的需求不同，有的酶只需一种辅因子，有的酶则同时需要辅酶和金属离子，大约 25% 的酶含有紧密结合的金属离子，或在催化过程中起作用。六大类酶中，除水解酶和连接酶外，其他的酶都需要有特定的辅酶或辅基（表 2-3）。

表 2-3　酶的辅酶或辅基

酶　类	辅酶或辅基
氧化还原酶	辅酶Ⅰ(NAD)、辅酶Ⅱ(NADP)、黄素类(FAD,FMN)、血红素类、谷胱甘肽、维生素 C、醌类
转移酶	硫胺素焦磷酸(TPP)、辅酶 A、磷酸吡哆醛、生物素、四氢叶酸、硫胺素、甲基钴胺素、维生素 A
水解酶	—
裂解酶	硫胺素焦磷酸、磷酸吡哆醛
异构酶	钴胺素、磷酸吡哆醛、糖磷酸
连接酶或合成酶	—

三、酶活性部位

酶分子中能结合底物并催化其生成产物的区域,称为酶的催化活性部位,简称活性部位,又称活性中心。它是由酶蛋白的一些氨基酸残基,或者还加上辅因子的特定基团或金属离子构成的。

1. 全酶与活性部位的关系

Koshland D K 曾经根据氨基酸残基对催化功能的贡献,将它们分为 4 类:① 接触残基,它们与底物直接接触,其中某个或几个基团距离底物分子仅一"键"之遥(1.5 nm～2.0 nm);② 辅助残基,虽然不直接接触底物,但对接触残基发挥功能起辅助作用,这仅是个别残基的功能;③ 结构残基,它们也不与底物接触,却是维持酶分子的活性构象必不可少的,数量较多;④ 非贡献残基,它们对酶行使催化功能无明显贡献,但参与决定酶的免疫活性,对酶的稳定性等有影响。工程酶中常拿它们"开刀",以降低酶的抗原性,降低分子尺寸,增加穿透力。

全酶各类氨基酸残基(基团)间的关系,可用图 2-1 表示。可见活性部位只是全酶中的一小部分,它由接触残基和辅助残基构成;图中接触残基被进一步划分为催化部位和底物结合部位(简称结合部位);活性部位和结构残基加上辅因子的某些基团,都是酶催化必不可少的组成部分,称为必需基团(残基),因而,结构残基又可简洁地定义为活性部位以外的必需残基;辅因子作为必需基团参与构成全酶,足见辅因子的功能不容忽视。

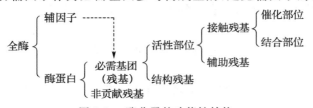

图 2-1　酶分子的功能性结构

2. 活性部位的大小、功能

酶的活性部位是酶完成催化功能的核心部位,但却只是酶分子的很小一部分,一般只有十几个氨基酸残基,约占整个酶分子的 1%～2%;然而它所占的面积则大约相当于酶分子表面积的 5%。一般而言,一个单体酶只有一个活性部位;简单的寡聚酶,每个单体也只有一个活性部位少数多亚基的寡聚酶,可由不同的亚基构成活性部位。

如图 2-1 所示，活性部位包括催化部位、结合部位和辅助残基。实际上，辅助残基通常只涉及一两个残基，对酶活性只起辅助作用；催化部位一般也只涉及几个残基（对单体酶而言）和辅酶的个别基团或金属离子（对复合酶而言），它们直接参与催化反应过程的电子或质子的授受，或是基团的转移，而直接接触底物分子被作用键（即敏感键）的，仅是残基侧链的个别基团，但催化部位的各个基团必须协同作用方可完成任务；结合部位大约还有十数个氨基酸残基，它们以特定空间结构识别自己特定的底物，并与之结合。早期的酶学家 Fischer E，用刚性的锁匙学说来解释酶—底物结合现象，后来，Koshland 提出柔性的诱导契合学说来解释此现象，并形象地用手与手套的关系来比喻酶和底物互动而契合。不难想象，柔性的酶，它的结合部位比催化部位大，结合底物时，一定是多点结合，特别对那些大分子底物（如蛋白质、多糖等）更应如此。事实上，研究表明，为了牢牢地抓住大分子底物，结合部位还可分为几个亚位点，例如，木瓜蛋白酶在结合某些合成肽时，就有 7 个亚位点与肽结合。

必须指出，酶的活性部位的各个部分是一个行使催化功能的整体。只有底物结合部位正确地结合底物后，提供最优化的构象，才能使催化基团有效地行使催化功能；催化基团一旦接触底物的敏感键，往往也会与底物形成某种结合，例如，形成氢键、盐键或配位键，还有可能形成更不稳定的共价的酶—底物中间复合物，例如酰化酶。

3. 不同氨基酸在活性部位出现的频率

统计表明，有 7 种氨基酸残基在各种酶的活性部位出现频率最高，它们是：丝氨酸（Ser）、组氨酸（His）、半胱氨酸（Cys）、酪氨酸（Tyr）、天门冬氨酸（Asp）、谷氨酸（Glu）和赖氨酸（Lys）；出现频率较高的有 3 种氨基酸残基：精氨酸（Arg）、天冬酰胺（Asn）、谷胺酰胺（Gln）；还有色氨酸（Trp）也常出现在某些酶的活性部位，人称"7＋3＋1"规律。例如，牛胰蛋白酶的催化部位由 Asp90，Ser183 和 His46 组成；溶菌酶的由 Glu35 和 Asp52 组成；木瓜蛋白酶的由 Cys25 和 His159 组成。前述 11 种氨基酸残基的侧链都是一些极性侧链，可解离或结合质子，可参与广义酸碱催化机制；或因其基团中的氮、氧或硫原子，可与邻近的这类原子间形成氢键，或由侧链的氨基或羧基而参与形成盐键，从而参与结合底物，或参与相关的催化机制。

活性部位出现频率最高的氨基酸往往作为酶习惯归类的依据，例如，某些蛋白酶、酯酶的活性部位，Ser 或 Cys 在催化反应中起重要作用，故分别命名为丝氨酸酶类和巯基酶类，还有天冬氨酸酶类等。如胰蛋白酶等属丝氨酸酶类，木瓜蛋白酶属巯基酶类。

第四节 酶活力测定

酶活力（enzyme activity）亦即酶活性，是指酶催化一定化学反应的能力，通常用特定条件下酶催化反应的反应速度来衡量。因此，酶活力测定，就是测定在特定条件下酶促反应的反应速度，而且是用反应开始后很短时间内的平均速度（即初速度）来表示。

一、酶活力单位和比活力

酶促反应速度的快慢，显然与酶量的多少有关，因而引进酶活力单位的概念。1959 年国际生物化学联合会酶学委员会规定：在最适反应条件下，每分钟催化 $1~\mu mol$ 底物或

$1\,\mu mol$ 被作用基团或 $1\,\mu mol$ 键转化为产物所需的酶量，为 1 个国际单位，用 IU 表示。但人们在实际工作中，为了方便，往往采用自定义的活力单位，例如，一般酶制剂生产厂常采用行业制定的酶活力单位（U）。但采用非国际单位时，必须说明测定方法、测定条件及活力单位的定义。

为了比较同一种酶制剂的活力高低或酶的纯度，常用比活力来衡量。单位质量酶蛋白质中所具有的酶活力单位数，称为酶的比活力，用每毫克蛋白质（protein，pr.）的酶活力单位数 $[U \cdot mg^{-1}(pr.)]$ 表示。计算式：

$$\text{酶的比活力}[U \cdot mg^{-1}(pr.)] = \frac{\text{总活力单位数}(U)}{\text{总蛋白质量}(mg)} = \frac{\text{酶浓度}(U \cdot mL^{-1})}{\text{蛋白质浓度}(mg \cdot mL^{-1})} \quad (2-1)$$

工业酶制剂产品经常标出酶活力是多少单位/毫升（$U \cdot mL^{-1}$）或单位/克，实际是酶浓度，有时也说是比活力。由比活力的计算式可知，计算比活力是要同时测定蛋白质浓度的。每克或每毫升酶制剂的活力单位数，可以和同类产品比较活力的大小，但不能说明酶纯度的高低。

二、酶活力测定的一般条件

酶活力测定的条件因酶而异，一般要注意以下几点：

1. 酶浓度和底物浓度

因为酶活力测定实际是测定酶反应速度，即测定单位时间内底物浓度的下降或是产物浓度的上升，而且必须测定反应的初速度，只有初速度才与底物浓度下降成正比。经验表明，在反应开始 $3\,min \sim 10\,min$ 后，底物消耗量在 5% 以内，可测得初速度。通常还要求底物浓度大于酶浓度，以使在测定时间内，反应速度与底物浓度成正比。一般情况下，底物浓度都在 $mmol \cdot L^{-1}$ 水平。在存在底物抑制的情况下，需要通过实验确定底物浓度。底物浓度确定后，可根据酶的米氏常数（K_m 值）与底物浓度的关系确定酶浓度。

2. 反应温度和 pH

对于一个具体的被测酶，催化反应的最适温度和 pH 可以根据资料和试验确定。一般反应温度常选用 25 ℃ 或 30 ℃，临床医学化验中常采用 37 ℃，而在淀粉酶的工业生产中，采用 40 ℃，50 ℃ 或 60 ℃ 的生产厂都有。温度对酶反应速度的影响十分敏感，因此，试验常需在恒温水浴中进行。反应 pH 则应是酶促反应的最适 pH，因而酶活力测定的反应系统一般都采用缓冲溶液，以便反应过程保持 pH 稳定在最适范围内。

3. 设置空白或对照

由于待测活力的酶，特别是分离纯化过程的活力测定，样品中的成分较为复杂，通常要设置"空白"，以便消除未知因素的影响。不加酶，或不加底物，或同时加预先作过失活处理的酶和底物，称为空白试验。在一些研究工作中，或有特别需要时，用纯酶或标准酶样品作平行实验，以便进行比较或标定，谓之对照试验。

此外，还要根据不同的酶对金属离子和辅酶的要求，在反应系统中加入相应的辅因子，有时还要加入诸如巯基乙醇或二硫苏糖醇等以保护酶的巯基，等等。

三、酶活力测定方法概要

酶活力测定的方法很多，大致可分为两大类，即取样法和连续法。取样法是在酶反应开始后的不同时间,从反应系统取出一定量的反应液,并终止反应,然后用选定的方法分析取样液中底物消耗量或产物生成量。具体的分析方法有化学法、光学法、电化学法等,光电比色法应用较广、快捷方便,化学法仍是常用的经济实用的方法。目前国内许多酶制剂生产厂家多采用这两种方法测定活力。至于取样液反应的终止,最简便的方法是取样后立即在沸水浴中加热几分钟,使酶失活;或者加酸或碱溶液,使反应液远离酶反应的最适 pH 也是常用的方法。

连续法需要一些特殊的设备,主要用于科研。

酶活力测定的一般步骤:① 选择适当的底物,确定反应的温度、pH 等反应条件,并根据反应的酸度要求,选择适当的缓冲溶液;② 用缓冲液配制一定浓度的底物溶液和酶溶液,以及必要的激活剂、保护剂等;③ 在恒温水浴中将各种反应液预保温,并在适当的容器(如试管)中按要求加底物和酶溶液等,立即混合均匀,同时记录反应开始的时间;④ 反应到规定的时间前,做好取样和终止反应的准备工作,准时取样,终止反应;⑤ 按选定的分析方法进行检测;⑥ 计算,报告结果。

为了获得比活力数据,还必须另外测定酶溶液的蛋白质含量。

第五节 酶促反应速度及其影响因素

酶促反应速度及其影响因素是酶动力学讨论的对象,内容较多,在此仅择最基础的加以介绍。

一、酶促反应速度方程

酶作用的底物有单底物、双底物和多底物之分,本书重点介绍单底物反应速度方程。单底物反应涉及的酶类包括:异构酶,是典型的单底物反应;水解酶,因为反应中水浓度几乎不变,故称假单底物反应;裂解酶,是单向单底物反应。这三类酶包括了大量的常用酶,其反应速度方程是最基础的动力学方程。

（一）米氏方程

1902 年,Henri 研究蔗糖酶水解蔗糖的反应时发现,反应速度对底物(蔗糖)浓度作图,得到一条曲线,如图 2-2 所示。1913 年,Michaelis L 和 Menten M L 根据中间产物学说,总结出反应方程:

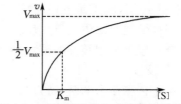

图 2-2 酶反应速度与底物浓度的关系
[S]:底物浓度;v:反应速度;
V_{max}:最大反应速度;K_m:米氏常数

$$E+S \underset{k_{-1}}{\overset{k_1}{\rightleftharpoons}} ES \xrightarrow{k_2} E+P$$

式中:E 为酶;S 为底物;ES 为酶—底物复合物;P 为产物;k_1、k_{-1} 和 k_2 为各步反应的速率常数。

再根据化学动力学原理,并假设:①反应系统中,酶浓度远大于底物浓度$[E] \gg [S]$;② 只考虑反应的初速度,[S]和[P]几乎不变,换言之 ES → E + P 很慢;③ 反应的第一步是可逆的,且极快达到平衡。于是,推导出解析图 2-2 v~[S]曲线的数学方程:

$$v = \frac{V_{\max}[S]}{K_S + [S]} \tag{2-2}$$

$$V_{\max} = k_2[E_0] \tag{2-3}$$

式中：v 为酶促反应速度；$V_{\max}$ 为最大反应速度（与 v 的单位相同），$mol \cdot L^{-1} \cdot min^{-1}$；[S] 为底物浓度，$mol \cdot L^{-1}$；$[E_0]$ 为酶的总浓度；K_S 为 ES 的离解常数；$K_S = \dfrac{k_{-1}}{k_1}$，其值越大，说明酶和底物结合的稳定性越差，或者说亲和力越低。

1925 年，Briggs G E 和 Haldane J B S 根据许多酶的催化效率很高，k_2 远大于 k_{-1} 的事实，对上述米氏原始方程进行了修正，提出了更有普遍意义的酶促反应速度方程：

$$v = \frac{V_{\max}[S]}{K_m + [S]} \tag{2-4}$$

$$K_m = (k_{-1} + k_2)/k_1 \tag{2-5}$$

K_m 称为米氏常数，[S] 为底物浓度，采用同样的计量单位：$mol \cdot L^{-1}$。

由于这种修正，在推导时修正了快速平衡的假设为稳态假设，即是说，反应开始进行后，ES 复合物的生成和离解极快到"稳态"（或"恒态"）。这里 ES 复合物的离解，既包括了 ES 复合物离解生成酶和底物的逆反应（k_{-1}），也包括了 ES 复合物分解生成酶和产物的第二步反应（k_2），所以，K_m 如式（2-5）所示，将 k_2 包含进来了，而 $K_S = k_{-1}/k_1$。不难看出，当 k_2 远小于 k_{-1} 时，$K_m = K_S$。后人把米氏方程的原始推导方法称为快速平衡法，而将布氏等的推导方法称为稳态法。后续文中还会提及这两种方法的应用。

（二）米氏方程的意义

米氏方程提供了酶促反应非常重要的参数。

1. 米氏常数 K_m 的意义

由图 2-2 可见，当 $v = 1/2 \, V_{\max}$ 时，[S] = K_m。即当酶促反应速度等于最大反应速度一半时，此刻反应系统的底物浓度，就是该酶的米氏常数。因此 K_m 和 [S] 计量单位相同。由米氏方程亦可推出：

$$v = \frac{1}{2}V_{\max} = \frac{V_{\max}[S]}{K_m + [S]} \Rightarrow 2[S] = K_m + [S], \quad \therefore K_m = [S] \tag{2-6}$$

K_m 值是酶的特征性常数。实验证明，当反应的温度、pH、离子强度、作用的底物、激活剂种类和浓度等因素恒定时，每一种酶反应的 K_m 值为恒定值。大多数酶的 K_m 值在 $10^{-2} \, mol \cdot L^{-1}$ 至 $10^{-5} \, mol \cdot L^{-1}$ 的范围内，例如，过氧化氢酶（以 H_2O_2 为底物，通常在酶后的括号中写出底物名）的 K_m 值为 $2.5 \times 10^{-2} \, mol \cdot L^{-1}$，谷草转氨酶（草酰乙酸）的 K_m 值为 $4 \times 10^{-5} \, mol \cdot L^{-1}$。故此，$K_m$ 值可用于鉴定酶。

K_m 值可表征酶与底物的亲和力。由于在特定条件下，K_m 值趋向于 ES 复合物的离解常数 K_S 值，因此，K_m 值越小，说明酶与底物的亲和力越强，反之，K_m 值越大，表明 ES 复合物离解倾向越大。

K_m 值是酶命名的依据。同一酶，当它可催化几种底物反应时，其中 K_m 值最小时，才能确定该酶的天然底物（真正底物）。酶的命名也由天然底物而定，例如，现在食品工业中用得最多的通称葡萄糖异构酶的制剂，实际应命名为木酮糖异构酶。催化同一底物而来源不同的酶，若 K_m 值极为相近，则可判断它们是同一种酶。

K_m 值还是酶催化反应命名的依据。例如，蔗糖酶因其催化蔗糖水解为葡萄糖和果糖的 K_m 值远大于催化合成方向的 K_m 值，故属于水解酶类，而不属裂解酶类。

后续讨论中还将谈到 K_m 值也是鉴定酶抑制剂抑制类型的依据。

2. 提供了酶促反应级数的判断依据

由米氏方程出发，考虑 K_m 值和底物浓度的相对大小，当 $[S] \ll K_m$ 时，米氏方程将趋于 $v = V_{max}/K_m \times [S] = k[S]$（$k = V_{max}/K_m$，为速度常数），即是说，$v$ 随 $[S]$ 呈直线相关变化，符合一级反应动力学特点，在图 2-2 双曲线的起始段，大致在 $[S] < 0.01 K_m$ 时出现；当 $[S] \gg K_m$ 时，$v = V_{max}$，由式(2-4)不难计算，当 $[S] = 10 K_m$ 时，$v = 0.909 V_{max}$，底物浓度越大，v 越逼近于 V_{max}，这符合零级反应动力学特点，在图 2-2 中，曲线末几乎和横轴平行的一段即是；曲线在一级和零级之间的部分，为混合级。

通常用酶法测定物质含量时，多选一级反应条件下进行；而测定酶本身的浓度（活力）时，因为 $v = V_{max} = k_2 [E_0]$[见式(2-3)]，故常选用零级反应条件下进行。

3. 最大反应速度 V_{max} 的意义

米氏方程中 V_{max} 虽然不是特定常数，但是，当酶浓度一定，且 $[S] \gg [E_0]$ 时，对酶的特定底物而言，V_{max} 是定值，故在判定酶抑制作用类型时，V_{max} 改变或不变，常作为判断依据之一。

4. 酶反应速度常数 k_2 的意义

k_2 是酶促反应方程式中第二步的速度常数，也是决定整个反应的速度常数。由式(2-3)可知，$V_{max} = k_2 [E_0]$，变换为 $k_2 = \dfrac{V_{max}}{[E_0]}$，从单位换算看：

$$k_2 = \frac{V_{max}}{[E_0]} = \frac{\text{底物摩尔数} \cdot \text{升}^{-1} \cdot \text{分}^{-1}}{\text{酶摩尔数} \cdot \text{升}^{-1}} = \frac{\text{底物摩尔数}}{\text{酶摩尔数} \cdot \text{分}} \tag{2-7}$$

可见，酶促反应速度常数 k_2 是单位时间（分或秒）内，每摩尔酶或每摩尔酶活性部位，转变底物为产物的摩尔数，称为摩尔催化活性。也就是每个酶分子在单位时间内催化底物转变为产物的次数，称为酶的转换数（turnover number），常用 TN 表示。例如，已知碳酸酐酶的浓度是 $10^{-6} \text{mol} \cdot \text{L}^{-1}$，当其完全被底物饱和时，每秒钟能催化 $0.6 \text{ mol} \cdot \text{L}^{-1}$ H_2CO_3 分解，则此酶的 $k_2 = 0.6/10^{-6} = 6 \times 10^5 \text{s}^{-1}$。在单底物反应中，并假定反应过程产生 1 个活性中间产物，这时，k_2 就是该酶的催化常数（catalytic constant），用 k_{cat} 表示。如果酶是寡聚体，不止一个活性部位，就要把酶的浓度（$\text{mol} \cdot \text{L}^{-1}$）乘以酶的活性部位数进行计算。一般来说，$k_{cat}$ 越大，说明酶的催化效率越高，所以 k_2 或 k_{cat} 的值是酶催化效率高低的判据，也是酶的特征常数之一。

5. 提供了高效性和专一性的综合判断依据 k_{cat}/K_m

由 $K_m = (k_{-1} + k_2)/k_1$，可以得到 $\dfrac{k_{cat}}{K_m} = \dfrac{k_1 k_2}{k_{-1} + k_2} < k_1$，而 k_1 是酶（E）和底物（S）结合生成 ES 复合物的反应速度常数，酶和底物只有发生有效碰撞时，才能形成 ES 复合物。因而 k_{cat}/K_m 的比值，能反映酶与底物有效碰撞的速度，即催化效率的大小。k_1 既是酶与底物发生有效碰撞的标志，那么也应当是酶与底物的亲和力大小的标志。而酶的专一性又是反映酶对底物互补结合的特性，专一性越强，互补性越大，越容易形成 ES 复合物，因此，k_{cat}/K_m 的大小又反映了酶对底物的专一性，故又称为专一性常数。k_{cat}/K_m 值越大，则酶对该底物的专一性越强，催化效率越高。已知许多酶的 k_{cat}/K_m 值上限在

10^8 L·mol^{-1}·s^{-1}～10^9 L·mol^{-1}·s^{-1}，例如，碳酸酐酶的 k_{cat}/K_m 是 1.5×10^7 L·mol^{-1}·s^{-1}。此参数现在已常用于比较不同酶制剂的催化性能。

（三）K_m 和 V_{max} 的求取

米氏方程是双曲线方程，如果将其转换为直线方程，就可以很方便地求取 K_m 和 V_{max}。最常用的方法是 Lineweaver-Burk 作图法，即双倒数作图法。米氏方程换为倒数形式：

$$\frac{1}{v} = \frac{K_m + [S]}{V_{max}[S]} = \frac{K_m}{V_{max}} \cdot \frac{1}{[S]} + \frac{1}{V_{max}} \tag{2-8}$$

用 $1/v$ 对 $1/[S]$ 作图，可得图 2-3。

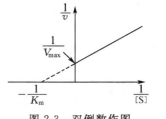

由横轴与直线延长线的交点（$-1/K_m$）可求得 K_m，由纵轴上的交点可求出 V_{max}。双倒数作图法应用最广，但用[S]等差系列测定速度的数据，作图的点将集中在坐标的左下方，而且当低底物浓度取倒数后误差较大，偏离直线，影响 K_m 和 V_{max} 的精度。实验设计时，作成 $1/[S]$ 的等差系列，即可克服此缺点。

图 2-3 双倒数作图

（四）双底物反应

双底物酶促反应广泛存在，它们约占已知酶的半数以上，氧化还原酶、转移酶和裂解酶的合成方向大多是双底物反应。其反应方程可用 A＋B ⇌ P＋Q 表示，可见它们是双底物双产物反应，常简称 Bi Bi 反应。根据酶与底物结合、中间复合物离解及产物释放的顺序不同，亦即反应机制不同，Bi Bi 反应可分为两大类：序列机制和乒乓机制。序列机制又分为顺序双双和随机双双等几种。双底物反应的具体内容在此不作详述。

二、温度对酶促反应的影响

1. 酶的"最适"反应温度

在一定的温度范围内，随着反应温度升高，酶反应速度加快，超过一定界限，温度继续上升，反应速度反而迅速下降，如图 2-4 所示，曲线呈"单面山"形。酶反应速度达最大值的温度，称为酶的"最适"反应温度。

测试"最适"反应温度实验的做法：

将酶在几个不同温度下预保温一定时间，一般约为测试时间的 1 倍～2 倍，然后回到酶变性可以忽略不计的温度，迅速测试酶活力，如图 2-4，以反应速度或酶活力对温度作图，求取酶的"最适"反应温度。预保温时间不同，所得结果有差异，一般而言，预保温时间短的，最适温度高一些，故"最适"加引号。

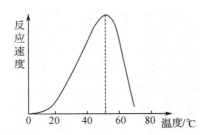

图 2-4 温度对酶反应速度的影响

一般而言，温血动物酶的"最适"反应温度在 35 ℃～40 ℃；大多数植物酶在 45 ℃～60 ℃；微生物酶差别很大，某些超嗜热菌的酶，"最适"温度可达 90 ℃以上，嗜冷菌可在 −2 ℃正常生长，多数微生物酶最适温度在 20 ℃～50 ℃范围。

2. 酶的热稳定性

酶的热稳定性，是指酶在一定的温度范围内，不发生或极少发生失活的特性。酶在高温失活，是酶蛋白质在高温下，多肽链伸展程度加大而变性的结果。故一般而言，酶的失活温度与蛋白质的变性温度很接近。由于热变性是一个渐进的过程，因此，酶的热稳定温度与作用时间有关。所以，酶的热稳定性，通常用某一高温（如 70 ℃）作用几分钟不失活或某一时间（如 5 min）内最高多少度不失活来表示。

热稳定温度实验的简单做法：

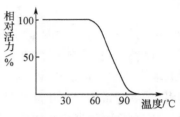

图 2-5　酶的热稳定性实验

将等量酶溶液在一系列不同温度下，预保温一定时间，例如 10 min 或 20 min，然后，迅速冷却至标准温度（25 ℃），测定酶活力，以不经高温处理的酶（对照）活力为 100%，求出相对活力百分率，对温度作图，如图 2-5 所示。此曲线显示，大约在 62 ℃ 以下作用 10 min，酶是稳定的。

应当指出，已知某些酶在室温下稳定，在低温下反而不稳定，称为冷不稳定酶。它们大多是寡聚酶，失活原因不是肽链伸展，而可能与寡聚体解聚作用有关。

3. 酶促反应的温度系数

温度对化学反应速度的影响很明显，通常可用 Arrhenius 经验公式作定量计算，即当温度由 T_1 上升至 T_2 时，反应速度增加的倍数，是特定反应系统下的物质的活化能（E_a）和温度的函数，人们进而将温度每升高 10 ℃（$T_2 - T_1 = 10$ ℃）反应速度增加的倍数，称为温度系数，用 Q_{10} 表示。用下式计算：

$$\lg Q_{10} = \frac{E_a}{2.3R} \cdot \frac{10}{T_2 T_1} \tag{2-9}$$

式中：R 为气体常数，8.283 J·mol^{-1}·℃$^{-1}$；活化能（E_a）的单位为 J·mol^{-1}；$T = 273 + t$（℃）。由式（2-9）可以根据活化能数据和给定温度，计算温度系数 Q_{10}。例如，酵母蔗糖酶水解蔗糖的 E_a 为 33 472 J·mol^{-1}，Q_{10} 为 1.56。一般来说，酶催化反应的 Q_{10} 在 1.4～2.0，比一般化学反应的 Q_{10} 小得多，但是，温度相差 1 ℃，仍将造成 10% 以上的测定误差，这是进行酶促反应实验和使用酶制剂时应当特别注意的。

三、pH 对酶反应的影响

1. 酶反应的最适 pH 和 pH 稳定性

将一系列不同 pH 的缓冲液和等浓度的底物，在最适反应温度下保温一定的时间，然后分别加等量的酶溶液，反应一定的时间后，迅速终止反应，测定活力，以相对活力对 pH 作图，大多数酶都可以得到一条山形曲线，如图 2-6 所示，活力最高值对应的pH，就是该酶的最适 pH。酶的最适 pH 可因底物不同、反应温度不同、缓冲液性质不同而有差异。

测定酶的 pH 稳定范围，是将一定量的酶加至不同pH 的缓冲溶液中，预保温一定时间，然后将其 pH 调至

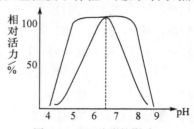

图 2-6　pH 对酶的影响

最适,再加底物,反应,测定酶活力,作图。如图 2-6 的钟罩形曲线所示。可见,酶在一定 pH 范围内是稳定的,高于或低于这一范围,酶将发生变性、失活。更精确地测定酶的 pH 稳定范围,需要在不同 pH 条件下作用不同的时间,然后测酶活力,经两次作图求得。

2. pH 对酶反应速度影响的分析

pH 对酶反应速度的影响是相当复杂的,它除了直接影响酶活性部位的可离解基团的离解状态以外,还可以通过影响酶的其他必需基团的离解状态,影响酶—底物复合物的离解状态,进而影响酶反应速度;如果底物有可离解基团,也会受到影响。总之,pH 是通过对酶、ES 复合物、底物三者的可离解基团的离解状态的综合作用而影响酶的反应速度的。

pH 对酶反应速度的影响已有较详细的数学分析和讨论。其中,有两点值得一提。

一是当 $[H^+]$ 只对酶单独发生影响时,高的 $[H^+]$ 可能对酶反应起竞争性抑制作用;如果单独对 ES 复合物发生影响,就可能起反竞争性抑制作用;若同时对酶和 ES 复合物发生影响,在特定情况下,可能起非竞争性抑制作用。这里提到的抑制作用,在后续有关抑制剂的讨论中再作阐述。

二是在最简单化的情况下,如果酶只有两个可离解基团,可以推导出一个有意义的结论:酶的最适反应 pH,就是反应介质的 pH 等于酶活性部位两个可离解基团的 pK_a 之和的一半时的 pH。用数学语言表示,即:当介质的 $pH = \frac{1}{2}(pK_{e_1} + pK_{e_2})$ 时,$v = V_{max}$。式中,pK_{e_1} 和 pK_{e_2} 就是酶的两个可离解基团的 pK_a,这可以作为酶反应最适 pH 的一种理论解释。而且,当实验得知酶活性部位存在某两个可离解基团时,可由此估算其最适 pH 的大致范围,但是,目前酶的最适 pH 仍然要靠实验测定。

四、抑制剂和激活剂对酶反应的影响

凡是与酶结合后,能使酶催化活力下降乃至完全丧失活力的物质,称为酶的抑制剂,其所引发的现象,称为抑制作用。与之相反,凡作用于酶而使酶催化速度加快乃至启动酶催化活性的物质,称为酶的激活剂,也叫活化剂,其所引发的现象,称为激活作用。抑制剂对酶反应的影响在下一节作专题讲述。

从激活剂的定义出发,可知一些物质是对酶反应起加速作用的,它们主要是无机离子,诸如 H^+、K^+、Na^+、NH_4^+、Mg^{2+}、Ca^{2+}、Zn^{2+}、Mn^{2+}、Fe^{2+}、Co^{2+}、Cr^{3+} 和 Al^{3+} 等阳离子,Cl^-、Br^-、I^-、S^{2-}、NO_3^-、SO_4^{2-}、PO_4^{3-}、AsO_3^{2-} 和 CN^- 等阴离子,以及某些小分子有机化合物如半胱氨酸、还原型谷胱甘肽、抗坏血酸、硫脲以及 EDTA、邻菲罗啉等。不同的酶所需的激活剂不同,例如醇脱氢酶以 Na^+ 为激活剂,α-淀粉酶以 Na^+,K^+,Ca^{2+} 或 Cl^- 为激活剂,其他二价阳离子有时可以替换钙离子的作用,许多蛋白酶需要 Ca^{2+} 激活,NADP 依赖的苹果酸脱氢酶在二硫苏糖醇和 $MgCl_2$ 共同存在下激活作用更强,等等。这类激活剂作用的机制还不是很清楚,某些金属阳离子可能在酶和底物之间起了搭桥的作用,某些有机小分子还原剂可能是对酶活性部位的巯基起了保护作用,某些金属离子螯合剂可能因其除去某些金属离子特别是重金属离子的抑制作用而提高酶反应速度。应当强调指出,在使用激活剂时,不仅要注意用哪种激活剂,还要特别注意它们的使用浓度,因为有些物质在低浓度时对酶起激活作用,高浓度时则起抑制作用。

一些酶原，如胰蛋白酶、胃蛋白酶等的酶原，必须经胰蛋白酶作用切除部分肽段后才成为有活性的酶，这就是酶原激活作用，故胰蛋白酶是起启动作用的激活剂。

第六节 酶抑制剂对酶的作用

酶抑制剂对酶反应速度起负面影响，在酶的应用中通常是应设法避免的，然而，有时候却要利用这种负面作用来达到有利的目的，例如许多抗菌素类药物就是某些致病微生物代谢关键酶的抑制剂，酶标药物设计思想亦源于此。

一、酶抑制作用的类型和抑制程度表示法

通常根据抑制剂对酶作用的方式及相应的反应动力学特征，将抑制作用分为两大类：可逆抑制和不可逆抑制。可逆抑制又分为 4 种类型：竞争性抑制、非竞争性抑制、反竞争性抑制和混合型抑制；不可逆抑制也可分为 2 种类型：专一性抑制和非专一性抑制。此外，酶作用的底物和作用生成物（产物）也可能产生抑制作用，也有可逆抑制和不可逆抑制之分；一些在机体代谢过程中的重要酶（多为寡聚酶）还存在别构抑制现象。

不同的抑制剂对酶抑制的程度不同，所谓抑制程度，是指在抑制剂存在下酶反应速度下降的程度，常用有抑制作用时的反应速度（v_i）与无抑制作用时的反应速度（v）比较，作定量说明。若用 a 表示二者之比，称为相对活力分数，或称剩余（或残余）活力分数，也可用百分数表示：

$$a=\frac{v_i}{v} \quad 或 \quad a(\%)=\frac{v_i}{v}\times100\% \tag{2-10}$$

有时也用抑制分数 i 或抑制百分数表示：

$$i=1-a \quad 或 \quad i(\%)=1-a\%=(1-\frac{v_i}{v})\times100\% \tag{2-11}$$

二、抑制剂的作用方式

抑制剂的作用方式，可以从酶（E）和不同抑制剂（I）结合的键型、结合的部位、底物（S）、I 与 E 结合的顺序几方面去理解。

1. 不可逆抑制

抑制剂与酶的活性部位基团或底物结合部位共价结合，形成的 EI 共价化合物，引起酶活性丧失。如果 [E]＞[I]，则 I 只能使部分酶失活，余下的酶仍是正常的，可以行使正常的催化功能。如图 2-7 所示，以无抑制作用为对照，v 对 [E] 作图，是一条过原点的直线 a；不可逆抑制，是一条过 [E_i] 的，与 a 平行的直线 b，[E_i] 表示与 I 结合而失去活性的酶浓度；而 c 是可逆抑制的情况，直线过原点，斜率小于 a 和 b。

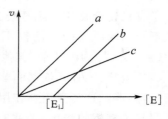

图 2-7　不可逆抑制作用
的 v-[E]图

不可逆抑制有专一性和非专一性之分。若抑制剂只能与酶活性部位的有关基团结合，称为专一性不可逆抑制；若抑制剂能与酶活性部位的一类或几类基团结合，则称为非专一性不可逆抑制。例如，含汞化合物是巯基酶类的不可

逆抑制剂，一些有机磷化合物是丝氨酸酶类的不可逆抑制剂等。

专一性不可逆抑制剂中，特别应提到k_{cat}型专一性不可逆抑制剂，它们是根据酶催化过程设计的底物结构类似物，可与酶结合，并发生催化反应，但是因其分子结构中存在潜在反应基团，酶催化的结果使潜在反应基团活化，并立即与酶活性部位的某一基团共价结合，使酶失去活性。对酶而言，这种抑制剂犹如一把"钝刀"，是酶将其磨锋利后插入"心脏"而亡，美其名曰酶的"自杀性底物"（suicide substrate）。称其为k_{cat}型则可由自杀性底物（S_i）的催化反应方程作一大致理解。

$$E+S_i \xrightleftharpoons{K_S} ES_i \xrightleftharpoons{k_{cat}} E \cdot I \xrightleftharpoons{K_i} E\text{-}I$$

式中：ES_i 为 ES 复合物；$E \cdot I$ 为酶催化 S_i 产生的潜在基团已活化的产物——抑制剂（I）与酶的复合物；E-I 为酶与抑制剂的共价结合物；k_{cat} 是前述的催化常数；K_i 是 $E \cdot I$ → E-I 的速度常数。这就是说，k_{cat}型抑制剂是自杀性底物经酶催化而产生的高度专一性不可逆抑制剂。它们是现今酶标药物设计的重要途径之一。

2. 可逆抑制

（1）竞争性抑制

当发生可逆抑制作用时，I 和 E 进行非共价结合。如果 I 和 S 争夺 E 的底物结合部位，就发生可逆的竞争性抑制作用，I 和 S 不能共存，亦即不能形成 ESI（等同于 EIS）三元复合物，因而添加底物可以降低抑制程度（i）。这类抑制剂大多数具有与底物相似的化学结构，如琥珀酸脱氢酶的底物是琥珀酸（丁二酸），丙二酸即是该酶的竞争性抑制剂。

（2）反竞争性抑制

如果酶的底物结合部位先与 S 结合，形成了 ES 复合物，I 才能与 ES 结合，形成 ESI 三元复合物，但这种三元复合物不能形成产物，此即反竞争性抑制作用。这类抑制现象主要发生在双底物反应中，而且在顺序双双机制中，往往领先底物的反竞争性抑制剂，就是第二底物的竞争性抑制剂；在乒乓机制中，任一底物的竞争性抑制剂，都是另一底物的反竞争性抑制剂。因而，加大底物浓度，反而加强抑制作用。例如，草酸（HOOC—COOH）是乳酸脱氢酶的反竞争性抑制剂，是该酶的第二底物乳酸[$CH_3CH(OH)COOH$]的结构类似物，是酶的竞争性抑制剂。

（3）非竞争性抑制

如果 I 与 E 的结合发生在底物结合部位以外，如结构残基部位或催化部位，则 I 与 S 无论哪一个先与 E 结合，最终形成的三元复合物 ESI 都不能形成产物，这就是非竞争性抑制作用。因而加大底物浓度，不能消除抑制剂的影响。例如，由黄嘌呤氧化酶催化别嘌呤醇（药物）氧化产生的氧嘌呤，是该酶的非竞争性抑制剂，可以抑制该酶的底物黄嘌呤氧化形成尿酸，从而得以防止尿酸在软骨、骨关节等组织沉积引起的"痛风"病。

（4）混合型抑制

是指非竞争性抑制与其他两种类型的混合，竞争性与反竞争性抑制二者之间不存在混合型。混合型的判断主要靠反应动力学特性进行。

三、可逆抑制作用反应速度方程的特点

1. 可逆抑制作用的反应式

$$E+S \underset{K_S}{\rightleftharpoons} ES \xrightarrow{k_2} E+P$$

$$E+S \xrightarrow{} ES$$

（图中 E+S⇌ES→E+P，下方 +I +I，K_i 与 K_i'，EI+S⇌ESI→E+P+I 或 EI）

EI$+$S $\underset{k_5}{\rightleftharpoons}$ ESI $\xrightarrow{k_6}$ E$+$P$+$I 或 EI

式中：K_S,K_i,K_i' 分别为复合物 ES，EI，ESI 的离解常数；k_2,k_5,k_6 分别为相应各步反应的反应速度常数。

在这个通用反应式中，若从 ES 到 EI 画一条线，不看右下角部分，余下的部分就是竞争性抑制的反应式，用数学语言表达，就是 $K_i'=\infty$，不能形成 ESI，所以右下角的部分不出现；若从 E 到 ESI 画一条线，不看左下角部分，余下的部分就是反竞争性抑制的反应式，亦即 $K_i=\infty$，不能形成 EI，只能由 ES$+$I 这条途径形成 ESI 三元复合；若 $K_i=K_i'$，两条途径都可以形成 ESI 三元复合物，就是非竞争性抑制的反应式。当 $K_i>K_i'$ 时，就是非竞争性—反竞争性混合型抑制；反之，当 $K_i<K_i'$ 时，就是非竞争性—竞争性混合型抑制。

当 $k_2=0$ 时，就呈全抑制状态；若 $k_2>k_6$ 或反过来，或相等，就呈部分抑制状态。一般讨论抑制作用时，都未讨论部分抑制的复杂情况。

2. 可逆抑制反应速度方程

（1）竞争性抑制

由上述竞争性抑制作用的反应方程出发，用稳态法推导，可得如下反应方程：

$$v_i = \frac{V_{max}[S]}{K_m\left(1+\frac{[I]}{K_i}\right)+[S]} = \frac{V_{max}[S]}{K_m^{app}+[S]} \tag{2-12}$$

式中：v_i 为抑制剂存在下的反应速度；V_{max} 和 K_m 含义如前；K_i 为抑制常数，即上述 EI 的离解常数；$K_m^{app}=K_m(1+[I]/K_i)$ 称为表观米氏常数；$1+[I]/K_i$ 称为抑制因子；[I] 为抑制剂浓度。因为 $1+[I]/K_i$ 恒大于1，故表观米氏常数大于米氏常数。

竞争性抑制的 v-[S] 作图和双倒数作图见图 2-8。图中，K_{m_1} 为无抑制剂的米氏常数；K_{m_2} 为竞争性抑制剂存在下的米氏常数，可见其值增大。公式和图示都表明，最大反应速度 V_{max} 值不变。

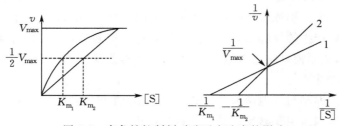

图 2-8　竞争性抑制剂对酶反应速度的影响

（2）非竞争性抑制

速度方程如下：

$$v=\dfrac{\dfrac{V_{max}}{1+\dfrac{[I]}{K_i}}\cdot[S]}{K_m+[S]}=\dfrac{V_{max}^{app}[S]}{K_m+[S]} \tag{2-13}$$

式中各符号含义同上，V_{max}^{app} 为表观最大反应速度。图示只绘出双倒数作图（图 2-9）。由公式和图示可见，在非竞争性抑制剂存在下，米氏常数不变，最大反应速度变小。

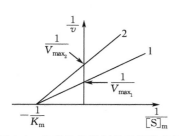

图 2-9　非竞争性抑制的双倒数作图

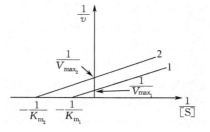

图 2-10　反竞争性抑制的双倒数作图

（3）反竞争性抑制

速度方程如下：

$$v=\dfrac{\dfrac{V_{max}}{1+\dfrac{[I]}{K_i}}\cdot[S]}{\dfrac{K_m}{1+\dfrac{[I]}{K_i}}+[S]}=\dfrac{V_{max}^{app}[S]}{K_m^{app}+[S]} \tag{2-14}$$

双倒数作图如图 2-10 所示，可见，在反竞争性抑制剂存在下，米氏常数和最大反应速度都变小。

混合型抑制比较复杂，在此不作讨论。

3．底物和产物抑制

（1）底物抑制

酶促反应中，有时出现底物在一定浓度范围内，酶反应速度 v 随底物浓度[S]上升而加快，但是当[S]继续上升时，v 反而下降，这种现象称为底物抑制。对此现象的一种解释是：底物浓度过高时，产生了无活性的中间复合物，例如，两个底物分子以不同的结构部分进到酶的底物结合部位，成 ES_2 复合物，如图 2-11 所示。这种抑制作用最简化的反应模式如下：

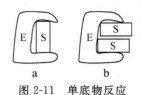

图 2-11　单底物反应
抑制示意图
a：正常的 ES 复合物；
b：ES_2 无活性复合物

$$E+S \underset{K_{S_1}}{\rightleftharpoons} ES \xrightarrow{k_2} E+P$$
$$+$$
$$S$$
$$\Big\Updownarrow K_{S_2}$$
$$ES_2$$

用快速平衡法导出如下反应速度方程：

$$v = \frac{V_{\max}[S]}{K_{S_1} + [S] + [S]^2/K_{S_2}} \qquad (2\text{-}15)$$

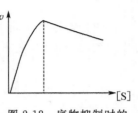

图 2-12　底物抑制时的
v-[S]图解

式中：K_{S_1}，K_{S_2} 分别为 ES 和 ES$_2$ 的离解常数，可以看出，当 $K_{S_1} \ll [S]$，$[S]^2 = K_{S_1} \cdot K_{S_2}$ 时，$v = V_{\max}$；[S]继续加大，v 下降。图 2-12 显示了这种特性。此式具竞争性抑制特点。底物抑制也有其他类型的，双底物反应也有底物抑制现象。

（2）产物抑制

酶促反应常发生产物抑制现象，一方面可能因产物累积到一定浓度时，ES$\rightleftharpoons$EP$\rightleftharpoons$E ＋ P 的逆向反应速度加快；另一方面，可能因中间复合物 EP 相当稳定，前向反应速度停顿，或因形成无活性的 ESP"死端产物"等，而产生产物抑制现象。

产物抑制有竞争性机制，也有非竞争性机制。其反应方程，可以把式（2-12）和式（2-13）式中的[I]用[P]代替，抑制常数 K_i 就换成 K_P 表示。

在双底物双产物反应中，产物抑制现象也是比较普遍存在的，在此不作详述。

本 章 要 点

酶具有高效、专一、温和、敏感、在机体中受控等特点。国际上将已知的 4 000 多种蛋白质属性的酶分为六大类，对每个酶给出一个由 4 个阿拉伯数字组成的分类编号和一个统一的命名。酶工程中通常也还有一些其他的分类命名。酶分子大多数是球状结合蛋白质：全酶＝酶蛋白＋辅因子。酶的突出特点是能识别并结合它的底物，催化底物转化为产物。酶分子中能与底物结合催化底物转化的部分称为活性部位，只占整个酶分子残基总数的 1%～2%。共有 11 种氨基酸残基在活性部位出现频率高。活性部位处于酶分子表面凹陷的裂隙处，是疏水性的，分子表面是亲水性的。酶分子具有一定的柔性，可与底物分子发生诱导契合，表现出结合底物的专一性。维持酶催化活性的构象，还要依赖活性部位以外的必需基团——结构残基的作用。酶催化活性大小，用活力单位(IU)表示，常用取样法测定酶活性；酶的纯度一般用比活力表示，由活力和蛋白质含量测定结果计算。

酶催化反应速度受底物浓度、酶浓度、氢离子浓度、激活剂浓度、抑制剂浓度和温度等因素的影响，其中底物浓度对反应速度的影响服从米—孟氏方程，方程中米氏常数 K_m 是酶的特征性常数，最大反应速度 $V_{\max}$ 也是重要的参数；催化速度常数 $k_2(k_{cat})$ 是酶的高效性的判断依据；k_{cat}/K_m 是高效性和专一性的综合判断依据。在应用酶时必须注意：每一种酶都有其催化反应的最适温度和稳定温度范围；最适pH 和稳定 pH 范围；许多酶反应需要适当浓度的激活剂；反应中不允许有抑制剂存生。酶抑制剂的作用和应用在酶工程中是十分重要的。抑制作用分为不可逆抑制和可逆抑制两类。k_{cat} 型抑制剂的研制备受关注。可逆抑制又分为竞争性抑制、非竞争性抑制和反竞争性抑制等。有时过高的底物或产物浓度也会引起抑制作用。抑制程度的大小用残余活力分数或抑制分数表示。

复习思考题

1. 酶催化有哪些特点？酶对环境的敏感性表现在哪些方面？

2. 酶的国际(EC)分类和命名的依据是什么？中国发酵工业协会酶制剂分会起草的《工业酶制剂的

命名和分类规定》(建议稿)有何特点? 列举几种习惯归类的酶类。

3. 酶蛋白有哪些特征? 图示"全酶"的氨基酸残基和基团的功能类别及相互间的关系。哪些氨基酸残基在活性部位出现频率高?

4. 酶的辅因子在酶催化反应中起哪些作用?

5. 酶反应速度为什么要用初速度表示? 影响酶反应速度的因素有哪些?

6. 单底物反应涉及哪几类酶? 什么叫假单底物反应?

7. 米氏方程如何表征酶反应的级别? 米氏常数 K_m 能说明酶促反应的哪些重要特性? k_2(或 k_{cat})能说明酶反应的哪些重要特性?

8. 温度和 pH 对酶反应速度有何影响? 怎样测定酶反应的最适温度、最适 pH? 了解酶的 Q_{10} 有什么意义?

9. 抑制剂分为哪些类型? 从理论上和实践上如何区分各类抑制剂? 试从 I 对 E 的作用方式和反应方程、反应速度方程等方面列表比较。激活剂有哪些类型?

10. 解释术语:

胞内酶和胞外酶、溶液酶和固定化酶、巯基酶、丝氨酸酶、必需残基、结构残基、活性部位、活力单位和比活力、酶的转换数(TN)、相对活力和残余活力、抑制分数和抑制百分数、自杀性底物、抑制剂和抑制作用。

11. 计算:

(1) 某酶粗提取液,蛋白质浓度为 $20\,mg \cdot mL^{-1}$,取 $100\,\mu L$ 提取液,在 $5.0\,mL$ 标准反应体积中,于最适反应条件下,测得 $1\,min$ 内生成 $4.0\,\mu mol$ 产物,求: ① 测试液中的反应速度 $v(\mu mol \cdot L^{-1} \cdot min^{-1})$;② 测试液和粗提取液的酶浓度 $[E](U \cdot mL^{-1})$;③ 比活力 $[U \cdot mg^{-1}(pr.)]$。

(2) 碳酸酐酶的转换数 TN 是 $36 \times 10^6\,min^{-1}$,它的单一催化周期(转换1分子或 $1\,mol$ 底物所需的时间)是多少微秒?

(3) 某酶在竞争性抑制剂存在下,测得酶活力是 $525\,U$,对照(无抑制剂)的活力是 $800\,U$,计算相对活力和抑制程度。

第三章　酶制剂的发酵（培养）生产

> **✱ 学习提要**
>
> 1. 理解微生物酶生物合成的调节机制；
> 2. 掌握微生物细胞发酵产酶的一般工艺；
> 3. 掌握微生物酶生物合成与生长的四种关联模式；
> 4. 了解动物酶和植物酶的生产过程。

第一节　概　　述

一、酶制剂生产概况

酶制剂的世界需求量日益增长，欧美各国目前的年需求增长率都在 10% 左右。酶制剂产量年增长率也在 8% 左右，酶制剂的品种也由原来的十几个增至数十个。酶制剂应用量大的产业主要是在洗涤剂生产、淀粉加工、乳品加工等；近年来，在化工生产中，由于环境保护压力加大，刺激了酶法生产化工产品的投资和"绿色合成"的追求，酶在有机溶剂中反应的技术开发使得酶应用领域进一步拓宽。这都将推动酶制剂生产的发展。

酶制剂的生产是指：选取酶源生物为材料，或者大规模培植酶源生物（发酵），然后提取分离纯化酶，并制成便于应用的商品制剂的全过程。

早期的酶制剂来源于现成的动、植物材料。1894 年，美籍日本人高峰让吉（Takamine）利用米曲霉固体发酵法制得了一种 α-淀粉酶制剂，在世界上首次获得了商品酶制剂专利，并建立工厂，生产名为"Takamine 淀粉酶"的产品，作为助消化剂。1947 年日本开始采用液体深层发酵法生产 α-淀粉酶，从而使微生物发酵生产酶制剂的技术逐步发展成为酶制剂的主要生产方式。近年来，植物组织培养和动物细胞大规模培养技术取得了重大进展，因而，为动、植物酶制剂的发酵生产带来了良好的前景。不过，目前的酶制剂特别是工业上大量使用的酶制剂几乎仍然是微生物酶制剂一统天下。这是因为微生物种类多，酶的种类也多，现有动、植物酶制剂几乎都可以找到功能极为相近的微生物酶替代；微生物酶生产菌种选育也较动、植物容易；微生物的倍增时间短、生产周期短、培养原料来源广、成本低，这些都是微生物酶制剂的优势。所以，本章主要介绍微生物酶制剂的发酵生产。

二、微生物酶生物合成的诱导和阻遏

酶是一类具有催化功能的蛋白质，其生物合成是由酶基因 DNA 转录为 mRNA，再翻译为新生多肽，多肽经加工、组装而成为具有完整空间结构的酶蛋白分子，然后定位在

细胞内或是分泌到胞外。许多微生物酶是边加工边分泌到胞外,成为胞外酶,这类酶对酶制剂生产来说是很有利的,因而得到了优先开发,现今大量用于工业生产的酶制剂,如多种淀粉酶、蛋白酶等,都是胞外酶。在细胞中,绝大多数的酶合成速度恒定,称为组成酶或结构酶;少数酶在正常情况下,每个细胞中仅有一两个分子,合成速度很慢,当环境中存在某种诱导物时,合成速度急剧加快,这类酶称为诱导酶。微生物中不乏这类酶,例如大肠杆菌的 β-半乳糖苷酶、某些真菌的纤维素酶和果胶酶等。有关酶合成的诱导与阻遏是现代控制发酵必须掌握的基本知识。

1. 操纵子学说

1961 年,Jacob F 和 Monod J 根据大肠杆菌的 β-半乳糖苷酶在培养基中有葡萄糖存在时不合成,当培养基中无葡萄糖而存在乳糖时可以大量合成等研究成果,提出了基因转录调控模型,后来称为操纵子学说,如图 3-1。原核细胞 DNA 上绝大多数基因成簇地串联在一起,构成一个转录单元,称为操纵子,如乳糖操纵子、色氨酸操纵子等。一个操纵子由数个功能上相关的结构基因(S)及其调控区构成。调控区由启动基因(启动子,P)和操纵基因(O)组成,位于结构基因的上游。启动子(P)是 RNA 聚合酶的识别和结合位点,负责转录启动;操纵基因(O)是调节基因(R)的表达产物——调节蛋白的结合位点,可以控制 RNA 聚合酶能否沿 DNA 链移动、转录。R 基因位于操纵子上游较远处,所表达的调节蛋白若与操纵基因(O)结合,则关闭结构基因的表达;不结合时,就可合成蛋白质。

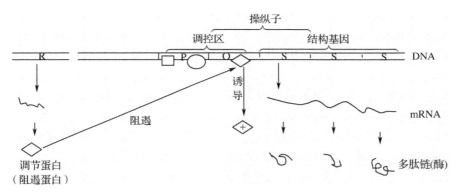

图 3-1 乳糖操纵子调控(阻遏与诱导)模式图

□表示 CAP-cAMP 复合物;○表示 RNA 聚合酶;+表示诱导物

2. 酶基因表达的诱导和阻遏

从图 3-1 来看,诱导和阻遏是发生在操纵子上的两种状态:"开"或"关"。当 R 基因表达的蛋白质(阻遏蛋白)识别并结合到 O 基因上时,结合在 P 基因上的 RNA 聚合酶不能向下游移动,即是结构基因被关闭,不能表达,这种状态称为基因表达的阻遏。当有诱导物(图中用"+"表示)存在时,诱导物与阻遏蛋白结合后,使其构象发生改变,而从 O 基因上脱落,RNA 聚合酶能够向下游移动,使结构基因转录、翻译,即表达,这就称为诱导。概念化地说,诱导物诱导基因表达水平增加的现象,称为基因的诱导;阻遏物(调节蛋白)致使基因表达水平降低的现象,称为基因的阻遏。图 3-1 是大肠杆菌乳糖操纵子调控的模式,其中的诱导物就是乳糖。诱导物一般都是小分子化合物。

3. 葡萄糖效应和营养源阻遏

细胞生长所需营养物质的来源称为营养源，包括碳源、氮源等。早期的研究发现，在大肠杆菌的培养基中，若同时存在葡萄糖和乳糖两种碳源，在葡萄糖耗尽之前，细菌不合成与利用乳糖有关的酶，人们把这种现象称为葡萄糖效应。操纵子学说问世后，总结更多的研究成果，得出一个更概括性的认识：当细胞在有容易利用的碳源（如葡萄糖）中生长时，某些酶，特别是参与分解代谢的酶类的合成受到阻遏，称为碳分解代谢阻遏，简称分解代谢阻遏。生命活动的各种过程都符合"最经济"原则，既然有单糖可以直接进入氧化代谢，则合成利用复杂碳源的酶就无必要了。

随着研究的深入，现在认识到发生碳分解代谢阻遏与细菌细胞的另一调节蛋白CAP有关。CAP是"降解物活化蛋白"的英文缩写，从图 3-1 可见，CAP 可以和环腺一磷（cAMP）结合，形成 CAP-cAMP 复合物，然后结合到启动子（P）上，从而使 DNA 双链打开，促成 RNA 聚合酶与 DNA 结合，加快转录速度。这里，cAMP 在细胞中的浓度是关键，当细菌利用葡萄糖等为碳源时，分解代谢产生 ATP 多，一方面抑制催化 cAMP 合成的腺苷酸环化酶，cAMP 生成减少；另一方面，ATP 又激活质膜上水解 cAMP 的磷酸二酯酶，也使 cAMP 减少。ATP 的双重效应使 cAMP 浓度下降，因而不能使 CAP 活化，RNA 聚合酶不能有效发挥转录功能。这就是葡萄糖效应的生化解释。当培养基中易利用的碳源（葡萄糖）用完以后，微生物就要转向结构较复杂的碳源的分解利用上来，也就要合成相应的酶，这时细胞中 ATP 浓度下降，在相反的双重效应下，cAMP 浓度迅速上升，为 RNA 聚合酶的"表演"拉开序幕；如果培养基中存在较难利用的碳源，譬如乳糖，就会起诱导作用，为 RNA 聚合酶"鸣锣开道"，转录就启动了。因此，cAMP 可以看成"内生诱导物"，和外源诱导物乳糖共同启动了转录机制。

现代研究表明，分解代谢阻遏现象具有一定的普遍性。当培养基中存在容易利用的氮源（如铵盐、硝酸盐、氨基酸等）时，可以引起参与复杂氮源分解代谢的酶类的合成受阻，称为氮分解代谢产物阻遏。高浓度的磷酸盐，也使分解有机磷化合物的酶类例如核酸酶、碱性磷酸酯酶等酶的合成受阻。硫酸盐也有类似的现象。

上述各种分解代谢产物阻遏，概括起来说，凡是在易利用营养源上生长的细胞，其某些与该营养成分分解代谢相关的酶的合成受到阻遏的现象，统称为营养源阻遏。这些在现代控制代谢发酵中是十分重要的理论基础。

4. 终端产物阻遏

终端产物阻遏是一种反馈抑制。在多步骤代谢途径中，当其终端产物积累到一定浓度，能够满足机体需要时，催化此代谢途径的关键酶（往往是起始步骤的酶）在终产物的调控作用下停止合成，这称为终端产物阻遏。例如色氨酸的合成由 5 个相关联的酶催化完成，大肠杆菌的色氨酸操纵子包括调控区和协同编码这些酶的 5 个结构基因。在基础状态下，由于上游的调节基因产物是无活性的，因而操纵子是"开启"状态；当色氨酸合成量过剩时，色氨酸就与调节蛋白结合，使其活化而结合到 O 基因上，阻遏结构基因转录。因此，终端产物色氨酸称为辅（或共）阻遏物，色氨酸—调节蛋白复合物也称为共阻遏复合物。可见这种调控机制和上述乳糖操纵子不同，乳糖操纵子在基础状态下是"关闭"的，只有"饥饿"时，才在诱导物诱导下开启。

三、酶的分泌

酶的发酵生产最好选择产胞外酶的生产菌种。这就有两个问题值得关注：胞外酶是怎样合成并分泌到胞外的？胞内酶能否改造为胞外酶？

1. 胞外酶的合成和分泌

研究表明，酶的分泌有两种方式：同翻译分泌和翻译后分泌。前者是主要方式，无论真核细胞或是原核细胞都是这种方式。同翻译分泌就是边合成边分泌，蛋白质（酶）是在质膜核糖体上合成的，不难设想，这对于新生肽通过质膜是方便的。但新生肽要通过质膜还必须有"导航员"，这就是位于成熟肽前端的一段容易插入质膜的疏水性肽——信号肽。所以，分泌性蛋白质翻译时是从信号肽开始的，边翻译就可边穿过质膜。"导航"完成后，信号肽就被专一的蛋白酶水解掉，留下成熟的酶已经分泌到膜外了。

翻译后分泌，是在新生肽完全合成之后再过膜或是嵌入其他膜中，它们主要是在游离核糖体上合成的，过膜或是嵌入其他膜中的过程也需要某种疏水性肽的帮助。

2. 改变分泌特性的可能性

酶合成后通过了质膜，不一定就是到了外环境之中。例如，革兰氏阴性细菌的细胞被膜结构复杂，质膜外还有外膜和胞壁，欲使酶分泌到外环境，还要有效调控外泌过程，从而才能提高酶产量。如果是胞内酶要改造为胞外酶，则要通过基因工程技术进行，现在已有一些成功的实例，如把外源分泌型蛋白的信号肽基因接到酶基因的前端，或是把病毒外膜蛋白基因和酶基因整合，或是通过基因克隆改变生产菌的膜透性。

第二节　微生物酶制剂发酵生产的一般工艺

一、发酵法生产酶制剂的一般工艺流程

发酵法生产酶制剂，就是给酶的生产菌提供适当的营养和生长环境，使生产菌大量增殖，同时合成所需要的酶，然后由发酵所得物料制成酶产品。我国古老的制曲就是一种发酵法，现在称为固体发酵法。生产酶制剂常用麸皮等原料发酵，制得麸皮曲产品。现代酶制剂的大规模生产以液体深层需氧发酵法为主，近年来的研究表明，中等规模的固体发酵生产比液体发酵的投资少，成本核算更经济。无论哪种发酵法，都要做三方面的工作：从原料准备培养基；从原始菌种准备生产菌种；发酵过程管理。发酵生产的一般工艺流程如图3-2所示。

二、酶生产菌种

1. 酶生产对菌种的要求

用于酶制剂生产的微生物，一般必须符合下列要求：

① 目的酶即所需要的酶含量高；② 繁殖快，生产周期短；③ 产酶性能稳定，不易退化；④ 不易感染噬菌体；⑤ 能利用廉价原料，容易培养和管理；⑥ 安全可靠，既不是致病菌，在系统发生上也应与病原体无关，也不产毒素。食品加工用和医用酶制剂对安全要求特别严格，联合国粮农组织（Food and Agriculture Organization，FAO）和世界卫生组

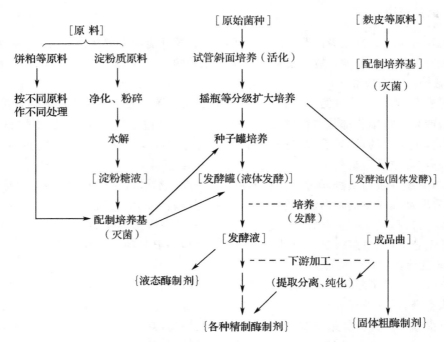

图 3-2 发酵生产的一般工艺流程

织（World Health Organization，WHO）曾经对此作出相关规定：开发新的酶制剂，必须按规定进行相关的毒性试验，通过鉴定后，方可生产上市。美国准许用于食品酶生产的微生物，现在仅限于黑曲霉、米曲霉、米根霉、米赫毛霉、面包酵母、枯草杆菌、地衣芽孢杆菌、凝结芽孢杆菌、克氏乳酸杆菌、树枝状黄杆菌、橄榄色链霉菌、橄榄色产色链霉菌、米苏里游动放线菌等 21 种；所生产的酶，主要包括 α-淀粉酶、糖化酶、蛋白酶、乳糖酶、葡萄糖异构酶、凝乳酶、果胶酶、纤维素酶、脂肪酶、过氧化氢酶、转化酶、蜜二糖酶和酯酶13 种。

2. 菌种来源

酶制剂生产菌种的获得，一是购买现成的优良生产菌种，购买专利品；二是筛选所需的生产菌种。筛选的步骤大致是：① 采集收集供筛选菌株的材料，主要是各种富含所需微生物的土壤、水、气；② 分离产目的酶的菌株；③ 从所得菌株中筛选优良株；④ 生产菌种的改良。因为筛选出来菌株一般而言并不能满足生产要求，所以要通过育种技术进行改良。微生物育种技术包括化学或辐射诱变育种、细胞工程或基因工程育种等，具体内容可参考有关微生物学资料。

3. 酶制剂生产中常用的微生物

目前工业发酵生产的酶约有 50 种～60 种，生产菌的种类也在不断增加。例如，上述美国准许用于生产食品酶的菌种就有 21 种，不包括青霉、木霉、啤酒酵母、大肠杆菌等人们较熟悉的微生物，它们中的一些种或菌株常用于生产其他用途的酶制剂。一些商品酶制剂及其来源见表 3-1。基因工程中应用的工具酶几乎都是由微生物制取，但是都只是小批量生产，价格昂贵。

表 3-1　一些酶制剂生产的产酶微生物*

酶制剂	产酶微生物（含少数动、植物组织）
α-淀粉酶	米曲霉、黑曲霉、地衣芽孢杆菌、解淀粉芽孢杆菌；麦芽；猪胰脏
β-淀粉酶	巨大芽孢杆菌、多粘芽孢杆菌、吸水链霉菌；麦芽、大豆、麸皮
葡萄糖淀粉酶	根霉、黑曲霉、内孢霉、红曲霉
异淀粉酶和茁霉多糖酶	假单胞杆菌、产气杆菌属
纤维素酶	绿色木霉、康氏木霉、李氏木霉、绳状木霉、曲霉
半纤维素酶	曲霉、根霉
转化酶	啤酒酵母、假丝酵母
右旋糖酐酶	淡紫青霉、绳状青霉、毛壳霉菌、曲霉、赤霉
果胶酶	黑曲霉、米曲霉、蜜蜂曲霉、木质壳霉
β-半乳糖苷酶	曲霉、大肠杆菌、酵母
葡萄(木)糖异构酶	米苏里游动放线菌、凝结芽孢杆菌、树枝状黄杆菌、橄榄色产色链霉菌、白色链霉菌等
葡萄糖氧化酶	黑曲霉、尼崎青霉、生机青霉
细菌蛋白酶	枯草杆菌、赛氏杆菌、地衣芽孢杆菌、热解蛋白芽孢杆菌、嗜碱芽孢杆菌、链球菌
霉菌蛋白酶	米曲霉、栖土曲霉、酱油曲霉
酸性蛋白酶	黑曲霉、斋藤曲霉、根霉、担子菌、青霉
植物蛋白酶	木瓜、无花果、菠萝、猕猴桃
动物蛋白酶	胃、胰(蛋白酶)等脏器；血、尿等体液
凝乳酶	微小毛霉菌、米赫根毛霉、蜡状芽孢杆菌；小牛胃
脂肪酶	黑曲霉、根霉、地霉、米曲霉、无根毛霉、小球菌、解脂假丝酵母、圆柱状假丝酵母；猪胰脏
磷酸二酯酶	固氮菌、放线菌、米曲霉、青霉
过氧化氢酶	黑曲霉、青霉
青霉素酶	蜡状芽孢杆菌、地衣芽孢杆菌
青霉素酰化酶	细菌、放线菌
氨基酸酰化酶	霉菌、细菌
天门冬氨酸酶	大肠杆菌、假单孢杆菌
天门冬酰胺酶	霉菌、细菌
环糊精葡萄基转移酶	软化芽孢杆菌、巨大芽孢杆菌

* 表中也列出了某些常提到的动、植物酶，放在微生物之后；动、植物蛋白酶分别单列。

近年来，随着绿色化工理念的发展，一批用于有机化工合成的酶被开发出来。它们大多是新开发的微生物酶生产菌，例如，植物肥大病假单孢菌（产 D-乙内酰脲酶和 L-乙内酰脲酶）、红球菌（产腈水合酶）、指孢子菌（产二加氧酶）、α-被孢霉（催化多步骤转化）、白僵菌（产羟化酶）、亲甲基醇菌（产丝氨酸—羟基甲基转移酶）、珊瑚红若头氏菌（产烯烃单加氧酶）等 20 多种。它们几乎都是还没有用于酶的发酵生产的微生物，现已开发出来,虽然还没有大量生产,但已引起厂商关注,批量生产指日可待。

嗜极菌(*extremophiles*)的开发应用是近年兴起的新亮点,来自嗜热菌的 DNA 聚合酶(*Taq* Pol Ⅰ)已广泛应用于聚合酶链式反应(PCR),还有用于制造葡萄糖和果糖的淀粉酶;来自嗜热菌、嗜冷菌(5 ℃～20 ℃)、嗜碱菌(pH＞9.0)的蛋白酶,已用于食品加工、氨基酸生产和洗涤剂加酶等。

三、生产菌种子的制备

由原始菌种或保藏菌种,经过活化,扩大培养,而制得的处于对数生长期的用于发酵罐接种的大量菌体,称为生产菌种子,简称生产种子。原始菌种或保藏菌种都是处于休眠状态的,在扩大培养前,必须首先接种在试管斜面培养基上,培养 1 代～3 代,使它们充分复苏,这就是菌种的活化。然后进行扩大培养。

1. 扩大培养的方法

根据培养量和管理方式不同,扩大培养的方法一般分为实验室培养和生产车间培养两个阶段;根据培养基的物理状态不同,可以分为固体培养和液体培养两种类型。

(1) 实验室培养

① 固体培养

麸皮曲生产在扩大培养阶段,也以麸皮为主要原料,用曲盘在曲室完成。

② 液体培养

又分摇瓶培养和表面培养两种,前者是在锥形瓶(1 000 mL～3 000 mL)中装入约 1/3 体积的液体培养基,在摇床上以一定转速摇动培养,逐步增大容积,传代 2 次～3 次,再接种到种子罐,进一步扩大;后者是在瓷盘和茄子瓶或克氏瓶中,装液体培养基静置培养,也要分级传代。还可以在液体培养基中加 1‰～2‰的琼脂,制成半固体培养基,进行表面培养。

(2) 种子罐培养

液体深层发酵在发酵罐中进行。发酵罐是容积为 5 dm³～5 000 m³ 不等的圆柱状体,图 3-3 是其示意图。若发酵罐的容积超过 20 m³,常需种子罐培养种子;发酵罐容积在 50 m³ 以上时,种子罐还需分为 1 级至 2 级培养,直至达到接种发酵罐所需数量和纯度的生产种子。种子罐培养的条件已接近发酵罐发酵培养的条件,培养管理也与发酵管理接近,故在生产车间完成。

2. 扩大培养注意事项

(1) 尽量减少传代次数,以降低种质衰退和污染的可能性。

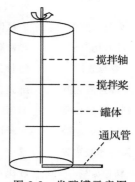

图 3-3　发酵罐示意图

搅拌轴
搅拌浆
罐体
通风管

(2) 培养基成分一般应比发酵培养基的氮源丰富,灭菌时间不宜太长。

(3) 培养时间一般控制在微生物生长的对数生长期,及时接入下一级培养或发酵罐,具体时间 10 h～80 h 不等,因菌种生长特性而异。

(4) 严格控制培养条件(pH、温度、通气量等),加强培养过程的实时监测,除培养条件监测外,还要进行酶活力、菌体浓度测定、菌体形态的显微镜检测,观察是否有杂菌污染或形态变异(往往与噬菌体污染有关),以便作出接种时间或其他应急判断处理。

四、培养基的配制

1. 培养基的组成成分和原料

培养基是人工配制的用于培养生物的含营养物质的混合物。培养基的组成成分因所培养的生物和目的酶不同而应有差别。但是,各种培养基都包括碳源、氮源、无机盐、生长因子和水。

(1) 碳源

是含碳丰富的原料,它们的作用是提供机体合成各种有机物的碳骨架的碳元素,提供生命活动的能源。酶发酵工业常用的碳源有:淀粉及其水解物——淀粉糖、糖蜜,或富含淀粉的原料如大米、薯芋类等;石油产品中12碳~16碳的碳氢化合物已成功地用作微生物培养基的碳源。

(2) 氮源

是含氮丰富的原料,它们的作用主要是提供机体合成蛋白质、核酸和其他含氮化合物的氮元素。酶制剂生产常用的氮源有两类:有机氮和无机氮。有机氮常用豆饼粉、花生饼及其他饼粕类。实验室培养基配制时,常用酪蛋白、蛋白胨、酵母膏、牛肉膏、多肽、氨基酸、尿素等。无机氮则用铵盐、硝酸盐、氨水和液氨等。

(3) 无机盐

是含各种不同营养元素的无机物。营养元素分为两类,一类是大量元素,包括 C, N, P, S, K, Ca, Mg, Na 等;另一类是微量元素,包括 Fe, Mn, Zn, Co, Mo 等。无机盐的基本功能是:构成细胞的成分,如磷、硫等;构成酶产品的组分,如磷、硫、锌、钙等;作为酶的激活剂,如镁、钾、钙、锰等金属离子和氯、溴、碘等阴离子。它们主要以磷酸盐、硫酸盐、氯化物的形式被利用,有时也用硝酸盐。

(4) 生长因子

微生物生长必不可少的微量有机物,称为生长因子,主要包括三类物质:维生素、某些氨基酸和嘌呤或嘧啶类。它们在微生物生命活动的代谢调节中起着十分重要的作用,因而人为控制某种或某几种生长因素的用量,往往可以达到控制微生物代谢的目的。

玉米浆、酵母膏、麸皮、米糠、麦芽汁、曲汁等,是酶制剂发酵生产中普遍用来提供生长因素的原料。一般来说,这些原料中都存在各种生长因子类物质,玉米浆中各种生长因子的含量达 $32\ mg \cdot mL^{-1} \sim 128\ mg \cdot mL^{-1}$,来源也很广,是最常用的价廉物美的生长因子供应原料。

(5) 水

微生物培养基中的主要组成部分是水,液体培养基中 $80\% \sim 90\%$ 是水,固体培养基的含水量一般也在 $50\% \sim 60\%$ 范围。

2. 培养基配制的注意事项

培养基配制一般是把各种成分的物质按一定的配合比例(简称配比),分别称量后混合即可;特殊的培养基配制,有些物质添加的顺序有先后,必须按规定操作。配制培养基应注意以下事项:

（1）碳氮比

培养基的碳氮比是培养基成分配比的重点。碳氮比（C/N）是培养基中碳元素（C）和氮元素（N）的总量之比，可以通过培养基成品的测定结果计算，也可以根据原料成分分析结果推算。设计新的培养基时，必须根据微生物的特性，首先考虑 C/N 来选择原料。一般来说，酶制剂发酵培养基的 C/N 较其他发酵产品生产用的培养基 C/N 低一些；种子罐的培养基 C/N 比发酵培养基 C/N 低一些；发酵过程在产酶阶段要进一步降低 C/N；菌种保存用的培养基 C/N 一般都要高一些。不同的酶的发酵培养基 C/N 差别往往很大，例如，用于生产酸性蛋白酶的培养基 C/N 在 2～3，而其他蛋白酶发酵培养基 C/N 甚至低至0.5 以下。

（2）碳源和氮源

碳源和氮源的选择，要注意避免碳分解代谢阻遏和氮分解代谢阻遏，其原理在下一节中介绍。不同的产酶微生物对氮源的要求不同，有的以有机氮为主，有的以无机氮为主，有的生长期需要有机氮、产酶期需要供给无机氮，也有要求不严格的。选择培养基原料时必须符合要求才能达到高产的目的。

（3）无机盐

培养基中无机盐的选择要注意盐类引起的生理酸碱性反应。例如，铵盐随着铵离子被利用将引起生理酸性反应，硝酸盐则可引起生理碱性反应。在固体发酵培养基配制时，常加入 $CaCO_3$ 或磷酸盐类作为培养基的 pH 稳定剂。

（4）各成分配比

发酵生产所用的培养基成分配比不可轻易改变。因为培养基的成分复杂，而且发酵培养基都是以天然原料为主，原料成分也很复杂，因而，现有的发酵培养基成分配比都是长期生产和研究经验积累的成果，配制时必须按生产菌种提供者提供的资料进行。若要改变，必须先进行实验室试验、分析，再经过中试，证明可行后方可用于生产。

3. 几种发酵生产培养基实例

表 3-2 是我国一些酶制剂厂所用的几种酶制剂发酵的培养基配方。可以看出，同一菌种生产不同的酶，需要不同的培养基；不同的菌种产同种酶（如中性蛋白酶），培养基组成和配方也不同；种子罐培养基和发酵罐培养基也有某些差别。如固体发酵列举三种麸皮曲原料配方：

（1）碳水化合物酶/蛋白酶：麸皮 3 份，米糠 2 份，豆饼粉 1 份，水 4 份。

（2）脂肪酶：麸皮 3 份，豆饼粉 1 份，水 3 份。

（3）乳糖酶：麸皮 10 份，$0.2\ mol \cdot L^{-1}$ HCl（含有微量 Zn，Fe，Cu）6 份。

表 3-2　几种发酵培养基营养成分配比

目的酶	生产菌种	培养基营养成分配比（%）
α-淀粉酶	枯草杆菌 BF7658	种子罐：玉米粉 3，豆饼粉 4，Na_2HPO_4 0.8，$(NH_4)_2SO_4$ 0.4，NH_4Cl 0.15，油 0.15，液化酶 发酵罐：玉米粉 8，不加油和液化酶，另加 $CaCl_2$ 0.2，其余同种子罐
中性蛋白酶	枯草杆菌 AS1.398	玉米粉 4，豆饼粉 3，麸皮 3.2，米糠 1，Na_2HPO_4 0.4，KH_2PO_4 0.03

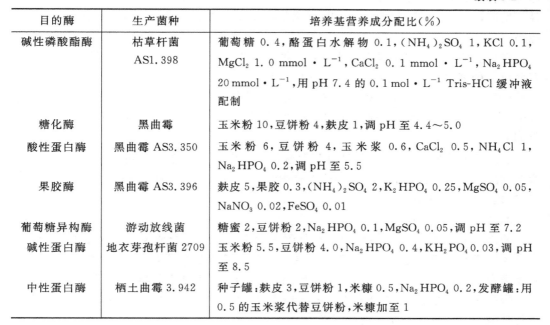

目的酶	生产菌种	培养基营养成分配比（%）
碱性磷酸酯酶	枯草杆菌 AS1.398	葡萄糖 0.4，酪蛋白水解物 0.1，$(NH_4)_2SO_4$ 1，KCl 0.1，$MgCl_2$ 1.0 mmol·L^{-1}，$CaCl_2$ 0.1 mmol·L^{-1}，Na_2HPO_4 20 mmol·L^{-1}，用 pH 7.4 的 0.1 mol·L^{-1} Tris-HCl 缓冲液配制
糖化酶	黑曲霉	玉米粉 10，豆饼粉 4，麸皮 1，调 pH 至 4.4～5.0
酸性蛋白酶	黑曲霉 AS3.350	玉米粉 6，豆饼粉 4，玉米浆 0.6，$CaCl_2$ 0.5，NH_4Cl 1，Na_2HPO_4 0.2，调 pH 至 5.5
果胶酶	黑曲霉 AS3.396	麸皮 5，果胶 0.3，$(NH_4)_2SO_4$ 2，K_2HPO_4 0.25，$MgSO_4$ 0.05，$NaNO_3$ 0.02，$FeSO_4$ 0.01
葡萄糖异构酶	游动放线菌	糖蜜 2，豆饼粉 2，Na_2HPO_4 0.1，$MgSO_4$ 0.05，调 pH 至 7.2
碱性蛋白酶	地衣芽孢杆菌 2709	玉米粉 5.5，豆饼粉 4.0，Na_2HPO_4 0.4，KH_2PO_4 0.03，调 pH 至 8.5
中性蛋白酶	栖土曲霉 3.942	种子罐：麸皮 3，豆饼粉 1，米糠 0.5，Na_2HPO_4 0.2，发酵罐：用 0.5 的玉米浆代替豆饼粉，米糠加至 1

五、其他发酵条件及其控制

1. 温度

不同微生物生长繁殖和合成目的酶对温度的要求不同。发酵产酶的微生物，大多数在 30 ℃～40 ℃大量增殖，但是，生长繁殖的最适温度往往与酶合成的最适温度不一致。多数生产菌要求生长期的温度高于产酶期，例如，酱油曲霉生长温度为 40 ℃，产蛋白酶的温度为 28 ℃；有的生产菌则相反，产酶期温度高于生长期，例如，根霉生长期要求 30 ℃，产酶期以 35 ℃为宜；有的菌种的生长和产酶温度一致，例如链霉菌产葡萄糖异构酶，一直保持 32 ℃即可。

发酵过程的温度控制无疑应满足生产菌种的要求。发酵过程温度的变化规律是发酵开始后，初期需要保温；至菌体大量增长时，因微生物产生的呼吸热释放，发酵罐温度上升较快，这时必须降温；到酶合成阶段则要根据产酶对温度的要求进行控制。

液体深层发酵罐都有各种不同的热交换器，可以加热或降温，但是操作人员必须掌握有关热平衡的原理和计算方法才能很好地控制温度。大型固体通风发酵池一般是由大型鼓风机和其他加热设备来控制发酵物料的温度，有时还要通过翻动物料来达到迅速降温的要求；现在，小型固体发酵罐已实现自动加温、翻料和降温。

2. pH

不同的微生物生长繁殖的最适 pH 不同。一般来说，细菌和放线菌要求中性或微碱性（pH 6.5～8.0）的条件，霉菌要求偏酸性（pH 4.0～6.0）的条件。至于酶合成的适宜 pH，大多数生产菌要求在该酶的反应最适 pH 条件下进行。例如，一些产碱性蛋白酶的生产菌，其生长和产酶要求 pH 8.5～9.0，而产酸性蛋白酶者则为 pH 4.0～4.5。

应当十分注意，许多生产菌种在不同的 pH 条件下，各种酶类合成量的比例可以相差悬殊，例如，黑曲霉在中性条件下以产 α-淀粉酶为主，产糖化酶少；若在 pH<6 的酸性条件下发酵，则用来生产果胶酶。所以，必须根据所生产的目的酶合成对 pH 的要求，严格控制。

培养基的 pH 在配制时已经调节到菌种生长初期的适宜值，然而在发酵过程中，由于营养成分的降解、微生物呼吸产生的 CO_2，都会造成培养基 pH 改变。CO_2 溶于水，使 pH 下降；营养成分中，糖类物质分解时产生酸，使 pH 下降；蛋白质丰富的培养基，缓冲性能较强；无机盐也存在生理酸碱性。因此，发酵过程中必须适时监测 pH 的变化，并进行调节。

发酵罐的附属设施中，一般都有滴加酸和碱的装置，发酵过程中可以根据 pH 的变化情况加酸或是加碱进行调节。当 pH 上升很快时，加糖或淀粉；下降很快时，加尿素或液氨，这也是常用的办法。

3. 溶氧与通风搅拌

酶制剂的发酵生产是需氧发酵，这是因为酶蛋白质生物合成要消耗大量的 ATP，只有有氧呼吸才能满足这个需求。液体深层发酵过程需要通气供氧，氧气又必须溶于水中才能被微生物细胞利用。氧气在发酵液（水）中的溶解过程简称溶氧，溶氧也指溶解的氧。氧的溶解度很低，35 ℃ 下仅为 $7.1\ mg \cdot L^{-1}$，这些溶氧只能供需氧菌体 15 s～20 s 的正常呼吸。溶氧量随温度升高而下降。

发酵过程中，微生物细胞不断分裂增殖，耗氧量不断上升，至对数生长期和酶合成阶段达到高峰。耗氧量是指每个细胞或每克干细胞每分钟或每小时内耗氧量（mol 或 g）和细胞浓度（个细胞/升或克干细胞/升）的乘积，用 $mol(O_2) \cdot L^{-1} \cdot h^{-1}$ 表示，称为耗氧速率。溶氧用溶氧速率（也叫溶氧系数）表示，定义为，单位时间内单位发酵液中的溶氧量，用与耗氧速率相同的单位计量。显然，发酵过程中必须使溶氧速率满足耗氧速率的需求。

发酵过程的通风是由供气系统制备的无菌压缩空气，通过发酵罐底部的通风管导入发酵液的工艺操作，目的是供氧。单位时间内流经发酵液的空气体积，称为通风量，用升/分钟或米³/小时（$L \cdot min^{-1}$ 或 $m^3 \cdot h^{-1}$）表示。生产上又常用发酵液体积与通风量（体积）之比，来表示通气条件，例如，每 $1\ m^3$ 发酵液的通气量为 $0.5\ m^3 \cdot min^{-1}$，即通风（量）为 1:0.5。发酵管理人员必须掌握这方面的基本计算，才能有效地控制通风，控制发酵进程。

控制发酵过程供氧量的主要手段是改变通风量，此外，在特定情况下，还需要在通入的空气中掺入纯氧，才能满足发酵高峰期的耗氧需求。提高发酵罐的罐压，可以提高发酵液中的氧饱和度，也能在一定范围内提高供氧能力。但是，在通用型通风搅拌发酵罐中发酵时，通过搅拌装置的搅拌，打碎进入罐体发酵液中的空气气泡，可以大大增加气体与液体的接触面积，从而加快溶氧速率；搅拌还可以使发酵液中的菌体分散均匀，更充分地与溶液接触而利用氧。

搅拌的负面影响是高速搅拌将会打断丝状菌的菌丝，干扰它们的增殖；当菌体浓度逐渐增大后，搅拌会产生越来越多的泡沫，使微生物呼出的 CO_2 不易排除，氧与液体的接触面降低，溶氧速率下降；泡沫过多时，还会在较高的罐压下外溢，往往引起杂菌污染，危害性较大。所以，一般发酵罐的罐顶部都设有机械消泡装置；罐体上端还设有添加消泡剂的孔口，必要时可以滴加消泡剂，如植物油、矿物油、"泡敌"等。"泡敌"是一种合成的化学消泡剂,是聚环氧丙(或乙)烷的甘油醚。

近年来需氧发酵的供氧研究发现,十一烷至十七烷的混合物、全氟化碳等,有很强的溶氧力,本身不溶于水,被称为"氧载体"。在发酵液中加入适量氧载体,可以使氧的传递速率提高数倍。更新颖的思路是,将血红蛋白基因(VHb)克隆到生产菌基因组中,提高菌体自身的载氧能力,人称"生物工程溶氧"。

4. 湿度

固体发酵时,发酵室的湿度控制是很重要的。一般情况下,固体发酵产酶,前期湿度低一些,相对湿度在 $60\%\sim70\%$,到菌丝快速生长期时需要很高的相对湿度,湿度低于 80% 时生长将受到抑制。小型曲室可以喷水提高湿度,湿度太高时开窗通风或适当加温干燥,降低相对湿度。中型发酵室可以通过通风设备来调节湿度。

六、发酵过程的中间补料

1. 中间补料的意义

在间歇式(也称分批式)发酵情况下,菌体的比生长速率是基质(培养基)浓度的函数(见第三节)。高浓度的基质可以引发生长抑制,甚至使细胞脱水。例如,葡萄糖浓度低于 $100\,g\cdot L^{-1}\sim150\,g\cdot L^{-1}$ 时,不出现生长抑制;当浓度高至 $350\,g\cdot L^{-1}\sim500\,g\cdot L^{-1}$ 时,多数生物都不能生长。同时,在富营养条件下,菌体生长过旺,将使发酵液黏度增大,致使消耗于搅拌动力的费用增加。高浓度的基质往往引发分解代谢产物抑制。因此,在间歇式发酵情况下,不是一次投料,而是将培养基总量分为基础料和"补料"两部分使用,这是提高酶产量的有效途径之一。当发酵罐中的菌体细胞增殖到一定水平时,或是进入酶合成期,再加入营养成分和/或其他添加剂的补充加料方法,统称为中间补料。

2. 补料方式

补料方式是根据生产菌种的生长和产酶特性决定的。培养基的营养成分可以单独补加氮、糖、无机盐,也可以几种成分同时加入,或是加预留的全部料;可以分次加入,也可以控制一定流速连续流加。流速控制法又有恒速线性流加、变速流加等。现代新型发酵罐已可以由计算机控制补料。

3. 添加酶合成诱导物和/或阻遏解除物

诱导酶的发酵生产,添加酶合成的诱导物,可以显著提高酶产量。从分子结构来看,诱导物可分为四类:① 酶作用的底物。上述乳糖操纵子即是乳糖诱导 β-半乳糖苷酶等酶合成的实例。② 底物类似物。近年研究表明,某些难被酶作用的底物类似物,是非常有效的诱导物,例如,异丙基-β-D-硫代半乳糖苷用作 β-半乳糖苷酶合成的诱导物,酶的产量可提高近 $1\,000$ 倍,比乳糖的诱导效果高几百倍。③ 酶作用的产物。许多分解大分子底物的酶如纤维素酶以纤维素为底物,可以被底物诱导合成,但真正起诱导作用的是纤维素的水解产物——纤维二糖;果胶酶可以被果胶水解产物——半乳糖醛酸所诱导,当然果胶也能诱导;淀粉酶、蛋白酶等也是如此,底物有诱导作用,但不及产物诱导作用强。④ 底物和底物类似物的前体物也是诱导酶的一类诱导物,例如,犬尿酸是犬尿酸酶的诱导物,犬尿酸的前体色氨酸也是该酶有效的诱导物。

前述环腺一磷(cAMP)可以认为是碳分解代谢产物阻遏的去阻遏物,事实上也是如此;对于存在终端产物阻遏的酶,一方面在培养基中应当控制这类营养成分,另一方面添加终端产物的类似物可以解除阻遏。例如，组氨酸合成酶系受组氨酸的反馈抑制，若在培养基中添加组氨酸的类似物——2-噻唑丙氨酸，即可解除阻遏，使该酶系中 10 种酶的合成量增加 30 倍。

应当强调指出，添加诱导物必须控制浓度适当，过高时就会走向反面，起阻遏作用。有实验证明，$0.05\ mg \cdot mL^{-1}$ 的纤维二糖能诱导纤维素酶合成，$5\ mg \cdot mL^{-1}$ 的该糖则阻遏该酶的合成。

温度和 pH 的改变对某些酶的合成也可能引起诱导或是阻遏效应。

4. 添加细胞渗漏增强物

高产菌种能合成大量的目的酶，若在细胞内积累，可能引起反馈抑制，添加某些物质能使细胞外被结构改变，渗漏增强，有利于胞内酶外渗，这类化合物称为渗漏增强物。例如，在培养基中添加适量甘氨酸和甘氨酰甘氨酸（Gly-Gly），可使 *E. coli*（大肠杆菌）的 β-半乳糖苷酶增产 6 倍～7 倍，使其胞外酶产量提高 240 倍以上。显微镜下观察，可见细胞膨大、变形，推测这可能与 Gly, Gly-Gly 参与细菌被膜的合成有关。无论其生化原理如何，某些生产技术已投入商业应用。

一些非离子型表面活性剂，例如，吐温（Tween）-80 和催通（Triton）X-100 等，可以促进某些胞外酶的分泌，可能与它们改变细胞脂质膜结构有关。有资料表明，霉菌产纤维素酶发酵时，添加 1% 的吐温-80，酶产量提高 10 倍～20 倍。

5. 添加产酶促进物

能够促进生产菌的酶产量提高但作用机制不明的物质称为产酶促进物。已知聚乙烯醇（PVA）衍生物可以防止霉菌菌丝结球，提高糖化酶产量；PVA 和醋酸钠可提高纤维素酶的产量；植酸钙镁可使霉菌蛋白酶和桔青霉磷酸二酯酶提高产量 10 倍～20 倍。这些物质的实际效果明显，但作用机制还需深入探讨。

上述发酵条件的主要控制措施可归纳于表 3-3。

表 3-3　发酵条件的主要控制措施

项　目	主 要 控 制 措 施
温度	通过发酵罐的热交换设施，控制冷源或热源流量；通过曲室的通风和加热设备控制
pH	加酸或加碱，加碳源物质或氮源物质
溶氧：	调节通气量、罐压或搅拌转速，加水稀释，加纯氧或吸氮介质，加氧载体
通气量	调节空气入口或出口阀门
搅拌转速	调节驱动电机转速
罐压	调节尾气阀门的开度
泡沫	加消泡剂，调节罐压、搅拌转速或通气量
补料	根据菌种产酶特性确定

第三节　发酵过程细胞生长与酶合成之间的关系

研究酶制剂在发酵过程中酶的合成与细胞生长之间的关系，有一个从定性到定量分析的发展过程。现在已经逐步建立了一些数学模型，来表征酶合成速度和细胞生长速度之间的定量关系，常称为发酵动力学模型。这类模型，是指导发酵过程控制和工艺优化的重要理论基础。

一、微生物生长速度方程

微生物发酵过程中,细胞内各种物质有序增加,伴随着细胞重量增加;细胞增殖,使发酵液中的细胞数量和浓度增加,这就是发酵过程的微生物生长。发酵液中菌体数量随时间变化所作的曲线,称为微生物的生长曲线。图 3-4 是典型化的微生物生长曲线。

图中:实线是用活菌量表示的生长曲线,虚线是用菌总量表示的生长曲线。可见两者基本上是一致的。

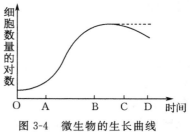

图 3-4　微生物的生长曲线

生长曲线分为 4 个时期:调整期(OA 段),细胞生长缓慢;对数生长期(AB 段),细胞量呈指数快增;平衡期(BC 段),也称静止期,细胞数量增减基本维持平衡;衰亡期(CD 段),细胞进入衰亡期,活菌数量开始下降。

1950 年,法国学者莫洛德(Monod)指出,微生物的生长速率如同化学反应速率一样,是微生物生长基质浓度的函数,并提出了描述这种关系的函数方程,后人称之为 Monod 方程,也即微生物生长速度方程或称微生物生长动力学模型。

$$\mu = \frac{\mu_{max} \cdot S}{K_S + S} \tag{3-1}$$

式中:μ 为微生物的比生长速率,即生长速率与细胞浓度之比(h^{-1});若生长速率用 r_X 表示,细胞浓度用 X 表示,则:

$$\mu = r_X / X \tag{3-2}$$

μ_{max} 为最大比生长速率(h^{-1})。

S 为限制性基质浓度(mol·L^{-1} 或 g·L^{-1})。限制性基质是指对发酵起决定作用的基质成分,通常是碳源物质。只考虑限制性基质,可以简化数学分析。

K_S 为 Monod 饱和常数,即 $\mu = \frac{1}{2}\mu_{max}$ 时的基质浓度(mol·L^{-1} 或 g·L^{-1})。

Monod 方程的形式和米氏方程相似,K_S 和 μ_{max} 也可以用双倒数作图法求取。

微生物的生长速率 r_X 是单位时间内细胞浓度的增加值。细胞浓度 X 以 mg·mL^{-1} 或 g·L^{-1} 为单位;时间 t 以 min 或 h 为单位,则生长速率 $r_X = dX/dt$。

由式(3-2)和式(3-1)可得:

$$r_X = \frac{dX}{dt} = \mu \cdot X = \frac{\mu_{max} \cdot S}{K_S + S} \cdot X \tag{3-3}$$

当细胞生长处于快速增长阶段时,比生长速率达到最大值 μ_{max},于是生长速率:

$$dX/dt = \mu_{max} \cdot X \tag{3-4}$$

积分,得:

$$\ln X_2 = \ln X_1 \cdot \mu_{max}(t_2 - t_1) \tag{3-5}$$

所以,这一生长阶段称为指数生长期或对数生长期。若 $t_2 - t_1$ 是细胞浓度由 X_1 增加 1 倍至 X_2 所需的时间,用 t_d 表示,称为倍增时间,于是:

$$t_d = \frac{\ln 2}{\mu_{max}} = \frac{0.693}{\mu_{max}} \tag{3-6}$$

细菌的倍增时间一般为 $0.25\,h\sim1\,h$，酵母为 $1.15\,h\sim2\,h$，霉菌为 $2\,h\sim6.9\,h$，由此可计算微生物的最大比生长速率 μ_{max}，大致范围在 $1.6\sim10$。

Monod 方程已有各种修正表述，现在应用较广的一种适用于间歇发酵的方程是：

$$r_X=\frac{\mu_{max}\cdot S\cdot X}{K_S\cdot X+S} \tag{3-7}$$

另一种适用于连续发酵的方程是：

$$r_X=\frac{\mu_{max}\cdot S\cdot X}{K_S+S}-D\cdot X=(\mu-D)X \tag{3-8}$$

式中：D 为稀释率，是指单位时间内，流经连续发酵罐的培养基体积与发酵液容积之比（单位为 h^{-1}），例如 $D=0.2$，表示每小时流经发酵罐的培养基体积是发酵罐中发酵液体积的 20%。式(3-8)表明，当 $\mu=D$ 时，$r_X=0$，换言之，细胞浓度不变，发酵反应器稳定地运行。反转来说，$\mu=D$ 是连续发酵反应器稳定运行的必要条件。

二、微生物酶生物合成与生长的关联模式

研究发酵过程中微生物生长与酶合成在时间上的关联情况，归纳为四种基本模式（图 3-5）。

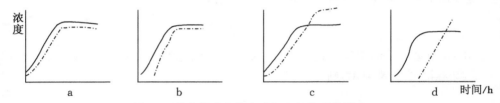

图 3-5　微生物酶生物合成与生长关联的模式

a. 同步合成型；b. 中间合成型；c. 延续合成型；d. 滞后合成型

实线:生长曲线；虚线:酶合成曲线

1. 同步合成型

酶的合成和细胞生长增殖同步进行，或者说是紧密偶联的。用酶浓度对时间作图（图 3-5a），酶合成曲线和生长曲线基本平行，发酵开始，细胞生长，酶也开始合成，说明不受营养成分阻遏，但是可以诱导；生长至平衡期，酶浓度不再增长，说明酶 mRNA 很不稳定；因而若是诱导产酶，则诱导物一除去，酶合成就停止。大部分组成酶的合成属于此类型。

2. 中间合成型

这也是一种合成生长偶联型，如图（图 3-5b）所示，酶合成开始稍晚，至对数生长期才开始合成，表明生长调整期受到营养源阻遏，例如，枯草杆菌碱性磷酸酶受磷酸盐阻遏，生长至平衡期后，酶合成停止，说明酶 mRNA 也不稳定。

3. 延续合成型

这种类型的酶，合成伴随生长开始，但平衡期后，酶 mRNA 不即刻降解，酶合成速度延续增长（图 3-5c）。这类酶可诱导，不受阻遏。例如，黑曲霉产聚半乳糖醛酸酶可由半乳糖醛酸和果胶诱导。

4. 滞后合成型

这种类型的酶，当细胞生长至平衡期时才开始合成，而且几乎以稳定的速率合成

（图 3-5d），说明酶 mRNA 十分稳定，例如黑曲霉产酸性蛋白酶即如此，生长前期可能受到培养基中易利用氮源的阻遏，而大分子底物的诱导作用也需要较长的时间，故而蛋白酶合成滞后。许多水解酶类合成属于此类。

三、酶合成速度方程

酶合成速度受到细胞内各种复杂因素的调节，真正从分子水平来讨论，影响因素太复杂，但是，从发酵过程中酶的合成与细胞生长的关联来讨论，却简单得多。现在已根据第二节所述产酶模型，提出下列宏观酶合成速度方程：

1. 生长偶联型

产酶与细胞生长相偶联的，包括同步合成型和中间合成型两类，它们的产酶速率 dE/dt 与细胞生长速率 r_X 成正比，由式（3-2），得：$r_X = \mu X$，故有：

$$dE/dt \propto \mu X = \alpha \mu X \qquad (3-9)$$

式中：E 为酶浓度（$U \cdot L^{-1}$）；μ，X 意义同前；α 为比例常数，命名为生长偶联的比产酶系数，即单位质量菌体的产酶量，用 $U \cdot g^{-1}$（菌体干重）表示。对于中间合成型来说，生长初期，$\alpha = 0$，无酶合成，即是受阻遏阶段。

2. 非生长偶联型

滞后合成型的酶合成速率，不随细胞生长期变化而变化，只与细胞浓度成正比，故有：

$$dE/dt \propto X = \beta X \qquad (3-10)$$

式中：β 为比例常数，也是速度常数，命名为非生长偶联的比产酶速率，即单位质量的菌体在单位时间内的产酶量，用 $U \cdot h^{-1} \cdot g^{-1}$（菌体干重）表示。

3. 部分生长偶联型

延续合成型的酶合成，兼有生长偶联型和非生长偶联型的特点，因而，产酶速度方程用两者之和表示：

$$dE/dt = \alpha \mu X + \beta X = (\alpha \mu + \beta) X \qquad (3-11)$$

以上酶合成速度方程，在一些工业生产过程控制和优化方面有重要意义。某种酶的合成选择哪种模型合适，需要通过实验确定，选定某一模型后，还要由大量的实验数据确定 α，β 等参数，经过反复验证后，才能用于生产。

第四节　动、植物酶的生产

动、植物酶的生产是既古老而又新兴的领域。从现成的动物脏器、肌肉或体液中制取有用的酶，从植物的幼芽、花、果实、种子、叶、幼嫩茎和根中制取有用的酶，都已有悠久的历史。培养植物的组织、原生质体，培养动物细胞，然后从中制取有用的酶，则是近几十年来借鉴微生物发酵技术，并在某些个性化的技术环节上取得突破后正在兴起的领域。迄今为止，从大规模组织培养法制得的植物酶已有 10 多种，动物酶仅 2 种。从食品和医药用酶的安全性考虑，动、植物酶比微生物酶更胜一筹，故而近年来各国都在加大这方面的研究投入。

一、从现成动、植物材料中制取酶的一般过程

1. 酶源材料的选取

以商业性开发为目的的酶，无论是从动物或是从植物材料中制取酶，都遵守材料来源广、目的酶含量高、价格低廉、容易制取等原则。动物酶常取自肝、肾、心肌、血、胃液、尿液、乳汁、胃肠黏膜、腿股肌等，很多都是取自动物产品加工的下脚料；植物酶则尽量用其加工废弃物，如果皮、米糠、生榨油的饼粕、非食用种子等。

取材应注意时宜。动物酶含量因年龄、性别、季节而有差别，例如，乳糖酶在大多数处于哺乳期的雌性哺乳动物肠道中存在，哺乳期之后酶基因可能已关闭了。植物酶的合成速度常因植物的生长发育阶段不同而有明显变化，一般应当在目的酶合成高峰后期及时取材。一般来说，种子萌发阶段，某些分解代谢的酶大量合成，或是由无活性状态转变为活性状态；开花到种子成熟阶段，某些合成代谢的酶大量合成，活力增强。例如，大麦发芽时，α-淀粉酶开始大量合成，R 酶、β-淀粉酶大部分转为活状性态；大豆发芽时，植酸酶含量上升；高淀粉植物如薯芋类植物，在它们的块根或块茎迅速膨大阶段，淀粉合成酶的含量很高，活性很强。动物要在经过一段时间饥饿之后再取材，这样可减少细胞对糖和脂肪的摄入，以利于酶的提取。

新鲜材料应及时提取酶，取材量大、来不及在短时间内处理的，一般要作低温或冷冻（−10 ℃至−50 ℃）保存，并加酶的保护剂，以降低酶的分解速度。

2. 酶的提取

除动物体液、植物汁液以外，动物材料还要尽量剔除脂肪组织和结缔组织，切碎。各种材料都要选用适当的方法，将其组织细胞破碎。一般是用 3 倍～8 倍体积（按材料质量计）的一定 pH 的缓冲液，或是稀酸稀碱或是有机溶剂，加至切碎的材料中，磨成匀浆，然后用过滤或是离心的方法除去渣滓，就得到酶的粗提取液。

3. 酶的分离纯化

酶的粗提取液先用适当的方法将目的酶沉淀出来，制得粗酶，再根据此酶的分子性质，运用各种分离纯化技术，按不同的要求，制成不同纯度的制剂。具体方法见第四章。

二、动、植物细胞组织培养材料制取酶的技术概要

1. 动、植物细胞的特性

与微生物细胞相比，动、植物细胞大几倍至数十倍，倍增时间长几倍至几十倍，培养周期长，对培养基的要求高，培养过程要供氧，却又不耐搅拌等剪切力强的操作条件。动物细胞无壁，对剪切力尤其敏感；动物细胞属于异养型细胞，很多营养成分不能自己合成，因而对培养基成分要求苛刻，往往必须加血清或其代用品；大多数动物细胞有附壁生长（黏附于某种固体物上生长）的特点，因而实现大规模培养更困难。

2. 植物细胞组织培养产酶的工艺特点

植物细胞组织培养有固体培养和液体培养两大类，固体培养通常是指在琼脂培养基上的培养；液体培养是在发酵罐中进行的液体通气培养，现在有的已经做到 20m³ 的规模。培养方式也有分批式、半连续式和连续式之分。植物细胞组织培养的主要工艺特点体现在以下几个方面。

（1）培养基

植物细胞组织培养中，常用 MS 培养基和 B5 培养基，由碳源、氮源、大量元素、微量元素、维生素和植物激素 5 种组分合成。表 3-4 是两种培养基的组分配比，表 3-5 是两者的大量元素、微量元素和维生素母液各种化合物的配比。可以看出，植物细胞组织培养，常用蔗糖为碳源，氮源采用无机氮，对无机盐和维生素的各种组分都有严格的要求，必须按表中所列化学成分配制成母液；激素 2,4-D（2,4-二氯苯氧乙酸）也要先配成 $0.1\,g \cdot L^{-1}$ 的母液备用；铁也要单独配成母液备用，由 $2.78\,g \cdot L^{-1}$ $FeSO_4 \cdot 7H_2O$ 加 $Na_2EDTA \cdot 2H_2O\ 3.73\,g \cdot L^{-1}$ 配制而成。母液都用蒸馏水配制，灭菌后在冰箱中保存备用。

表 3-4　MS 和 B5 培养基的组成（$mL \cdot L^{-1}$）

培养基母液	碳　源	大量元素	微量元素	铁	维生素	激素母液
MS	蔗糖 $30\,g \cdot L^{-1}$	100	10	10	10	4
B5	蔗糖 $20\,g \cdot L^{-1}$	100	10	10	10	10

表 3-5　MS 和 B5 培养基母液成分（$g \cdot L^{-1}$）

大　量　元　素			微　量　元　素			维　生　素		
成　分	MS 培养基	B5 培养基	成　分	MS 培养基	B5 培养基	成　分	MS 培养基	B5 培养基
KNO_3	19.0	25.0	H_3BO_3	0.62	0.30	甘氨酸	0.2	—
NH_4NO_3	16.5	—	$MnSO_4 \cdot H_2O$	1.56	1.0	盐酸硫胺素	0.01	1.0
$(NH_4)_2SO_4$	—	1.34	$ZnSO_4 \cdot 7H_2O$	0.86	0.2	烟酸	0.05	0.1
$CaCl_2 \cdot 2H_2O$	4.4	1.5	$Na_2MoO_4 \cdot 2H_2O$	0.025	0.025	吡哆素	0.05	0.1
$MgSO_4 \cdot 7H_2O$	3.7	2.5	$CuSO_4 \cdot 5H_2O$	0.002 5	0.002 5	肌醇	10.0	10.0
KH_2PO_4	1.7	—	$CoCl_2 \cdot 6H_2O$	0.002 5	0.002 5			
NaH_2PO_4	—	1.5	KI	0.083	0.075			

（2）培养温度和 pH

一般植物组织培养的适宜温度在 $20\,℃ \sim 25\,℃$，酶合成温度因植物种类而异；植物组织培养要求稳定的 pH，在培养基配方中已经充分考虑到这一点，一般控制在 pH 5.8～6.1 最好，pH 5～6.5 的范围也还能适应。

（3）通气与搅拌

植物组织培养也需要利用一定量的溶解氧，而培养液黏度大，易结块，因而需要通气和搅拌。但是和微生物相比，植物细胞代谢较慢，耗氧速率亦较慢，加之细胞比较大，较脆弱，对剪切力敏感，所以通气和搅拌不能太剧烈。

（4）其他

植物酶的合成时期需添加适当的刺激物（促进物）。例如，微生物细胞壁碎片可以提高酶合成量，如花生细胞合成 L-苯丙氨酸氨裂合酶时，添加霉菌细胞壁碎片可使酶合成量提高 20 倍。光照对一些植物酶有诱导作用或抑制作用，也是应当注意的。

3．动物细胞的培养

大规模培养动物细胞产酶目前还处于探索阶段，动物细胞培养主要生产一些医药用产品，如疫苗、细胞生长因子等，酶产品还只有胶原酶和血纤维蛋白溶解原激活剂等。动物细胞的培养方法一是悬浮培养法，用以培养来自血液的细胞、淋巴组织细胞等。二是固体或半固体培养法，用以培养来自动物复杂器官中的细胞。由于这些细胞与周围细胞互相依存，即所谓"定位依存"，因此，它们必须依附于固体或半固体的表面才能正常代谢，这是动物细胞的附壁生长特性使然。据报道，微载体培养法的规模已达到 20 000 L 的水平。三是固定化细胞培养法。动物细胞培养的主要工艺特点体现在以下几个方面。

(1) 培养基

因为动物是异养型生物，只能利用现成的营养物质，特别是必需氨基酸、必需脂肪酸、维生素、动物激素、一些动物细胞的生长因子等，都要由培养基提供。所以，动物细胞培养基中必须加血清，现在虽然已经研究开发了代用品，但是稍有不慎，就会发生生长传代障碍。目前无血清培养基的价格昂贵，也是实用上的困难所在。

动物细胞培养基通常以葡萄糖（也有用谷氨酰胺的）为碳源；各种盐类的阳离子总数必须与阴离子总数相等，溶液的渗透压必须与细胞内的渗透压相等，即是等渗溶液；各种必需氨基酸、脂肪酸等的配比，既要考虑相互间的关系，还要注意离子间的平衡和等渗等要求。

(2) 培养条件控制

动物细胞对温度控制的要求很严，温度的波动范围只能在 ±0.25 ℃；pH 调节常用 $NaHCO_3$ 进行；溶氧条件调节，常用纯氧、氮、二氧化碳和空气四种气体的不同比例进行，不直接通气，一般也不搅拌。

4. 酶的制取

动、植物组织细胞培养材料制取酶，一般是在培养结束后收取培养物，用提取酶的缓冲液洗涤，除去材料表面附着的培养基，然后加适量的提取缓冲液，匀浆破碎细胞，离心，收集酶液，再分离纯化。

本 章 要 点

酶制剂主要由安全性好的微生物发酵生产，动、植物酶产品不多。生产菌种可以买现成的专利品，也可从采样开始，选育而得。发酵有固体发酵和液体深层发酵两种主要方式，都要制备培养基，逐级扩大培养菌种，得到生产种子后，接入发酵罐或麸皮培养基进行发酵，经分离纯化，制成各种制剂。培养基由碳源、氮源、无机盐、生长因素和水 5 种组分组成，发酵培养基要尽量利用价廉的淀粉质原料和饼粕等配制。动、植物细胞组织的大规模培养产酶，根据它们的特点，对培养基的要求各有特殊之处，应注意这些特殊点。

酶制剂生产以液体深层需氧发酵为主。发酵过程主要根据不同生产菌产不同目的酶的不同要求，控制发酵罐的温度、pH、溶氧及补料等，溶氧则要通过调节通气量、搅拌速度、罐压、氧分压、发酵液黏度（加水）等手段加以控制。

微生物酶合成与微生物生长之间的关联有 4 种基本模式，从合成起始和结束时序上，可以简要地说成"同起同落"、"晚起同落"、"同起晚落"、"晚起晚落"四型。"晚起"是生长前期受营养源阻遏之故，"晚落"是酶 mRNA 十分稳定的表现。

操纵子学说是发酵控制的重要理论基础，本章主要结合微生物酶发酵，加深对营养源阻遏和对中间补料工艺的理解。广义的补料，包括将营养成分分次添加及加诱导物、产酶促进剂、细胞渗漏增强剂等。

微生物发酵过程的 Monod 方程及其修正方程,酶合成的动力学方程,是发酵过程自动化的依据之一。

复习思考题

1. 世界上第一个专利商品酶制剂,是何时、何人、从何种微生物制得的何种酶? 简述酶制剂的应用前景。
2. 微生物酶基因表达调节的操纵子学说怎样解释酶合成的诱导和阻遏现象? 葡萄糖效应和营养源阻遏有什么联系? 这方面的理论对发酵实践有什么指导作用? 什么叫做终端产物阻遏?
3. 酶合成的诱导物有哪几种? 哪一类诱导物诱导效果更显著?
4. 分别图示麸皮酶生产和液体深层发酵生产酶制剂的一般工艺流程。
5. 微生物酶的发酵生产要用哪几种类型的培养基? 种子罐和发酵罐培养基由哪几种成分组成? 各有什么功能? 常用哪些原料配制? 配制培养基应注意哪些事项?
6. 微生物酶的发酵生产中,对温度、氢离子浓度、氧、湿度等条件有何要求? 如何控制? 中间补料在生产上有什么实际价值? 怎样补? 补什么?
7. 微生物生长曲线一般划分为哪几个阶段? 它们与酶的合成之间有哪几种关联模式? 各种不同类型的模式有何主要特点? Monod 方程和酶合成速度方程如何表达?
8. 试根据本章所学酶生物合成理论和发酵管理知识,结合相关知识,谈谈提高酶产量的思路。
9. 从动、植物材料制取酶应注意哪些问题? 动、植物细胞组织培养法生产酶制剂与微生物发酵法生产酶制剂相比,有哪些特点?
10. 解释术语:
    酶的发酵生产;调节蛋白;葡萄糖效应(分解代谢阻遏);营养源阻遏;终端产物阻遏(反馈抑制);辅阻遏物;诱导物;诱导酶和组成酶;碳氮比(C/N);生长因素;溶氧速率;产酶促进物;生长速率;比生长速率;定位依存和附壁生长。
11. 计算:
    (1) 大肠杆菌在适宜的条件下 20 min 分裂一次,米曲霉的倍增时间以 2.5 h 计,植物细胞的倍增时间在 16 h ~ 60 h,求 μ_{max}。
    (2) 液体发酵过程中,8 h 取样测得细胞浓度为 5.5 g · L^{-1},12 h 测得为 15.8 g · L^{-1},计算这一时段的细胞平均生长速率及第 12 h 末的比生长速率是多少。

第四章　酶的分离纯化及产品成型

❋　学习提要

1. 了解发酵液预处理方法和细胞破碎方法；
2. 掌握酶的提取方法和纯化方法；
3. 掌握酶的浓缩、结晶和干燥方法；
4. 了解酶制剂的质量监测方法和质量标准。

　　酶制剂生产的发酵阶段，通常称为上游工程，而从分离纯化到制成成品，称为下游工程。酶分离纯化技术是酶工程中的重点内容之一，所涉及的技术门类多，知识面广，因此也是难点之一。图 4-1 是酶分离纯化的一般程序和相应的单元操作。单元操作就是一项可以独立进行的技术。例如，沉淀、过滤、离心、萃取、层析、电泳等，都是各自独立的技术类别，酶分离纯化过程将它们有序地组合起来，才能完成预定的任务。

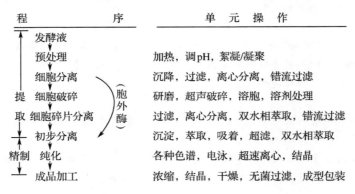

程　　　序	单　元　操　作
发酵液	
预处理	加热，调pH，絮凝/凝聚
细胞分离	沉降，过滤，离心分离，错流过滤
细胞破碎	研磨，超声破碎，溶胞，溶剂处理
细胞碎片分离	过滤，离心分离，双水相萃取，错流过滤
初步分离	沉淀，萃取，吸着，超滤，双水相萃取
纯化	各种色谱，电泳，超速离心，结晶
成品加工	浓缩，结晶，干燥，无菌过滤，成型包装

图 4-1　酶分离纯化的一般程序及各步的单元操作

　　由图 4-1 可以看出，从发酵液预处理开始的前期阶段，是根据酶的分泌特性决定步骤，胞外酶无需细胞破碎操作，细胞分离后就进入初步分离阶段，通常把这一阶段的工序划为提取阶段。提取酶的过程，就是将细胞内非游离状态的酶转入液相，并与大量非目的酶等物质分离的操作过程，也是初步分离过程。所用的单元操作一般都是非特异性、低分辨率的，分离所用介质和耗材价格也较低廉，如沉淀、过滤、吸附、超滤等。初步分离的主要目的是除去最主要的杂质，使酶液浓缩，减小体积。进一步分离纯化要根据产品的质量要求不同，选用不同的单元操作组合，原则上讲，先选用分辨率高的单元操作，如高分辨率的离子交换色谱、亲和色谱等；最费时最昂贵的单元操作，如蛋白质高效液相色谱、超速离心等，总是放在最后才用。许多高分辨率的单元操作，不仅是纯化手段，也是酶分子性质的研究手段，如凝胶过滤、电泳、聚焦色谱、蛋白质高效液相色谱、超速离心等。

酶的分离纯化,除初步分离阶段外,纯化阶段主要的目的是一步一步地除去蛋白质类杂质,因此,人们常根据蛋白质性质,将常用的分离技术归为六类(表 4-1)。

表 4-1　酶与杂蛋白分离技术的类别

分离依据的性质	分离技术单元操作举例
分子大小、轻重	离心分离技术,膜分离技术,凝胶过滤技术等
电荷性质	离子交换技术,电泳技术,等电点沉淀技术,等电聚焦技术等
溶解度差异	盐析技术,等电点沉淀,有机溶剂沉淀,共沉淀等
疏水特性	疏水色谱技术
分子识别	亲和色谱技术,免疫电泳技术,免疫沉淀技术等
外界条件对稳定性影响	热变性控制技术,酸碱选择性变性技术,表面变性控制技术等

在工业生产中,应用最广的分离单元操作有过滤、盐析、等电点沉淀、膜过滤、离心分离、离子交换等,对于食品用酶,特别是医药用酶,则多采用几种色谱技术配合来达到一定纯度的要求。本章着重介绍有关的单元操作。

第一节　酶的提取分离

一、发酵液的预处理

发酵液的预处理主要是为了改变发酵液的物理性质,以利于从中分离固形物。如果是胞内酶,就要收集细胞;若是胞外酶,就要废弃包括细胞碎片和残余基质在内的固形物。为了保持酶的活力,发酵结束后,应及时处理发酵液,来不及处理的,要快速冷却至 5 ℃,待处理。否则,很容易遭受微生物污染,致使酶被降解,活力回收率降低。

发酵液黏稠,难于过滤,工业上常用下列方法进行预处理:

1. 加热

将发酵液加热至目的酶热变性温度下限,既可以使一些不耐热的大分子物质变性凝聚,降低发酵液黏度,又可以杀死活菌,故为一种常用的简便的预处理方法,但是不适用于不耐热的酶。工业上加热处理,有时是在发酵液经过压滤后进行,目的在于除去一些不耐热的蛋白质等物质,为后续操作创造条件。加热处理时,常要加适当的酶保护剂。例如,BF 7658 产 α-淀粉酶发酵液的热处理是:在搅拌下加无水 $CaCl_2$ 0.8%,升温至 50 ℃~55 ℃,保温 0.5 h,冷却至 35 ℃~38 ℃,调 pH 至 6.7~6.8,则可进行盐析。

2. 凝聚和絮凝

凝聚和絮凝,从其表观现象来看,都是加入某种物质使胶体聚集成团的过程,但从作用机制上来看又是有差别的。凝聚是在中性盐作用下,由于胶体电荷被中和,水膜被破坏,溶胶稳定性下降,致使胶粒聚集成团的过程;而絮凝则是在高分子化合物作用下,对胶粒起桥联作用,使溶胶形成絮状凝胶的过程。通常向发酵液中加 $CaCl_2$,$FeCl_3$,$AlCl_3 \cdot 6H_2O$,明矾等多价阳离子的无机盐,使溶胶凝聚;或是加聚丙烯酰胺、聚乙烯亚胺和聚胺衍生物、海藻酸钠、壳多糖、明胶等高分子化合物,使溶胶絮凝。

3. 加酸或碱

发酵液中存在很多大分子物质和胶体粒子,适当加酸或碱,调节发酵液的 pH,可以破坏胶体的稳定性,促使其凝聚。但要注意避免酸碱浓度过高而损害目的酶的活力。

在工业生产中,为了使酶溶液达到一定的浓度,减少后续操作的原料消耗,要将较稀的酶液进行浓缩,这也是预处理的任务。具体方法在后文中介绍。

二、细胞破碎和细胞碎片的过滤分离

胞内酶发酵生产,要先分离出细胞,并将细胞破碎后,除去细胞碎片,制得粗酶液。

1. 细胞破碎的方法

细胞破碎的方法很多,从原理上讲可以分为四类(表 4-2)。

表 4-2　细胞破碎方法及其原理

分类	细胞破碎方法	细胞破碎原理
机械破碎法	捣碎法 研磨法 匀浆法	利用机械运动产生的剪切力,打破细胞的胞壁和膜结构,让酶释放出来
物理破碎法	冻融交替法 压力差破碎法 超声波破碎法	通过各种物理因素的作用,使组织、细胞的外层结构破坏,而使细胞破碎
化学破碎法	添加有机溶剂 添加表面活性剂	通过各种化学试剂对细胞膜的作用,从而使细胞破碎
酶促破碎法	自溶法 外加酶制剂法	通过细胞本身的酶系或外加酶制剂的催化作用,使细胞外层结构受到破坏,从而达到细胞破碎

(1)机械破碎法

机械破碎法是利用机械运动产生的剪切力,打破细胞的胞壁和膜结构,让酶释放出来。例如,实验室中常用加砂在研钵中研磨的方法;玻璃匀浆器用于处理百克以下的材料;高速组织捣碎机用于处理千克以下的材料;还有细菌磨、法兰西压榨机等,是采取使细胞在高压下通过小孔而破碎细胞的方法,用于处理小量酵母和细菌细胞。高压匀浆法也称均质法,是用于大规模操作的方法,高压匀浆器由高压泵和匀浆阀组成,其作用原理和法兰西压榨机类似,通常采用的压力在 55 MPa～70 MPa。另一种大规模破碎细胞的方法是碾碎法,常用设备是珠磨机,利用直径 1 mm 以下的无铅玻璃珠,在搅拌桨搅拌下,使细胞悬液充分混合,细胞受到玻璃珠的碾磨、剪切而破碎。

(2)物理破碎法

上述机械法也是物理法,而这里主要是指冻融交替法、超声破碎法等,也是一些实验室中采用的方法,一般来说不适用工业生产中大量材料的处理。

(3)化学破碎法

化学破碎法是用丙酮、丁醇、甲苯、氯仿等有机溶剂,或是用非离子型表面活性剂如吐温-80、Triton X-100 等破坏细胞的膜结构而使酶释放。还有渗透压冲击法,是把细胞放在高渗溶液中,由于渗透压作用,细胞内水分向外渗出,细胞发生收缩,当达到平衡后,将介质快速稀释或者将细胞悬液加至两倍体积的纯水或其他缓冲液中,根据渗透原理,水大量进入细胞，致其被胀破。

（4）酶促破碎法

① 自溶法

微生物发酵生产胞内酶时，可用自溶法大规模操作。所谓自溶，是指细胞在一定pH、温度、离子强度等条件下，保温一定时间，在细胞自身酶系作用下，引起细胞破碎的现象。为防止保温阶段滋生杂菌，可加适量的甲苯或氯仿等。

② 外加酶制剂法

外加酶制剂法是用各种溶壁酶处理，破坏细胞壁的方法，细菌常用溶菌酶处理。革兰氏阴性菌在 37 ℃下大约 15 min 其细胞壁即可溶解；革兰氏阳性菌先加 Triton X-100、甘油、巯基乙醇处理，再加溶菌酶效果更好。例如，枯草芽孢杆菌 5％的悬液，加 7.5％的 PEG 4000（4 000 指代其相对分子质量），加溶菌酶至 50 mg·L^{-1}～500 mg·L^{-1}，若条件适合，30 min 内细胞就会破碎完毕。酵母可用其他糖苷酶如 β-1,3-葡聚糖酶、β-1,6-葡聚糖酶、甘露糖酶、壳多糖酶等，还有内肽酶、几种酶的混合物（zymolyase，溶壁酶）。

植物细胞用纤维素酶、半纤维素酶和果胶酶组成的混合酶去壁，效果显著。

2. 过滤方法

过滤方法很多，根据过滤介质孔径不同，常分为粗滤和微滤两类；根据滤液通过介质所依赖的推动力，分为常压过滤、加压过滤和减压过滤三类。

（1）常压过滤

以液位差为推动力，速度较慢，分离效果较差，难大规模连续处理物料。

（2）加压过滤

以加压泵或压缩空气为推动力。在工业生产中普遍应用这类技术，并有各种各样的过滤设备可供选择。酶发酵液一般黏度较大，控制压力很重要，例如，枯草杆菌 BF 7658 产 α-淀粉酶的发酵液过滤，以 0.2 MPa 为宜；一种黑曲霉产果胶酶的发酵液过滤，压力不宜超过 0.3 MPa。操作压过高，反而使过滤速度迅速下降。

（3）减压过滤

又称真空过滤或抽滤。在工业生产中有各种真空过滤设备可供选用。需要用真空泵抽出滤液流出一侧的空气，使滤液在负压下流出。可见压差小于大气压（0.1 MPa）的方法使滤速加大有限，主要用于稀溶液的过滤，不适宜发酵液过滤，酶纯化后期可以使用。

3. 粗过滤常用的介质和助滤剂

工业上粗过滤常用各种织布、玻璃棉、陶瓷滤板为过滤介质。为了提高过滤流速，常在发酵液过滤时加能使滤饼疏松的物质，称为助滤剂，如硅藻土、珍珠岩（一种膨化的火山岩）粉、活性炭、纸浆等。助滤剂可以先铺在滤布上，也可以加到发酵液中，前一种加法过滤过程滤速降低较快，但滤液透明度较好。在发酵液中加助滤剂的用量，有一条经验规则可供参考，即所加量与悬浮物中的固体含量相等时，流速最快。

三、酶的提取及注意事项

酶的提取实际上经常是在细胞破碎时已经同时进行。有时还要用不同的溶剂提取酶。

1. 提取方法

根据提取时所采用的溶剂或溶液的不同,酶的提取方法主要分为盐溶液提取、酸溶液提取、碱溶液提取和有机溶剂提取等(表 4-3)。

表 4-3　酶的主要提取方法及提取对象

提取方法	使用溶剂	提取对象
盐溶液提取	盐溶液	在低盐溶液中溶解度较大的酶
酸溶液提取	水溶液(pH 2~6)	在稀酸溶液中溶解度大且稳定性较好的酶
碱溶液提取	水溶液(pH 8~12)	在稀碱溶液中溶解度大且稳定性较好的酶
有机溶剂提取	可与水混溶的有机溶剂	与脂质结合牢固或含有较多非极性基团的酶

(1) 盐溶液提取

蛋白质在一定盐浓度范围内,随着盐浓度增大,其亲水性增强、溶解度增加的现象,叫做盐溶。由此产生了利用盐溶液提取酶的方法。所用盐浓度在 $0.02\,mol \cdot L^{-1} \sim 0.5\,mol \cdot L^{-1}$ 范围。例如,从麸皮曲中提取 α-淀粉酶、糖化酶、蛋白酶等胞外酶,常用 $0.15\,mol \cdot L^{-1}$ 的 NaCl 溶液,或是 $0.02\,mol \cdot L^{-1} \sim 0.05\,mol \cdot L^{-1}$ 的磷酸盐缓冲液;枯草杆菌碱性磷酸酶用 $0.1\,mol \cdot L^{-1}$ 的 $MgCl_2$ 溶液提取。

(2) 稀酸或稀碱溶液提取

根据蛋白质的两性特点,当 pH 偏离目的酶的等电点时,溶解度增大,故可用稀酸或稀碱提取酶。例如,从胰脏中提取胰蛋白酶和胰凝乳蛋白酶,用 $0.12\,mol \cdot L^{-1}$ H_2SO_4 溶液;细菌的 L-天冬酰胺酶的提取用 pH 11~12.5 的碱液提取。

(3) 有机溶剂提取

一些与细胞的膜结构或颗粒结构结合在一起的酶,称为结酶,必须用有机溶剂提取。常用的有机溶剂有丙酮、丁醇、乙醇等,它们既能溶解脂质,又能与水互溶,提取时,破坏了细胞的膜结构,使酶释放进入水相。例如,大豆脲酶的提取用 32% 的丙酮,还有一些膜结合酶,如细胞色素氧化酶、琥珀酸脱氢酶、胆碱酯酶等,都曾成功地用不同的有机溶剂提取。

少数情况下,用水提取酶更有效,如植物酯酶、霉菌脂肪酶等。

2. 酶提取应注意的事项

(1) 提取温度

一般要求在 0 ℃~10 ℃ 操作。耐热酶可以在室温下操作,例如,胃蛋白酶可在 37 ℃提取,细菌碱性磷酸酶在 25 ℃ 提取;而细菌谷氨酸脱氢酶必须在常温(25 ℃)下提取,0 ℃ 1 h 失活 50%;线粒体 ATP 酶在 0 ℃迅速失活,室温下不仅稳定,而且活力提高,这类酶称为冷不稳定酶,不能在低温下操作。

(2) pH

通常用偏离目的酶等电点的缓冲溶液提取。

(3) 提取液用量

一般用比材料重 2 倍~5 倍体积的提取液。根据材料和提取液的来源是否容易,确定是分次提取或是一次提取。

(4) 加保护剂

许多酶提取时都必须加酶的保护剂,以免其在提取过程中失活。常用的保护剂有酶的底物、辅酶、酶的竞争性抑制剂、惰性蛋白(如小牛血清白蛋白)。有时要用巯基乙醇、半胱氨酸、维生素 C 等保护酶巯基。

提取动物的酶原时,还要加特殊的蛋白酶,以激活酶原。

四、液—液双水相萃取法分离酶

液—液双水相法萃取酶,是近年来兴起的一项新型分离技术,特别适用于从含有菌体等杂质的酶液中直接萃取目的酶。此法可以除去大部分多糖、核酸等可溶性杂质,具有一定的纯化效果。

1. 双水相的形成

当两种亲水性高分子聚合物(简称高聚物)的水溶液相混合时,或一种高聚物和一种无机盐的水溶液相混合时,若是存在分子间相互排斥(不相容性),在一定浓度比例下,当混合液达到平衡时,就会分成两相,两种溶质分别以不同的比例进入上下两相。两种高聚物的水溶液分别以不同质量分数(P,Q)相混合,可以得到图 4-2 所示的相图。图中的曲线是均相区和双相区的分界线,下方为均一相区,上方为双相区。双相区中任意一点 M 到曲线上 T 点和 B 点的距离 BM 和 MT

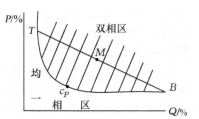

图 4-2　两种高聚物形成双水相系统
的分区曲线(相图)

之比,等于两相的体积之比。曲线上的 c_P 点,是两相消失点,称为临界点。由于这两相系统中,水占有很大比例(85%～95%),故称为液—液双水相系统。两相分别命名为上相和下相。一般认为,高聚物的水溶液之间之所以分相,主要是疏水性差异所致;高聚物与无机盐的水溶液之间形成两相的原因还不清楚,一般认为这可能与盐析作用有关。

2. 双水相萃取原理

生物活性大分子或/和细胞器(及细胞碎片),在双水相系统中,其不同组分将按一定的比例分别进入上相和下相,即在两相间进行分配,这和用溶剂萃取被分离物一样,可以用分配系数来描述:

$$K=\frac{c_1}{c_2}(\text{或 } c_T/c_B) \tag{4-1}$$

式中:K 为某组分在双水相之间的分配系数;c_1(c_T)为该组分在上相中的浓度;c_2(c_B)为其在下相中的浓度。对生物大分子、细胞等物质在双水相中的分配行为的定量分析,实际上涉及许多因素,包括高聚物的分子形状、大小、电荷性质,被分离物的分子大小、形状、电荷性质、盐类的性质等。有研究认为,这些因素可以归结为表面能和电荷两方面的作用,并提出分配系数与表面能、电位差呈指数相关的表达式,这里不作引述。

3. 双水相系统的类型

典型的液—液双水相系统可以分为四类。

A 类:由两种非离子型高聚物构成。例如,聚丙二醇/聚乙二醇(PEG),聚丙二醇/聚乙烯醇,聚丙二醇/葡聚糖,PEG/葡聚糖,PEG/聚乙烯醇,PEG/聚乙烯吡咯烷酮。

B 类:由一种离子型和一种非离子型的高聚物构成。例如,二乙基氨基乙基(DEAE)-葡聚糖·HCl/聚丙二醇·NaCl 系统。最近有资料称,由多价两性丙烯酸共聚物和聚丙烯醇构成的双水相系统,价廉,无毒,低浓度即可形成两相,而且可以用等电点沉淀法,很方便地从分离系统中与蛋白质等物质分离出来。

C 类:由两种聚电解质构成。例如,羧甲基葡聚糖钠盐/羧甲基纤维素钠盐。

D 类:由一种高聚物和一种无机盐构成。例如,PEG/磷酸盐(多用钾盐),PEG/硫酸铵(或钠)，PEG/硫酸盐和氯化钠。目前，这一类是研究和应用最为普遍的。PEG 对酶不仅无毒，而且有保护作用，在酶分离纯化中应用较广。构建双水相系统常用的 PEG 相对分子质量在 1 500 至 4 000～6 000 范围，浓度在10％～20％，相对分子质量高的，浓度就低一些。无机盐浓度一般用 10％～30％。

4. 双水相萃取技术在酶分离纯化中的应用

双水相萃取技术用于直接从胞内酶的细胞匀浆液中分离纯化酶，是相当方便的，因为无需除去细胞碎片。例如，在 PEG 1550 和磷酸钾系统，细胞碎片进入下相，酶进入上相，一步即可达到固液分离和纯化的目的。迄今为止，用此法研究过的酶已有 50 种以上，许多实例表明，双水相分离纯化可以全部除去细胞碎片；酶的收得率一般都在 80％～90％或更高；酶纯化可达 2 倍～16 倍。

一般 PEG 和无机盐系统构建也较容易，先配制高浓度的 PEG 和无机盐，比如50％(m/m)的贮存液，然后根据设计的配比分别取贮存液混合即成。再将待分离酶的细胞匀浆加入，搅拌，离心，通常细胞碎片进入富含盐的下相，酶进入富含 PEG 的上相。现有资料表明，细胞浆(糊)浓度一般在 16％～30％。例如，在 750 L 的双水相系统中，可以加 1 000 kg 细胞糊，得到大约 75 kg 酶。搅拌和离心，工业上都有现成的设备可供应用。由于 PEG 对酶有保护作用，只需在室温下操作，无需低温条件，故可以节能。这种技术在实验室做的实验配比，可以直接放大到生产规模，不必经过中试阶段，这是非常便利的。

液—液双水相分离纯化酶的一般过程示意图如图 4-3。

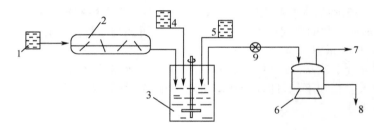

图 4-3　液—液双水相法分离酶的过程示意图
1. 细胞悬浮液；2. 细胞破碎机；3. 搅拌罐；4. 萃取剂 A(如 PEG)；5. 萃取剂 B(如无机盐)；
6. 离心分离机；7. 含酶的上相液；8. 含细胞碎片的下相液；9. 泵

除了用双水相系统分离纯化酶，也可以从粗酶粉中纯化酶。还有报道用 PEG/无机盐系统，通过适当加盐和少量 PEG，并适当调 pH，连续分三步，逐步除去细胞碎片、核酸、多糖和杂蛋白、色素，从而制得较纯的酶。

选择双水相系统时，首先应当使所用的系统能将目的酶和细胞碎片等杂质分配到不同的相中，而且酶的分配系数要足够大，以便在一定程度的条件下，能够只通过一次分离纯化，酶的收得率就很高。其次，要注意与下一步纯化工作的衔接，应当无需经过复杂的处理。因此若用 PEG/葡聚糖系统，蛋白质(酶)主要是分配在富葡聚糖相中，那么最好再用 PEG/盐系统处理一次，使蛋白质进入盐相，即可较为方便地用超滤或离子交换法分离出蛋白质。

第二节　酶分离纯化的沉淀、离心和膜过滤技术

在酶制备工艺中，沉淀、离心和膜过滤技术通常用于在酶提取后使酶液浓缩，初步纯化。后续纯化过程中也常应用这些单元操作。

一、酶的沉淀分离法

改变溶液或溶胶的稳定条件，使某种溶质的溶解度降低，而从溶液中析出，达到与其他溶质分离的目的，称为沉淀分离法。酶分离纯化过程中，经常采用不同的沉淀法，使酶得到浓缩，并除去杂质。常用的沉淀法有盐析法、有机溶剂沉淀法、等电点沉淀法、选择沉淀法和复合物形成沉淀法等。

（一）盐析法

蛋白质溶液在一定浓度范围内，加入无机盐，随着盐浓度增大，蛋白质的溶解度增大，称为盐溶；但当盐浓度增到一定限度后，继续加盐，蛋白质将从溶液中析出，称为蛋白质的盐析。这主要是因在高盐离子浓度下，蛋白质表面电荷被中和，水膜被破坏所致。

酶盐析常用的盐有硫酸铵、硫酸钠、硫酸镁、磷酸钾、磷酸钠等。在酶制剂工业生产中，主要用硫酸铵和硫酸钠，实验室常用硫酸铵。下面着重讲述硫酸铵盐析法。

1. 硫酸铵盐析法的优缺点

硫酸铵盐析法的优点：硫酸铵在水中的溶解度大；溶解的温度系数小；价廉易得；硫酸铵性质温和，不仅不伤害酶，而且可以使酶稳定，在 $2 \ mol \cdot L^{-1} \sim 3 \ mol \cdot L^{-1}$ 高浓度硫酸铵中，酶可以保存几年而不被细菌和蛋白酶破坏；经硫酸铵盐析一次，可以除去 75% 的杂质，换言之，可使纯度提高 4 倍。

硫酸铵盐析法的缺点：硫酸铵溶解时存在相当大的非线性体积变化，例如，在 1 L 水溶解硫酸铵至饱和时，体积将达到 1.425 L；硫酸铵遇碱会放出氨，NH_4^+ 干扰蛋白质测定；硫酸铵对离心机等有腐蚀作用；酶制剂若用于食品加工，硫酸铵在酶制剂中残留，会影响食品的口感。

权衡利弊，工业上仍然选用硫酸铵作为盐析原料，某些时候也选用硫酸钠代替。硫酸钠虽然也便宜，但它的溶解度曲线特殊，32.4 ℃以下温度系数大，32.4 ℃以上溶解度下降，故不如硫酸铵使用广泛。

2. 硫酸铵饱和度

由于硫酸铵溶解时存在非线性体积变化，使用时不便按常规计算用量，因而采用一种相对浓度计算法，即用实际浓度对饱和浓度的百分数表示，称为硫酸铵饱和度，用 S 表示，习惯上又常用小数表示，例如 $0.5S$，即饱和度为 50%。计算式：

$$S = \frac{c}{c_0} \times 100\% \tag{4-2}$$

式中：c 为硫酸铵溶液的实际浓度（$mol \cdot L^{-1}$）；c_0 为同温度下硫酸铵的饱和浓度（$mol \cdot L^{-1}$）。

3. 盐析时硫酸铵添加量计算

工业上硫酸铵盐析操作，因为量大，都是直接加硫酸铵固体；实验室在处理小量样品时，也用加饱和硫酸铵溶液的方法操作。

（1）加饱和硫酸铵的量

$$V = \frac{V_0(S_2 - S_1)}{1 - S_2} \tag{4-3}$$

式中：V 为需要添加的饱和硫酸铵的体积（mL 或 L）；V_0 为原溶液体积（mL 或 L）；S_1 为原溶液的饱和度；S_2 为要达到的饱和度。

如：将 1 L 含硫酸铵为 $0.2S$ 的溶液提高到 $0.5S$ 或 $0.8S$，需加饱和硫酸铵多少升？

答案是 0.6 L 或 3 L。可见，要达到高饱和度，会令溶液体积增加几倍，这将使随后的过滤或离心分离工作量加大几倍。

（2）加固体硫酸铵的量

可以由下列经验公式计算：

$$W=\frac{B(S_2-S_1)}{1-AS_2} \tag{4-4}$$

式中：W 为将 1 L 饱和度为 S_1 的溶液提高到 S_2 所要添加的固体硫酸铵克数；A 和 B 为与温度有关的经验常数，取值见表 4-4。

表 4-4　不同温度下的常数

经验常数	0 ℃	10 ℃	20 ℃	25 ℃	30 ℃
A	0.271	0.281	0.290	0.294	0.298
B(g·L^{-1})	514.72	525.05	536.34	541.24	545.88
(mol·L^{-1})	3.90	3.97	4.06	4.10	4.13

如 25 ℃下将 1 L 含硫酸铵 0.1S 的溶液提高到 0.3S，要加固体硫酸铵多少克？答案是 118.7 g。

实际工作中，特别在工业生产中，常用表 4-5 提供的数据计算。上例很简单，查表即得答案为 118 g。某厂生产 15 吨蛋白酶发酵液，用硫酸铵盐析，要达到 40%饱和度，要加固体硫酸铵多少千克？查表 4-5，40%饱和度时，每升含硫酸铵 243 g，每吨酶液的体积以 1 000 L 计算，结果是需加硫酸铵 3 645 kg，用公式计算的结果为 3 680 kg，二者偏差 0.95%。这是允许的。应当注意，表 4-5 是工业上常用的，温度是 25 ℃，实验室操作常在低温下进行，另有 0 ℃下的表可查。

表 4-5　固体硫酸铵添加量与硫酸铵饱和度的关系（25 ℃）

	硫酸铵的最终饱和度（%）																
	10	20	25	30	33	35	40	45	50	55	60	65	70	75	80	90	100
硫酸铵的起始饱和度（%）	向 1 L 升溶液中加入硫酸铵的克数																
0	56	114	114	176	196	209	243	277	313	351	390	430	427	516	561	662	767
10		57	86	118	137	150	183	216	251	288	326	365	406	449	494	592	694
20			29	59	78	91	123	155	189	225	262	300	340	382	424	520	619
25				30	49	61	93	125	158	193	230	267	307	348	390	485	583
30					19	30	62	94	127	162	198	235	273	314	356	449	546
33						12	43	74	107	142	177	214	252	292	333	426	522
35							31	63	94	129	164	200	238	278	319	411	506
40								31	63	97	132	168	205	245	285	375	496
45									32	65	99	134	171	210	250	339	431
50										33	66	101	137	176	214	302	392
55											33	67	103	141	179	264	353
60												34	69	105	143	227	314
65													34	70	107	190	275
70														35	72	152	237
75															36	115	198
80																77	157
90																	79

4. 盐析法应用注意事项

（1）盐浓度

酶溶液盐析的盐浓度，一般可以从文献资料中查到，经试用校正后即可应用。开发新酶时，都是经过小样品分段盐析试验，根据酶回收率要求确定的，要做扩大试验后才能用于规模生产。

（2）蛋白质浓度

盐析时样品液的蛋白质浓度一般控制在 2.5%～3.0% 为宜，太浓时应适当稀释，以减少杂蛋白共沉淀。

（3）加盐操作

固体盐颗粒较大，必须粉碎后添加；边加边搅拌，以防局部盐浓度过高，搅拌速度不能过快，以防产生泡沫。上例 15 吨发酵液，通常是在 20 m³ 的搅拌罐中进行盐析的。

（4）pH 和温度

盐析溶液一般是调 pH 到等电点附近，再加盐，可以加快沉淀；可以在室温下操作，对于不耐热的酶，必须在低温下操作。

（5）脱盐

酶在后续纯化前，必须脱盐；脱盐前可以长时间保存。

（二）有机溶剂沉淀法

1. 作用原理

利用能与水互溶的有机溶剂，使酶从溶液中沉淀析出的方法，称为有机溶剂沉淀法。作用的机理较为复杂，一般认为有三种作用：一是降低了溶液的介电常数；二是去蛋白质表面的水膜；三是破坏一些氢键，使蛋白质的疏水基团外露，降低其亲水性。这些作用综合起来，即可增强蛋白质分子间的引力，在热运动下，就会相互碰撞集结而沉淀。

2. 常用的溶剂及其特性

有机溶剂沉淀法常用的溶剂有乙醇、丙醇、丙酮、异丙醇、甲醇等。它们有一定程度的极性，可以与水互溶，故有去水膜的作用；也可以引起氢键的破坏，高浓度下可能造成酶变性；它们的介电常数比水低得多，故而可以降低酶的水溶液的介电常数。它们的沸点低，容易挥发，不会残留在产品中，故可用于食品和医用酶制剂的分离纯化；但这些溶剂也易燃易爆，使用中应注意安全。此外它们的密度小，与沉淀物的密度差大，容易离心分离。

3. 应用注意事项

（1）使用浓度和用量

乙醇：60%～70%；丙醇：50%；丙酮：20%～50%；异丙醇：40%～60%。用量一般为酶溶液体积的 1 倍～2 倍，有资料认为，丙酮沉淀蛋白质的量与蛋白质相对分子质量的对数成负相关。一般来说，这种相关性对其他有机溶剂也适用，蛋白质分子越大，有机溶剂用量越少。实际用量还受其他因素的影响。

（2）pH 和离子强度的控制

pH 调到目的酶的等电点附近，可以减少有机溶剂的用量；离子强度控制在 $0.05\ mol \cdot L^{-1}$ 以下为好，在此条件下，沉淀形成快，还对酶有保护作用。有资料报道，$0.1\ mol \cdot L^{-1}$～$0.2\ mol \cdot L^{-1}$ 的中性盐会增大蛋白质的盐溶作用，从而加大有机溶剂的用量。Ca^{2+}，Zn^{2+} 等阳离子，可以与蛋白质形成复合物，使其溶解度降低，可减少有机溶剂用量。

（3）温度

有机溶剂沉淀酶必须在低温下进行操作，以防酶变性失活，溶剂要在－15℃至－20℃预冷后，逐滴滴加，边加边缓慢搅拌，防止局部浓度过高，引起酶变性失活。因为有机溶剂溶于水为放热反应，所以操作反应器应有降温条件或装置。实验室中通常在冰浴中操作。低温操作还有防燃防爆的作用。

（4）酶液浓度

酶液浓度不可过稀，以免有机溶剂引起酶蛋白变性，必要时可用甘氨酸等介电常数较大的物质保护。

（三）等电点沉淀法

蛋白质（酶）在等电点条件下，溶解度降至最低，酶分子处于零电荷状态，很容易集结而沉淀。在酶的分离纯化中，利用等电点沉淀法，在核酸和杂蛋白较多的情况下，如果目的酶的等电点与它们相差较大，就可以先调到杂质的等电点附近，使杂质沉淀并除去，然后再调至目的酶的等电点以沉淀酶。大多数蛋白质的等电点偏酸，核酸更是如此，如果目的酶是等电点高的，用这种两步法可以除去大部分核酸和杂蛋白。

等电点沉淀法操作较为简单，只需根据酶的等电点，用稀酸液或是稀碱液边加边缓慢搅拌，并注意防止局部酸碱浓度过高而伤害酶活性即可。由于盐析与 pH 有关，中性盐浓度过高时，等电点会向偏酸的方向移动，因此，盐析的样品必须脱盐后才能作等电点沉淀。实际上，等电点沉淀法通常和盐析法、有机溶剂沉淀法配合应用。

（四）聚乙二醇沉淀法

许多非离子型聚合物可用来选择性沉淀蛋白质，聚乙二醇（polyethylene glycol，PEG）是应用最广的一种，其相对分子质量大于 4 000，常用的是 6 000～20 000 的商品，习惯上将相对分子质量写在 PEG 的后面，如 PEG 4000 等。PEG 溶于水，浓度达到 20% 时仍不黏稠，而很多蛋白质在低于此浓度之前业已沉淀。PEG 无毒，而且对大多数生物活性蛋白质（包括酶）有保护作用。PEG 选择性沉淀后，不除去，也不会对下一步纯化操作产生明显的影响。PEG 不易燃。因此，在生物活性大分子分离纯化中，其应用愈益广泛。

PEG 沉淀蛋白质的机理，一般认为与有机溶剂沉淀法相似，可降低水化度，降低介电常数。PEG 沉淀法常用的浓度小于 20%，蛋白质相对分子质量越大，沉淀所用的 PEG 浓度越低。

（五）复合物形成沉淀法

在酶的分离纯化的实践中，曾经发现许多有机聚合物、有机酸和某些无机杂多酸能与酶分子形成复合物而聚集沉淀，用适当的方法可将酶释放出来，使酶得到纯化。这类方法，称为复合物形成沉淀法。其中，单宁酸沉淀法应用已久，聚丙烯酸和聚乙烯亚胺是近年开始用于酶分离纯化的高聚物。

单宁酸，也叫鞣酸、鞣质、单宁，是来源于植物的多元酚衍生物的总称。在 pH 4～7 即能与蛋白质形成复合物沉淀，用量约为酶液量的 0.1%～1%。沉淀用 pH 8～11 的碳酸钠或硼酸钠溶液处理，即可释放出酶；也可以用丙酮或乙醇抽提除去单宁；用 PEG 或吐温-80 处理，它们可与单宁生成树脂状沉淀，使酶游离出来。此法适用于各种来源的蛋白酶、α-淀粉酶、糖化酶、果胶酶、纤维素酶等的工业生产。

聚丙烯酸(polyacrylic acid，PAA)是多价聚电解质，有大量羧基，在 pH 3～5 可与酶蛋白质特别是碱性蛋白质形成离子键复合物而沉淀。用量大约为酶液量的 30%～40%，用量似乎很多，但它可以回收，反复使用。沉淀复合物只需调到 pH 6 以上，就可以离解，再加 Ca^{2+}，Mg^{2+}，Al^{3+} 等金属离子，使 PAA 形成盐沉淀，分离出酶之后，PAA 用 $1 \; mol \cdot L^{-1} \; H_2SO_4$ 处理，即可回收。

聚乙烯亚胺(polyethyleneimine，PEI)在中性条件下带正电荷，可与蛋白质的酸性基团形成复合物而沉淀，近年来也广泛用于酶的分离纯化。

除上述几类沉淀法之外，还有采用控制温度、pH 或有机溶剂，进行选择性变性沉淀的方法。这三种方法很少独立使用，而是相互关联的，例如，热变性对 pH 的依赖性很强；有机溶剂变性，也必须小心控制温度、pH 和离子强度；选择性变性，主要是控制条件使杂蛋白变性，沉淀除去。

二、膜分离法

利用不同材质的半透性膜分离不同大小、不同形状和不同性质的物质颗粒或分子的技术，称为膜分离技术。其实质是不同的颗粒或分子通过膜的传递速度不同，而得以分离。

（一）膜分离的类型

根据物质透过膜传递的推动力不同，将膜分离法分为三类。

1. 压力差膜分离

压力差膜分离是在一定外加压力（正压或负压）下，小于膜孔的物质透过膜，大于膜孔的颗粒或分子则被膜截留。根据膜孔径尺度和操作压力不同，又分为微过滤、超滤、反渗透等类别。

2. 电位差膜分离

这类膜分离，是在半透膜两侧分别设置正、负电极，通电情况下溶液中带不同电荷的离子，分别向不同电极方向迁移，从而达到分离目的。这称为电渗析。如果半透膜又是离子型的，阳离子膜或阴离子膜就可构成离子交换膜渗析，在酶分离纯化中可用于脱盐。

3. 扩散膜分离

这是以浓度差为推动力的膜分离类型。在半透膜隔离下，小分子可以经扩散作用而透过膜，大分子被截留，从而彼此分离。如果扩散过程只有溶液中的溶剂透过膜，这称为渗透；如果同时有溶质和溶剂透过膜，就称为透析。实验室常用不同规格的商品透析袋，进行透析脱盐，或是浓缩稀酶溶液。脱盐是把待脱盐溶液装入透析袋，浸泡在水或低浓度缓冲液中，适时更换水或缓冲液，直至脱盐为止。脱盐操作很费时，必须在低温下进行。浓缩是把待浓缩酶液装在透析袋中，在袋外敷上吸水性强的干凝胶或 PEG 之类的物质，水外渗而得以浓缩，当然也要适时更换吸水剂。

（二）微过滤和超滤

压力差膜分离主要有微(过)滤、超滤和反渗透三类，这里只讲微滤和超滤。

1. 主要技术特点

为了比较，现将三类压力差膜分离特点列于表 4-6。可以看出，膜孔径不同，截留物、透过物就有差别，操作压随着孔径变小，就要大为增加。微滤和超滤都已用于酶的分离纯化；反渗透所用的膜，平均孔径小于 1 nm，又称紧密膜，或无孔膜，主要用于除去各种小分子物质，如制备纯净水、海水的淡化等。

表 4-6　三类压力差膜分离技术特点比较

技术指标	微过滤（MF）	超滤（UF）	反渗透（RO）
膜的平均孔径	0.05 μm～14 μm	1 nm～100 nm	<1 nm
截留物的大小	0.2 μm～2 μm	2 nm～200 nm	<2 nm
透过的物质	水和溶解物	水和盐	水
截留的物质	悬浮物质（尘埃、细菌等）；截留颗粒大小可变	生物大分子，胶体物质；截留物分子大小可变	小分子、离子，溶解的或悬浮的物质
操作压力	0.1 MPa(1.15 kg·cm^{-2})	0.1 MPa～0.6 MPa (1.2 kg·cm^{-2}～ 5.8 kg·cm^{-2})	1 MPa～8 MPa(30 kg·cm^{-2} ～120 kg·cm^{-2})
过程示意（错流操作）	进料 截留物 膜 水	进料 浓缩液 膜 水	盐水 浓缩液 膜 水

2. 微滤和超滤膜及其选择

膜分离设备的核心是膜。滤膜一般具有不对称结构，起过滤作用的是表层，厚度约 0.1 μm～5 μm，孔径各异。表层下面为基层，起支持作用，厚度约为 50 μm～250 μm。制膜的材料，有无机的，如玻璃微孔膜，由钠硅硼玻璃（Na$_2$O·B$_2$O$_3$·SiO$_2$）制造；有高分子有机材料，如醋酸纤维素、乙酸丁酸纤维素、硝酸纤维素、再生纤维素等天然物质的衍生物；还有聚酰胺、聚砜、聚乙烯、聚丙烯、聚脲、聚醚、聚苯醚、聚二氟乙烯、聚四氟乙烯等人工合成材料。目前国内多用醋酸纤维素和聚砜制膜。醋酸纤维素膜主要用于反透析；聚砜膜用于微滤和超滤，耐高温，可在 75 ℃下使用，有的可以耐受灭菌，在 pH 1～13 的范围使用，平板膜能耐 0.7 MPa 的操作压，可用于超滤，中空纤维膜能承受 0.7 MPa 的操作压，用于微滤不成问题。

选择膜的使用性能，主要考虑 3 个参数：透水率、截留率和截留物相对分子质量。

① 透水率（或透水通量、流率）

透水率是指在一定温度和压力条件下单位膜面积在单位时间内透过的水量。用 L·m^{-2}·h^{-1} 或 mL·cm^{-2}·min^{-1} 为计量单位。通常在 25 ℃，0.35 MPa 条件下，用纯水测定膜的透水率。处理蛋白质（酶）溶液时，透水率常为纯水的 10%。实验室超滤透水率一般在 0.01 mL·cm^{-2}·min^{-1}～5.0 mL·cm^{-2}·min^{-1} 范围。

② 截留率

截留率是指溶液中某一溶质被膜截留量的百分数，用下式计算：

$$\sigma = \left(1 - \frac{c_P}{c_B}\right) \times 100\% \tag{4-5}$$

式中：σ 为截留率（%）；c_P 为某一溶质在透过液中的浓度；c_B 为同种溶质在截留液中的浓度。对于酶来说，浓度常用酶活力单位计算。例如，某酶溶液超滤浓缩，测得透过液中酶浓度为 20 U·mL^{-1}，截留液中酶浓度为 1 000 U·mL^{-1}，由式(4-5)算出截留率为

98%。酶超滤浓缩通常选用 90% 以上截留率的膜。

③ 截留物相对分子质量

截留物相对分子质量是指某种大分子如酶,在截留率达到某一指标情况下的被截留物的相对分子质量。一般膜生产厂标出的截留物相对分子质量是用球状分子为标准的值。

选择膜时,除上述 3 个参数外,还有其他应考虑的因素,如膜材料、结构、使用于什么物料、被截留物的性质、浓度等。上述 3 个参数中,通常主要考虑透水率要适当;另外对截留物相对分子质量的选择,超滤浓缩时,选截留限额水平稍低于被截留分子的相对分子质量的膜,可使截留率较高。

3. 膜分离技术在酶分离纯化中的应用

由于膜分离的分离速度快,酶的回收率高,可于常温下操作,能耗低,适用的 pH 范围广,无环境污染,操作方便,因此在酶分离纯化中已得到广泛应用。膜分离技术在实验室中常用于蛋白质的浓缩,且常用具有单一膜的搅拌式超滤器。大规模浓缩时,有一种湍流式超滤器,流率可达 140 L·m^{-2}·h^{-1} 以上;另一种是中空纤维膜超滤器,工业规模的这类超滤器,膜面积可达 6.4 m^2,流速最高可达 200 L·h^{-1}。

膜分离法也常用于脱盐、脱色及酶的分级分离纯化等,在酶反应器中用于酶的回收等。

由于超滤膜膜孔径小,稍呈浑浊的液体就容易造成堵塞,因此,在超滤前设置预过滤是必要的。例如,无锡一超滤设备厂生产的超滤设备,用其进行糖化酶发酵液的分离和浓缩,工艺流程如下:

$$发酵液 \xrightarrow{板框压滤} 酶浊液 \xrightarrow{预过滤} 酶清液 \xrightarrow{超滤} 糖化酶浓缩液$$

超滤工艺条件:超滤器进口压力 0.5 MPa～0.55 MPa,中间压力 0.3 MPa～0.35 MPa,出口压力 0.1 MPa。

超滤技术参数:透水率 55 L·m^{-2}·h^{-1}～60 L·m^{-2}·h^{-1};酶平均截留率 98% 以上;酶活力回收率 95% 以上;酶浓缩倍数 5 以上。

从上例可见酶的截留率和酶活力回收率是不同的,说明酶在超滤过程中活力会有损失,但是很小,这是超滤的突出优点。

三、离心技术

利用物质在圆周运动中,于一定离心力场下使不同大小、不同密度物质分离的技术,称为离心技术。该技术在酶工程中应用极广。酶制剂生产过程中的许多环节,如离心沉淀、离心过滤、离心分离,在产品干燥的某些设备中也有应用离心原理的部件;在酶分子性质分析中,也要应用离心技术。

(一)基本原理

1. 离心力和相对离心力

$$F_c = ma_c = m\omega^2 r \tag{4-6}$$

式中:F_c 为离心力;m 为物质质量(g);a_c 为离心加速度(m·s^{-2});r 为离心管中受力粒子到离心机轴心的垂直距离,简称离心距离(cm 或 m)(见图 4-4)。可见 r 在离心过程中是不断改变的;ω 为离心机旋转的角速度(rad·s^{-1},弧度/秒),在离心技术中,常用

每分钟旋转的次数 n（转/分或 $r \cdot min^{-1}$）表示离心机的运转速度，于是 $\omega = 2\pi n/60$，由式(4-6)，得：

$$a_c = \frac{4\pi^2 n^2}{3\ 600} \cdot r \qquad (4-7)$$

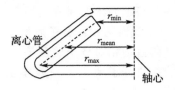

图 4-4　离心机离心半径示意图

$\omega^2 r$ 就是常说的离心力场。其大小取决于转速 n 和离心半径 r，虽然 n 是主导条件，但是在 n 相同的情况下，r 不同，离心力场仍然有差别。为了反映真实的离心条件，又免得详细写这些条件，于是人们采用相对离心力(relative centrifugation force, RCF)来表示，它是离心力与重力之比，或是说离心力是重力的倍数，即：

$$RCF = \frac{ma_c}{mg} = \frac{4\pi^2 n^2 r}{3\ 600 \times 980} \qquad (4-8)$$

（r 取厘米为单位；若取米为单位，g 应是 9.8 米/秒^2。）

$$RCF = 11.18 \times 10^{-6} n^2 r(g) \qquad (4-9)$$

（计量单位"g"，意即重力加速度的倍数，不要误认为"克"。）

工业离心机的离心半径 r 大一些，常用"米"为单位，r 称为离心转鼓半径，称相对离心力为离心分离因素，计算时所取常数近似值为 $\frac{1}{900}$，离心分离因素 $= \frac{n^2 r}{900}$。

2. 离心沉降速度和沉降系数

离心分离过程中，离心管中的粒子在离心力场作用下，向垂直于转轴方向移动的速度称为沉降速度。沉降速度 v 用下式表示：

$$v = \frac{dr}{dt} = S \cdot \omega^2 r \qquad (4-10)$$

式中：S 为沉降系数，单位：秒。由式(4-10)，得：

$$S = \frac{dr/dt}{\omega^2 r} \qquad (4-11)$$

定义：在单位离心场下，物质粒子的离心沉降速度，称为这一粒子的沉降系数。许多生物大分子和超分子复合物（如核糖体等）的沉降系数，都在 10^{-13} 秒这个数量级，又为了纪念世界上第一台超速离心机的设计制造者 Svedberg，故把 10^{-13} 秒定义为 1 个 Svedberg 单位，用 1 S 记录。例如，原核细胞的核糖体的沉降系数为 70 S，刀豆脲酶为 18.6 S，猪胃蛋白酶为 3.3 S，卵黄溶菌酶为 1.9 S，等等。

3. 离心沉降时间

离心沉降时间有两种表示法：一是从离心开始，到被分离粒子沉降至离心管的底部所需的时间，称为完全沉降时间，或曰"压片"时间、澄清时间；二是沉降至离心管某一规定位置的时间。无论哪一表示法，都可以计算。如果被沉降粒子的 S 值已知，可以将式 (4-11)改写为：$dt = \frac{1}{\omega^2 S} \cdot \frac{dr}{r}$，积分得：

$$t_2 - t_1 = \frac{1}{\omega^2 S} \ln \frac{r_2}{r_1} \qquad (4-12)$$

根据所用的离心机，确定了沉降开始的离心半径 r_1 和预定终止的 r_2，又确定了离心时的转速 n，就可以计算出离心所需时间 T（即 $t_2 - t_1$）。实际工作中，往往不知道 S 值，但知道粒子的大小（直径 d）、密度 ρ，就可以按下式计算：

$$T = t_2 - t_1 = \frac{9\eta}{4\omega^2 d^2(\rho - \rho_0)}\ln\frac{r_2}{r_1} \tag{4-13}$$

式中：T 为离心时间（min）；η 为介质的黏度，通常是水，很容易查到数据；ρ_0 为介质的密度，也可查到数据。黏度、密度都与温度有关，因而要根据离心温度查相关数据表。许多蛋白质的密度（ρ）在 1.33～1.35。

4. 离心法测定蛋白质相对分子质量

利用分析型超速离心机，可以测定酶等大分子物质的许多性质参数，如沉降系数及其相应的扩散系数、偏微比容（密度的倒数）等，由此，可用下式计算其相对分子质量：

$$M_r = \frac{RTS}{D(1 - \upsilon\rho_0)} \tag{4-14}$$

式中：M_r 为相对分子质量；R 为气体常数，常取 $8.314\,\text{J} \cdot \text{mol}^{-1} \cdot \text{K}^{-1}$ 计算；T 为温度（K）；D 为粒子在介质中的扩散系数（$\text{m}^2 \cdot \text{s}^{-1}$）；$\upsilon$ 为偏微比容（$\text{m}^3 \cdot \text{kg}^{-1}$）；$\rho_0$ 为介质密度（$\text{kg} \cdot \text{m}^{-3}$）。

（二）离心机的类别

离心机的种类很多，分类方法也很多，从大类别可分为实验室用和工业用两类。通常根据离心机的转速分为普通离心机（$4\,000\,\text{r} \cdot \text{min}^{-1}$～$8\,000\,\text{r} \cdot \text{min}^{-1}$）、高速离心机（$8\,000\,\text{r} \cdot \text{min}^{-1}$～$25\,000\,\text{r} \cdot \text{min}^{-1}$）和超速离心机（$25\,000\,\text{r} \cdot \text{min}^{-1}$～$120\,000\,\text{r} \cdot \text{min}^{-1}$）。工业离心机主要是普通离心机，现在已有 $30\,000\,\text{r} \cdot \text{min}^{-1}$ 以上的高速离心机；实验室各种类型的离心机都有，超速离心机又分为制备型、分析型和两用型等，还有高速冷冻型等之分。超速离心机都是在低温真空下运转的。

工业离心机按分离形式分为离心沉降机和离心过滤机；按操作方式分为间歇式、连续式和半连续式三种；按结构特点分为管式、吊篮式、转鼓式和碟片式等多种。

（三）制备性离心方法

制备性离心是分离纯化生物物质应用很广的方法。常用的操作有两种：沉降速度法和沉降平衡法。前者主要适用于分离密度相近而大小不同的物质；后者相反，主要用于分离密度差别较大的物质。由于大多数蛋白质的密度都较接近（1.33～1.35），而在酶的分离纯化过程中，除去杂蛋白是主要任务，因而经常应用沉降速度法。此法又有两种常用方法：差速离心法和密度梯度离心法。

1. 差速离心法

从原理上讲，在同一离心机上离心，离心半径一定，改变转速，就改变了离心力；在同一离心力场下，质量大的粒子沉降快；在密度相近的情况下，粒子直径大的沉降速度快。差速离心法的特点就是逐步增加离心力，先在低转速下沉淀大的重的粒子，取出上清液，再加大转速，沉淀第二组分；如此演进，最后得到最小的组分。这种方法不易得到很纯的单一的组分，因为离离心管底近处，大小粒子混存，离心时已一同沉淀。所以，若要制取较单一的组分，每一次离心沉淀后，都必须将沉淀重新悬浮，再在同一种离心场下离心相同的时间，分别收集沉淀和上清液，分别与相同条件下的第一次收集的沉淀和上清液合并，这种操作叫做洗涤。

2. 密度梯度离心法

密度梯度离心法也叫速度—区带离心法。密度梯度是由在离心管中能迅速扩散的物质（如蔗糖、聚蔗糖等）形成的，管中溶液的密度由管底到液面逐渐降低，可以形成平滑的梯度。此密度梯度的最大密度值应小于沉降样品组分的最小密度值。样品置于密度梯度介质之上，在预定转速下离心，控制离心时间，在重组分沉到管底之前停止离心。此时不同组分分别形成明显的区带，但并未达到等密度区。密度梯度的作用只是为了防止已形成的区带因对流而混合。常用 5％～60％ 的蔗糖溶液梯度，其密度在 $1.02 \, g \cdot cm^{-3}$ ～$1.30 \, g \cdot cm^{-3}$，小于大多数蛋白质的密度。当两种蛋白质的相对分子质量相差 3 倍时分离很容易；而相对分子质量相差较小的情况下，要由相当有经验的工作人员操作，才能得到满意的分离效果。这种方法可以得到较高纯度的单一组分。

第三节　几种常规液相色谱法在酶分离纯化中的应用

色谱法（chromatography）也称层析法、层离法等，种类很多，分离物质的原理各异。有纸色谱、薄膜色谱、薄层色谱、柱色谱、毛细管色谱之分；也有吸附色谱、离子交换色谱、凝胶色谱、疏水色谱、亲和色谱等之分（表 4-7）。一般来说，色谱分离系统都有固定相和流动相，顾名思义，固定相在色谱分离过程中通常是不移动的，多为固体物，也有以固体吸附一定的液体为固定相，或是以固体—吸附液共同为固定相的。流动相在色谱分离过程中是不断移动的，可以是液体，也可以是气体。液相色谱法的流动相是液体。将固定相装入特制圆柱（色谱柱）中进行物质色谱分离的方法，称为柱色谱。由于推动色谱柱中液体移动的压力不同，可分为常压液相色谱和高压（或高效）液相色谱。常规液相色谱是常压液相色谱中常用的几种。色谱分离分析不同的物质，是利用它们在固定相和流动相之间的分配行为不同，在两相间做相对运动时，经过无数次反复分配，从而彼此分离开来。

表 4-7　色谱分离方法

色谱法	分离原理
吸附色谱	利用吸附剂对不同物质的吸附力不同而使混合物中各组分分离
分配层析	利用各组分在两相中的分配系数不同而使各组分分离
离子交换色谱法	利用离子交换剂上的交换基团对各种离子的亲和力不同而达到分离目的
凝胶色谱	以各种多孔凝胶为固定相,利用流动相中所含各种组分的相对分子质量不同而达到物质分离
亲和色谱	利用生物分子与配基之间所具有的专一而又可逆的亲和力,使生物分子分离纯化
层析聚焦	将酶等两性物质的等电点特性与离子交换色谱的特性结合在一起,实现组分分离

一、常规液相柱色谱法的基本操作过程

常规液相柱色谱有多种，基本操作过程为：

柱的准备→固定相材料准备→装柱→平衡→上样→（洗涤和）洗脱，收集洗出液→洗出液分析→（柱的再生）→下一轮上样

1. 色谱柱

一般为玻璃质料或有机玻璃质料圆柱，工厂大规模生产则用不锈钢制成。柱的直径

和高之比（径/高），因所用固定相和分离对象而异，一般来说，离子交换柱为 1∶10 到 1∶20，也可至 1∶200；凝胶柱可采用（2 cm～2.5 cm）×（50 cm～60 cm）的短粗柱进行脱盐处理，也常用（0.9 cm～1.2 cm）×（100 cm～150 cm）的细长柱进行多组分分离。

　　实验室中，用一根碱式滴定管在管底塞一薄层玻璃棉，把下端橡胶管中的玻璃珠去掉，换上止水夹，即成一根色谱柱。实验仪器供应商可以供应各种型号的专用色谱柱。

　　2. 固定相固体材料的准备

　　固定相的固体材料不同，处理方法也不同，不过常规液相柱色谱的几种材料，一般都要先筛选，取颗粒大小一致的筛份；再用水溶液浸泡，使其吸水膨胀（简称吸胀）至颗粒大小稳定的湿体；并再次淘洗，除去小颗粒。

　　离子交换色谱所用的离子交换剂，在上述处理后，还要加交换剂湿体积 2 倍～3 倍体积的 1 mol·L⁻¹～2 mol·L⁻¹ HCl 浸泡，用蒸馏水（以下简称水）洗至中性，再加相同浓度的 NaOH 浸泡，水洗至中性；离子交换纤维素所用酸碱浓度为 0.5 mol·L⁻¹，一般是先碱后酸浸泡。

　　3. 装柱和平衡

　　色谱柱像装滴定管那样固定在支架台上，要求严格垂直。再把准备好的固体材料均匀地装入柱管中，为此，先在柱中装进大约 1/3 柱高的水或是平衡缓冲液，然后把材料悬浮液边搅拌边倾入柱中，防止柱床分"节"（柱床即是柱中的湿固体材料所占有的柱体），此为湿法装柱。工厂大型离子交换剂树脂柱常用干法装柱，即先用减压法将准备好的树脂吸进柱中，再从柱下端用加压水倒冲，使其悬浮后，让其自由沉降成床体。

　　装好柱之后，用 2 倍～3 倍柱床体积的上样（或起始）缓冲液流过柱床（简称过柱），以使柱床的离子强度和上样液一致，这一操作称为平衡。大型柱有时在装柱前平衡。

　　4. 上样、洗涤、洗脱和收集、分析

　　上样也叫上柱或加样。先把柱下端的出液口关闭，将待分离样品液沿柱管壁滴加至柱床顶面，切勿扰动顶面，然后，用同样的操作，滴加洗涤液或是洗脱液，在形成大约 2 cm 高的液层后，打开出口，并连续加洗涤液或洗脱液，同时收集下端流出的"洗出液"（eluate）。有条件的实验室，采用分部收集器分管定时定体积收集洗出液，并且在出口处由检测器（例如，蛋白质—核酸检测器）监测流出液的溶质（例如，蛋白质和核酸）的浓度。无自动收集和检测设备的，就人工分部收集，然后分管测定蛋白质浓度和酶浓度；有自动检测收集装置的，也要分管测定酶浓度。柱色谱的整套装置如图 4-5 所示。

　　这里说明一下，洗涤（washing）这一步通常是吸附和亲和吸附色谱法所用的步骤，目的是洗涤去除不被吸附的杂质。洗脱（elute 或 eluting）是用适当的溶液流过柱床，使不同组分在不同的分配行为下，彼此分离而先后流出柱床的操作，此操作所用的溶液称为洗脱液。

　　实验室酶分离纯化时，洗出液分管收集，一般每管收集 3 mL～5 mL，要准确计量体积。根据蛋白质和酶浓度测定结果，可以绘制洗脱曲线（即色谱图）。洗脱曲线以洗出液浓度为纵坐标，以管号或时间为横坐标绘成，见图 4-6。图 4-6 中一个一个的实线峰即是不同蛋白质峰，有自动记录仪的，就在自动检测过程中自动绘出了曲线。虚线峰表示酶蛋白峰，此峰曲线所包括的范围的各收集管中的洗出液合并，即是纯化的酶溶液，测定酶活力，保存，或根据纯化要求作进一步纯化。

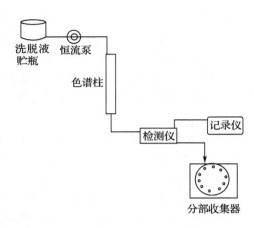

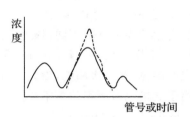

图 4-5　整套柱色谱装置示意图　　　　图 4-6　色谱洗脱曲线示意图

二、吸附色谱法

利用物理吸附剂进行酶的分离纯化，由于材料来源广，因此应用也广。在分离方法上有两种：一是分批法，将吸附剂投入待分离液中，吸附酶以后，倾去废液，用适当的洗脱液洗脱酶。常用于浓缩酶。二是色谱分离法，物质分离是在流动相流动过程中，不同物质因其对吸附剂的亲和力不同，不断被吸附、解吸附的速度不同，下移的快慢不同而分离。从菠萝汁液中制备菠萝蛋白酶的简易方法，就是向新鲜榨取的菠萝汁中加入 5% 的白陶土吸附酶，然后在 pH 6.7～7.0 的条件下，用 5%～8% 的 NaCl 或硫酸铵洗脱而得。

常用的吸附剂有活性氧化铝、磷酸钙胶、羟基磷灰石、淀粉、陶土、硅胶、硅藻土等。近年有将羟基磷灰石固定在交联葡聚糖凝胶中而制得的新型吸附剂，商品名 HA-Utrogel，能很好地分离相对分子质量或电荷差异非常接近的生物大分子，亦能承受高流速洗脱，能在 pH 4～13 和 4 ℃～121 ℃ 的条件下操作。

吸附剂在使用前一般要预洗涤，以除去吸附的杂质，一些吸附剂如氧化铝、陶土、硅胶等，还要经高温处理，使其活化。无论分批法或是柱色谱法，原则上都是低 pH 和低离子强度加样，提高 pH 和离子强度洗脱。必要时，可加 5%～10% 的硫酸铵，以提高离子强度。由于吸附是一个慢过程，故而在加样后要等半小时，达到吸附平衡后，才能洗脱。如果已知吸附剂对酶的吸附作用比对杂质的吸附力强，色谱过程中可以先洗涤杂质，再洗脱酶。

三、离子交换色谱法

1．基本原理

利用离子交换剂进行色谱分离物质的方法，称为离子交换色谱法。在惰性固体（称为母体，用 E 表示）上，用化学方法引入带电荷基团（称为交换基团，用 $ch^{\pm}$ 表示）制成的物质，称为离子交换剂（用 $Ech^{\pm}$ 表示）。若交换基团带负电荷，则能吸引带正电荷的离子（用 X^+ 表示），称为阳离子交换剂（Ech^-）；反之，则为阴离子交换剂（Ech^+）。当加入 $Z^{\mp}$ 时，发生离子交换反应：

$$Ech^{\pm} \cdot X^{\mp} + Z^{\mp} \Longleftrightarrow Ech^{\pm} \cdot Z^{\mp} + X^{\mp}$$

离子交换反应是可逆反应，服从质量作用定律；离子交换反应按"等价交换"规则进行，一个二价离子可与两个相同电荷的一价离子进行交换反应；离子交换剂对高价离子的亲和力大于低价（例如，$Fe^{3+}>Ca^{2+}>Na^+$）；对同价阳离子而言，则以离子水化半径小的亲和力大（例如，$Li^+<Na^+<K^+,Rb^+<Cs^+$）。

蛋白质/酶在不同的 pH 条件下，将发生不同的离解作用，而带不同的电荷，若溶液的 pH＞pI（等电点），蛋白质带负电荷，可被阴离子交换剂吸引；溶液酸度小于等电点，蛋白质被阳离子交换剂吸引。而且，pH 与 pI 的差值越大，吸引力越强。这是酶分离纯化时选择离子交换剂、上样和洗脱条件时，必须考虑的原理依据。具体地说，如果要分离纯化某种酶，所选的交换剂是阴离子型，则要在高于酶的 pI 的 pH 条件下上样，在降低 pH 的条件下进行洗脱。当然，也可以根据交换原理，用交换力强的含高价阴离子的缓冲液如磷酸盐缓冲液进行洗脱。还要考虑杂质的等电点等性质。

离子交换剂应用中，还要注意它们的交换容量，一般以每克（干的）或每毫升交换剂吸附的交换性离子的毫摩尔数计量。

2．常用的离子交换剂

离子交换剂的种类很多，在酶的分离纯化中，常用的主要有三类：离子交换树脂、离子交换纤维素和离子交换凝胶。离子交换树脂的母体多为聚苯乙烯及其衍生物，由于它们具有刚性而且规则的网格状结构，一般生物大分子进不了网格中，但交换基团密度高，对酶的吸引力强，往往要用强烈的洗脱条件才能洗脱下来，酶容易失活，交换容量也不大，因而主要用弱酸型（如国产 101 树脂）或弱碱型（如 701 树脂）离子交换树脂。离子交换纤维素是酶分离纯化中使用最广的一类，母体是纤维素，不像树脂类那样，而是柔性的开放型结构，性质温和，适合于分离纯化酶等活性物质。色谱柱床在色谱分析过程中，容易压缩，洗脱液流速不能提高。离子交换凝胶是近年上市的新型离子交换剂，母体为葡聚糖凝胶或琼脂糖凝胶，具有较大的网格状结构，引入的交换基团也较多，交换容量较大，又有分子筛效应，受到人们的普遍重视，但也有不耐高流速洗脱的缺点。最近有报道称，将纤维素和聚苯乙烯结合为母体，或是以交联琼脂糖或大孔合成凝胶为母体，引入交换基团，所得产品具有良好的刚性，交换容量也较大，分辨率高，耐高流速洗脱，可用于大规模分离纯化生物大分子。

交换基团多种多样，常用的离子交换剂的交换基团主要是各种酸基、磺乙基（SE）、磷酸基（P）和羧甲基（CM），由强到弱，这是阳离子交换剂的基团；阴离子交换剂则以各级胺为交换基团，如氨基乙基（AE）、二乙基氨基乙基（DEAE）、二乙基氨基乙基-2-羟丙基（QAE）和三乙基氨基乙基（TEAE）、胍乙基（GE）等，前三种是弱碱性基团，TEAE 碱性稍强，GE 为强碱性（用于极高 pH 条件下），很少使用。由于多数酶的等电点在酸性范围，样品缓冲液 pH 常高于等电点，因此，阴离子交换剂使用较多。例如，DEAE-纤维素、TEAE-纤维素、DEAE-葡聚糖凝胶等，是用得较多的。

3．离子交换柱色谱法的操作要点

（1）装柱

离子交换树脂可以干法装柱，也可以湿法装柱。离子交换纤维素通常用湿法装柱，把准备好的 1％～2％的稀浆状离子交换纤维素，置于抽滤装置的抽滤瓶中，减压，除尽其中的气泡，再按湿法装柱操作。柱装好后，必须用起始缓冲液过柱，使交换剂充分平衡，柱床稳定。

（2）加样

样品用平衡缓冲液配制,上柱样品量一般控制在柱床总交换容量的 1/4～1/3 的水平,对离子交换纤维素而言,可按纤维素质量的 1/10 计算;加样体积应控制在柱床体积的 1％～5％,尽量以小体积上样,可以提高分辨率。

（3）洗脱

离子交换色谱常用适当的稀酸或稀碱或稀盐溶液洗脱,也可用适当的缓冲液洗脱。洗脱方式,一是直接用平衡缓冲液洗脱;二是分时段改变洗脱液的 pH 或盐离子强度,称为梯级洗脱;三是不断地改变 pH 或盐离子强度,称为梯度洗脱,洗脱液的浓度梯度由图 4-7 所示梯度混合器制成。

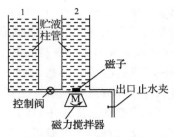

图 4-7　梯度混合器装置示意图

图中 1 和 2 贮液柱管中,分别装进低浓度和高浓度洗脱溶液,洗脱启动时,1 液流入 2 液中,经搅拌混合后,流入色谱柱。此即浓度梯度下降的梯度洗脱;1 液为高浓度,2 液为低浓度,即得浓度梯度上升的梯度洗脱;1 柱和 2 柱管直径相等,贮液体积相等,所得浓度梯度为线性梯度;两柱管直径不同,贮液体积不等,则得到曲线浓度梯度。线性盐浓度梯度洗脱已用于大规模离子交换法纯化酶的制备。

（4）离子交换剂的再生

离子交换色谱法在每一次上样洗脱结束后,柱床中的交换剂必须用酸和碱溶液交替处理,就像预处理那样,这种处理称为交换剂再生。经过再生处理后才能再次上样。

四、凝胶柱色谱法

1. 基本原理

凝胶色谱法也叫凝胶过滤、分子筛色谱、排阻色谱。凝胶是一类具有网络状结构的非晶体半固态或固态物质,利用凝胶颗粒作柱色谱时,经网络状结构的网眼可以把不同直径的分子分开。在色谱过程中,小分子或无机离子可以进出凝胶颗粒的网眼,反复穿行,行程很长,最后流出柱床,即是"阻";大直径的分子只能在凝胶颗粒之间随流动相流动下移,行程很短,最先出柱,即是"排"。直径居中的分子,视具体大小,由大到小依次出柱,即是分子筛分离效应,也如同过滤。只是这种筛分与普通筛分不同,它是小分子受"阻",大分子被"排",而普通过滤的筛分作用正好相反。

凝胶色谱的固定相,是凝胶颗粒中不流动的水(称为"内水"),流动相是洗脱液(称为"外水")。不同分子之间的分离,是它们在内水和外水之间的一种分配行为,流出柱的先后,用分配系数 K_d 作定量描述:

$$K_d = (V_e - V_0)/V_i \tag{4-15}$$

式中: V_e 为洗脱体积(mL),是指从洗脱开始到某一组分流出峰值时所用洗脱液体积; V_0 为外水体积(mL),等于柱床中凝胶颗粒之间的空隙体积; V_i 为内水体积(mL),等于柱床中凝胶颗粒内部空隙体积的总和。

由上式可以看出,当 $K_d = 0$ 时, $V_e = V_0$,就是全排出的大分子; $K_d = 1$ 时, $V_e = V_0 + V_i$,就是全受阻的小分子或无机离子;其他大小介于两者之间的分子, K_d 值介于 0～1, K_d

酶工程(第三版)

值小的，洗脱峰先出，K_d 值依次增大，就是相对分子质量依次降低的分子的一个一个的洗脱峰。因为同一个凝胶床，它的内水体积和外水体积(V_i 和 V_0)为定值，因而洗脱体积(V_e)小的，就是相对分子质量大的，以此类推。于是对于蛋白质的相对分子质量与 V_e 之间得到下列经验公式：

$$V_e = -b\lg M_r - c \tag{4-16}$$

式中：M_r 为相对分子质量；b 为作图直线部分的斜率；c 为截距(图 4-8)。如果用一组已知相对分子质量的蛋白质进行实验，取得它们的 V_e 数据作图，然后对未知相对分子质量的蛋白质(酶)在同一凝胶柱上实验，测得 V_e，就可以查标准曲线算出它的相对分子质量。

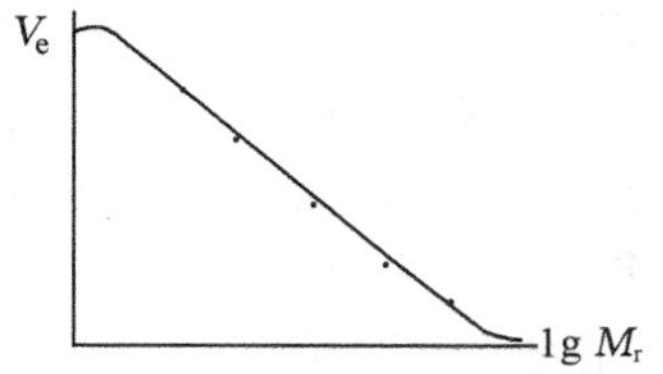

图 4-8 蛋白质相对分子质量与凝胶色谱洗脱体积的关系

2. 酶分离纯化中应用较广的凝胶

酶分离纯化中使用较广的凝胶有三类：葡聚糖凝胶、琼脂糖凝胶和聚丙烯酰胺凝胶。这些凝胶都较软，不耐压，不适合大规模操作。近年来开发了各种刚性较好的耐压的新型凝胶，可用于大规模分离纯化蛋白质。

(1) 葡聚糖凝胶

由葡聚糖长链经交联剂交联而成。国产商品名为"交联葡聚糖 G-X"，沿用瑞典 Pharmacia 公司的规格，该公司的商品名为"Sephadex G-X"，数字 X 表示每克干胶的吸水值是干胶重的 10 倍，如表 4-8 中 G-10 的吸水值是 1.0 等。吸水值越大，说明凝胶的网眼直径越大，分部的相对分子质量范围越宽。

表 4-8 各型葡聚糖凝胶的应用技术数据

型号	颗粒直径(μm)	吸水值 [mL·g⁻¹(干胶)]	床体积 [mL·g⁻¹(干胶)]	工作范围及全排出的最小相对分子质量				最小溶胀时间(h)	
				球状分子		线状分子		20℃	100℃
G-10	40~120	1.0±0.1	2~3	<200	—	<700	700	3	1
G-15	40~120	1.5±0.2	2.5~3.5	<700	—	<1 500	1 500	3	1
G-25	300~10³	2.5±0.2	4~6	1 000~6 000	15 000	100~5 000	5 000	6	2
G-50	300~10³	5.0±0.3	9~11	1 500~30 000	50 000	500~10 000	10 000	6	2
G-75	120~10³	7.5±0.5	12~15	3 000~70 000	100 000	1 000~20 000	50 000	24	3
G-100	120~10³	10±1.0	15~20	4 000~150 000	250 000	1 000~100 000	100 000	72	5
G-150	120~10³	15±1.5	20~30	5 000~300 000	600 000	1 000~150 000	150 000	72	5
G-200	120~10³	20±2.0	30~40	5 000~800 000	≥10⁶	1 000~200 000	200 000	72	5

近年 Pharmacia 公司等先后推出的新产品，如 Sephacryl-S 和 Sephadex-LH 等交联型凝胶，具有很好的耐压性能，适合于大规模分离纯化用。

葡聚糖凝胶有很弱的酸性，有可能吸附少量碱性蛋白质，操作中需要用较高离子强度(>0.05 $mol·L^{-1}$)的洗脱液洗脱；新装的柱床的凝胶表面，常有一些能不可逆吸附蛋白质的作用点，需要用某种相对分子质量不大的蛋白质溶液预先过柱，然后上样品液分离纯化。

(2) 琼脂糖凝胶

天然琼脂用热水洗除带电荷的琼脂胶部分以后，剩下的部分就是琼脂糖，热水溶解，冷凝，就可制得琼脂糖凝胶。国产商品名"琼脂糖珠"，Pharmacia 公司产品名为"Sepharose"，常用的有 3 种规格：Sepharose 2B，4B，6B，表示琼脂糖含量分别为 2%，4% 和 6%。浓度越高，凝胶网眼孔径越小，分部的大分子的相对分子质量越小，范围越窄。不过总的来看，琼脂糖分部的相对分子质量范围较葡聚糖宽广，上限达 10^8，故适用于分离相对分子质量大的蛋白质（酶）。

琼脂糖凝胶是依赖氢键形成的半固体物，使用限于 0℃～40℃ 和 pH 4～9 的条件，易被脲、胍等氢键破坏试剂破坏，机械强度差，不耐高流速和高操作压。为克服这些缺点，近年一些厂商开发了化学交联的产品，如 Sepharose-CL 序列、Superose 等，机械强度较好，有些产品能耐 110℃～120℃ 灭菌处理，还能在有机溶剂和含非离子型表面活性剂溶液中使用。美国 Bio-Rad 公司的 Bio-Gel A 系列产品，是琼脂糖和丙烯酰胺的交联凝胶，琼脂糖浓度为 1%，2%，4%，6%，8%，10% 等，也可于氢键解离剂存在的条件下使用。

（3）聚丙烯酰胺凝胶

以丙烯酰胺为单体，以 N,N'-甲叉双丙烯酰胺（双体）为交联剂，聚合而成的凝胶，称为聚丙烯酰胺凝胶（英文缩写 PAG）。双体越多，凝胶的网眼越小。美国 Bio-Rad 公司的产品名为 Bio-Gel P，从 P-2，P-4，P-6，P-10，……，P-200，P-300 共 10 种型号，P 后的数字就是所分离的最大相对分子质量（$\times 10^3$）。这类凝胶的使用技术与葡聚糖凝胶类似。

3. 凝胶柱色谱法的操作要点

（1）装柱

凝胶装柱前要减压抽气，除尽凝胶内的气体，一般用湿法装柱。

（2）加样

加样量不超过凝胶床体积的 3%，通常只用 1%～2%，蛋白质载量 1 mg～15 mg；大的制备型纯化时，加样量可达柱床体积的 20%～30%。

（3）洗脱

凝胶色谱的洗脱液，应与浸泡干胶和柱床平衡所用的溶液完全一致。酶分离纯化，一般用电解质溶液或一定浓度和 pH 的缓冲溶液洗脱。

（4）柱床保存

凝胶过滤法的凝胶柱床无需再生，一次上样洗脱结束后，可以接着第二次上样，工作效率较高。当柱床暂时不用时，可加 0.02% 的叠氮钠（NaN_3）溶液淹没床层，以防细菌、霉菌滋生。

凝胶色谱法不仅常用于酶的分离纯化，还是目前实验室常用来测定酶相对分子质量的方法。通常如果对目的酶的性质和样品成分不太了解，可选用相对分子质量分布范围较宽的凝胶，如 Superose，Sephacryl-HR，先把相对分子质量差异大的的组分分开。

五、亲和色谱法及其他色谱法

1. 亲和色谱法的一般原理

亲和色谱是以生物分子对之间相互识别为基础而发展起来的一类色谱分离纯化技术，也是从复杂混合物中分离纯化酶最有效的技术。所谓分子对，就是一些经常可以相互识别并可逆结合的两种分子，例如，酶与它的底物、辅酶、竞争性抑制剂，酶与它的抗体;非酶抗原与其抗体,等等。生物分子对之间的识别,也就是特异的可逆结合,换言之,分子对之间有特殊的亲和力,分子对的一方对另一方有很强的吸附能力。因此,如果把分子对的一方(通常称为配体)固定于某种惰性支持物(称为载体)上,构成一种亲和吸附剂,那么,它就能特异地吸附分子对的另一方。如果向这一系统加入游离的配体,或是比配体与被吸附分子亲和力更强的另一种配体,被吸附分子就会从亲和吸附剂上脱落下来,这就是洗脱的依据。图 4-9 是上述原理的示意图。图中假设菱形物为配基;其分子对为星月形物;线状物为载体。洗脱步骤假设用游离配基进行。

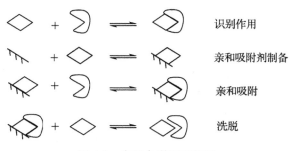

识别作用

亲和吸附剂制备

亲和吸附

洗脱

图 4-9 亲和色谱原理图示

2. 制备亲和吸附剂常用的载体

亲和吸附剂所用的载体都是一些惰性固体物,需要经过化学试剂处理,使其中某种基团活化,再与配基反应,形成共价结合的吸附剂。常用的载体有各种凝胶,如琼脂糖凝胶、葡聚糖凝胶,纤维素也是常选用的载体。这些惰性物的活化较为麻烦,这也给商家提供了商机,现在已有一些活化载体商品可以选用。例如,溴化氰活化的琼脂糖 4B,可与含伯氨基的配基快速反应而偶联;氨基琼脂糖 4B,可与含羧基的配基反应而偶联;环氧化物活化的琼脂糖 6B,是一种含有六碳亲水连接臂的活化载体,可以与含羟基、氨基和巯基的配基反应而偶联。还有其他活化载体,在此不一一列举。

3. 亲和吸附柱色谱法操作要点

亲和色谱在加样后,要用与样品溶液相同的缓冲溶液洗涤柱床,以除去不被吸附的杂质,再换用洗脱液将特异吸附的酶洗脱下来。常用的洗脱方法有:① 用含亲和吸附剂配基的高浓度溶液洗脱;② 用含有目的酶的另一种配基的洗脱液洗脱,这一配基与目的酶的亲和力比亲和吸附剂上的配基更强;③ 用与上样溶液不同 pH 或不同离子强度的溶液洗脱,或是改变温度,也能降低分子对之间的亲和力,从而把酶洗脱下来。此外,电泳解吸也是有用的方法。

亲和吸附柱和离子交换吸附色谱法一样,每次上样分离后,需要对柱床进行再生处理。方法是先用 10 倍于柱床体积的 $0.1 \, mol \cdot L^{-1}$ NaCl-$0.1 \, mol \cdot L^{-1}$ Tris-HCl 缓冲液洗至 pH 8.5,再换用 $0.5 \, mol \cdot L^{-1}$ NaCl-$0.1 \, mol \cdot L^{-1}$ HAc 缓冲液洗至 pH 4.5,然后用纯水洗至中性,最后用平衡缓冲液平衡,备用。

4. 染料配基色谱

亲和色谱最突出的优点是特异性强,因而往往一步就能得到相当纯的目的酶。但是,亲和吸附剂价格贵,也不够稳定,吸附容量不够高,因此,难用于工业规模分离纯化。现在开发了一种价廉的配基来制备亲和吸附剂,这就是染料,例如,Cibacron Blue F3GA,Procion Red AE-3B,Procion Blue MX 等,用它们制备的吸附剂,可用于以 NAD,NADP

为辅酶的酶的亲和吸附色谱以分离纯化这些酶。这称为染料配基色谱法或准亲和色谱法。有资料称，现在已有应用染料色谱法一次上 3.5 L 酶样,分离纯化甘油激酶达 8 g 的实例。染料还可以偶联到膜上,进行酶分离纯化。

染料配基色谱法一般采用低离子强度样品液上柱,并用低离子强度的含 NaCl 或 KCl 的缓冲液洗涤,然后用递升浓度梯度 $0.02\,mol \cdot L^{-1} \sim 0.5\,mol \cdot L^{-1}$ KCl 洗脱,酶即在适当的盐浓度时被洗脱出来。也可以用含酶的底物的缓冲液作亲和洗脱。所谓亲和洗脱法,就是利用生物分子对之间相互识别的原理,例如,用酶的底物或底物类似物、辅酶等制成洗脱液进行酶的洗脱。离子交换色谱分离纯化酶时,也可以用亲和洗脱法有效地洗脱目的酶。

5. 疏水色谱

用适度疏水性的材料作为固定相,在一定条件下,可以与蛋白质的疏水基团相互作用,将蛋白质吸附,然后用含盐的水溶液洗脱,这即是疏水色谱法。现有的疏水色谱材料有以琼脂糖为母体,键合辛基和苯基的,其吸附蛋白质的容量大,已用于大规模分离纯化蛋白质(酶),可用亲和洗脱法洗脱;有以葡聚糖为母体,键合疏水性烷基或芳香基的,已用于高效液相色谱,用含硫酸铵的 pH 6~7 的缓冲液洗脱。据称,疏水色谱可以有效地清除 DNA 和热源(一类细菌分泌的大相对分子质量有毒糖蛋白)。疏水色谱常以高盐浓度上柱,低盐浓度洗脱,因此,硫酸盐析样品可以直接上柱。

如果固定相是疏水性很强的苯基或 C_{18} 等非极性材料,以含有机溶剂(如甲醇、丙醇、乙腈等)的溶液洗脱,则成为所谓反相色谱,主要用于高效液相色谱。

最后简要介绍一下高效液相色谱。高效液相色谱(HPLC)分离纯化蛋白质(酶)的原理与常规液相色谱相同,不同之处通俗地说有"三高":高效率的色谱柱、高压泵和高灵敏度的检测器,各部分的连接和图 4-5 相同。因为仪器运行过程中整个系统要承受 15 MPa~45 MPa 的压力,所以,从贮液瓶到柱等要用耐压耐酸碱的不锈钢材料制作。柱长一般 10 cm~30 cm,内径 2.1 mm~4.6 mm,用于分离和分析;制备型的柱可达 2.3 m×0.1 m。高效液相色谱柱的固定相,一般是由称之为担体的多孔硅胶微粒,表面涂上一层固定液而成。检测器因样品不同而不同,酶分离纯化一般用紫外或荧光检测器。高效液相色谱系统的操作过程由计算机控制,程序设定后,进样,最后可将结果显示打印出来。

第四节　电泳技术在酶的分离纯化中的应用

带电粒子在电场中向着与其所带电荷相反的电极移动的现象,称为电泳。最初是在一根盛有土壤胶体溶液的 U 形管中,插进两根电极,接通直流电源,经过了一段时间,发现 U 形管中的浑浊面发生了改变,负极端变清,正极端更浑。这说明土壤胶粒带负电荷,移向了正极。这就是所谓自由溶液电泳。如果把一张滤纸湿润后,置于直流电场中,在纸上点上一小滴血清,进行电泳,就可以把血清中的不同蛋白质分开成一个个区带,这就是所谓区带电泳。用其他的支持物也可以作区带电泳。根据支持物的种类、形状等的不同,而有各种膜电泳、凝胶电泳等。本节着重介绍聚丙烯酰胺凝胶电泳(PAGE)。

一、电泳的基本原理

早期对自由溶液中的电泳研究,得到下列描述带电粒子在电场中迁移的速度 v 与粒子的表面电荷量 Q 成正比,与电场强度 E 成正比,与粒子的斯托克半径 r、介质的黏度 η 和离子强度 μ 的平方根成反比的关系式:

$$v = A\frac{QE}{\eta r} \cdot \frac{1}{1 + ar\sqrt{\mu}} \tag{4-17}$$

式中:A 为常数,对于球状蛋白质(酶),一般取 $\frac{1}{4\pi}$;a 亦为常数,在 25 ℃时,取值 0.33 $\times 10^9$(当 r 以 nm 为单位时)。电场强度是电场中单位距离(用 L 表示距离)的电压降(用 V 表示电压),即 $E = V/L$,故带电粒子在电场中的迁移速度与电压高低成正比。如果将上式中 v/E 定义为带电粒子在电泳时的泳动度,用 U 表示,也叫做电泳迁移率,即是带电粒子在单位电场强度下的迁移速度,主要用来比较在不同条件下对相同或相近物质电泳的结果。若用单位时间(t)移动的距离(d)表示粒子迁移速度:$v = d/t$,于是有:

$$U = \frac{v}{E} = \frac{d/t}{V/L} = \frac{d \cdot L}{V \cdot t} \tag{4-18}$$

此式导出泳动度的量纲是:$cm^2 \cdot V^{-1} \cdot min^{-1}$(平方厘米每伏特每分钟)。不能简单地由上式得出"泳动度与电压成反比"之类的结论。

由式(4-17)可以说明影响电泳迁移速度的因素,包括:① 电压;② 带电粒子的表面电荷量;③ 粒子的大小;④ 介质的黏度;⑤ 介质的离子强度;⑥ 电渗。这里着重讨论粒子电荷量问题。酶工程要分离纯化的酶是两性电解质,有等电点。定性地说,当介质的 pH 大于被分离酶的等电点时,酶会带负电荷,在电场中向正极移动,而且离等电点越远,电荷量 Q 越多,在电场中移动越快;反之,酶带正电荷,也是这个道理。这就演绎出 pH 对电泳迁移速度的影响。因此,控制介质的 pH,可以控制酶的电荷性质和电荷量,从而使不同的蛋白质分离。带电粒子的大小在同一电泳的电场下,若 Q 相同,r 大的,迁移速度快,这就为测定蛋白质(酶)的相对分子质量提供了依据。

在滤纸等某些支持物上进行电泳时,发现电泳液相对于固体支持物移动,这种现象称为电渗。对滤纸而言,一般认为由于滤纸本身带负电,致使滤纸接触的水被极化而带部分正电,因而在通电电泳时向负极移动,它会使溶于水中的蛋白质一起移动,所以,带正电荷的蛋白质的迁移速度加快,而带负电荷的蛋白质的迁移速度减缓,甚至"倒退"(电渗力超过电泳力)。以琼脂为支持物的电泳也有明显的电渗影响。

二、聚丙烯酰胺凝胶电泳(PAGE)

以凝胶为支持物的电泳,称为凝胶电泳。例如,淀粉凝胶电泳曾经常用于同工酶的分离;琼脂糖凝胶常用于核酸的电泳;琼脂凝胶常用于免疫电泳;聚丙烯酰胺凝胶电泳是现在常用于蛋白质分离、分析的一种凝胶电泳。聚丙烯酰胺凝胶不含离子基团,电泳时几乎不发生电渗,由于多种分离效应协同作用,分辨率很高。

1. 聚丙烯酰胺凝胶的制备

聚丙烯酰胺凝胶(用 PAG 表示)是由丙烯酰胺单体(常用 arc 表示)和甲叉双丙烯酰胺(用 bis 表示),在化学催化剂过硫酸铵(或钾盐)及四甲基乙二胺(用 TEMED 表示)作用下聚合而成。也可以在核黄素经过光照催化下聚合。bis 是交联剂。催化聚合反应可以简化表示如下：

$$CH_2=CHC(NH_2)O+[CH_2CHC(NH)O]_2-CH_2 \xrightarrow{\text{催化剂}} PAG$$
$$\quad\text{(arc)} \qquad\qquad\quad \text{(bis)}$$

聚丙烯酰胺凝胶的孔径大小可由单体的浓度来调节，浓度越高孔径越小，常说的凝胶浓度，就是指 arc 的浓度（表 4-9）；而凝胶的强度则由 arc 和 bis 的比例来调节，加大 bis 的用量，会使凝胶变硬变脆，还会降低孔径，常用凝胶 bis 占总浓度的 5% 上下；调节催化剂用量可以改变聚合时间，加大催化剂量，聚合快但孔径均一性差一些，通常控制在 0.5 h ～1 h 或稍长一些的时间内完成聚合为好。

表 4-9　凝胶浓度与使用的相对分子质量范围

丙烯酰胺浓度（%）	适用分离物质	相对分子质量
2～5	蛋白质	$>5\times10^6$
5～7.5	蛋白质	$5\times10^5～5\times10^6$
7.5～10	蛋白质	$10^5～5\times10^5$
10～15	蛋白质	$5\times10^4～10^5$
15～20	蛋白质	$10^4～5\times10^4$
20～30	蛋白质	$<10^4$
2～5	核酸	$10^5～10^6$
5～10	核酸	$10^4～10^5$
10～20	核酸	$<10^4$

根据凝胶使用的目的不同，可以在不同的模具中制备成型，若在 3 mm～5 mm 内径，8 cm～13 cm 长的玻璃管中制胶，就是用于垂直管型电泳的凝胶；若在两块平板玻璃做成的中空模框中制胶，通常玻璃板宽 10 cm～20 cm 不等，高 10 cm～13 cm，两板间距 1.2 mm～1.5 mm，这样的凝胶，就是用于垂直板状电泳的凝胶；还有卧式平板凝胶等。由同一管或板中可以制成凝胶浓度不同的胶，即是不连续胶，或是浓度梯度胶；或是在制胶溶液中另加少量十二烷基硫酸钠（用 SDS 表示），制成 SDS-PAGE 用的凝胶。

2. 不连续聚丙烯酰胺凝胶电泳

不连续聚丙烯凝胶电泳是一种常规的 PAGE（图 4-10），经典的电泳系统存在三个"不连续"：凝胶浓度不连续、pH 不连续和缓冲系统不连续。图中，电泳槽（上槽和下槽）中的导电缓冲液，称为电极缓冲液，常用 pH 8.3 的三羟甲基氨基甲烷（Tris）-甘氨酸缓冲液；凝胶用 Tris-HCl 缓冲液配制（样品胶和浓缩胶为 pH 6.7～6.8，分离胶为 pH 8.8～8.9）。凝胶浓度，样品胶和浓缩胶都是 2%～5%，分离胶是 7%～10%。原来样品胶是把要分离的样品加到制胶溶液中灌胶的，比较繁琐，后来在实践中发现不用样品胶的分离效果和用胶的一样，现在一般都不作样品胶了。浓缩胶的作用是使样品中的蛋白质在这一层凝胶中，由通电电泳产生的电位（或电导）梯度而得到浓缩，在这一层胶底部集中成一极薄层，这样，在进入分离胶时，就处于"同一起跑线上"。分离胶的作用是，按电泳原理，不同的蛋白质在泳动过程中彼此分离，它是主体胶，如图所示，分离胶做得较长，如在 9 cm 长的铸胶管中制胶，浓缩胶只有 1.2 cm～1.5 cm，分离胶约 7 cm，铸胶管上部要留 1.5 cm 空着，用来容纳样品液。

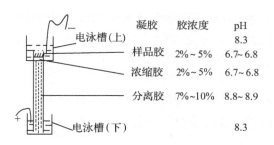

凝胶	胶浓度	pH
电泳槽(上)		8.3
样品胶	2%～5%	6.7～6.8
浓缩胶	2%～5%	6.7～6.8
分离胶	7%～10%	8.8～8.9
电泳槽(下)		8.3

图 4-10　不连续聚丙烯酰胺凝胶电泳图解

人们在实践中又发现,当样品成分不复杂时,不用浓缩胶也可达到有效分离的目的,这样分离胶就会做得长一些,这好比长跑,长跑要考虑起跑线,但马拉松的起跑点就不会那么明显地影响结果了。所以,就产生了所谓连续聚丙烯酰胺凝胶电泳。分离成分复杂的样品,例如,细胞匀浆液经离心沉淀的上清液,其中的蛋白质成百上千种,作双向电泳时,第一向电泳还是用浓缩胶。所以,不连续 PAGE 分离蛋白质的作用,归结为三个"效应":浓缩效应,浓缩胶的作用;电荷效应,电泳原理中 Q 所决定;分子筛效应,凝胶网眼的阻滞作用,对应于电泳原理中 r 的作用。

3. 浓度梯度聚丙烯酰胺凝胶电泳

浓度梯度 PAGE 是配制两种浓度(经典的做法是 4% 和 30%)的制胶混合溶液,分别盛于梯度混合器(图 4-7)的前室(1)(4%)和出口室(2)(30%),出口管下接铸胶管或平板模框,然后开启混合器,即可形成自下而上的胶液浓度递减的梯度,聚合后,即是分离胶,再在分离胶上面灌制浓缩胶。具体操作时,先要测准管或模框的铸胶体积,据此配制胶液,这样,胶液灌制完正好达到预定的要求。

浓度梯度 PAGE 分离蛋白质时,分子筛效应大于电荷效应。因此,可以用几个已知相对分子质量的蛋白质作标准,作出标准曲线,测定未知蛋白质的相对分子质量。

4. SDS-PAGE

SDS 是一种阴离子型表面活性剂,化学式为 $CH_3(CH_2)_{10}CH_2SO_4^- Na^+$,名为十二烷基硫酸钠,它能破坏寡聚体蛋白质亚基间的氢键和疏水相互作用,从而使寡聚体解聚,并在单体分子表面形成 SDS-蛋白质复合物,覆盖于单体表面,致使蛋白质本身的电荷不能在电泳中显现作用,电泳时,完全依赖 SDS 的负电荷泳动。因此,同一种亚基电荷相同,迁移速度一样,不同亚基相对分子质量不同,迁移速度不同,这就可以用来测定亚基的相对分子质量。由寡聚体的相对分子质量和其亚基的相对分子质量数据,就可以推断被测蛋白质的亚基组成。例如,某蛋白质相对分子质量 160 000,SDS-PAGE 测得两种相对分子质量:35 000 和 45 000,简单计算就能推断此蛋白质具有两两相同的四亚基结构。

研究表明,对于大多数蛋白质而言,大约 1.4 g SDS 可以与 1 g 蛋白质(亚基)结合而覆盖住单体的表面,这时蛋白质已发生了构象改变,在水溶液中呈现长椭圆形,而且短轴为 1.8 nm,长轴各异,因此,电泳迁移速度由长轴和相对分子质量两个因素决定。好在由 Shapiro 等人的研究发现,在一定条件下,SDS-PAGE 测定蛋白质(亚基)的相对分子质量 (M_r) 与它们的电泳迁移率 (U) 之间,存在如下关系:

$$\lg M_r = \lg K - bU \tag{4-19}$$

这是一个直线方程,用 $\lg M_r$ 对 U 作图,$\lg K$ 是截距,b 是直线的斜率。因而,只要实验

测得 U，就可用标准曲线法求得未知蛋白质（亚基）的相对分子质量。实际工作中，常用相对迁移率（惯用 m_R 表示）代替 U 作图，定义相对迁移率为蛋白质电泳时在凝胶中移动的距离（L_P）与电泳时所加染料溴酚蓝移动距离（L_B）之比。即：

$$m_R = L_P / L_B \qquad (4-20)$$

溴酚蓝是常用来指示电泳终止时间的蓝色染料，因为是小分子，在碱性电泳缓冲溶液系统带负电荷，电泳时通常都走在最前面（图 4-11），所以当其走到凝胶前沿时即可结束电泳。它的电泳迁移距离，亦可作计算相对迁移率的参照距离。

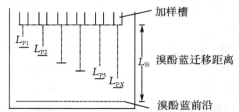

图 4-11　SDS-PAGE 测定蛋白质相对分子质量示意图

$L_{P1} \sim L_{P5}$：标准蛋白质；L_{PX}：待测蛋白质

测定蛋白质相对分子质量的具体做法如图 4-11 所示，图中 5 种标准相对分子质量蛋白质和待测蛋白质，在同一块凝胶板上完成电泳，由于溴酚蓝有颜色可见，电泳结束后，即可测出迁移距离 L_B，并用细丝线之类做下记号。然后，从模框中取出凝胶，进行蛋白质染色，以显示蛋白质移动的位置，再量出它们的迁移距离 L_P 和 L_B，并对染色引起的凝胶的膨胀进行校正后，才能计算 m_R。蛋白质的染色剂很多，常用的有考玛斯亮蓝 G-250、考玛斯亮蓝 R-250、氨基黑 10B 等。经过染色液浸泡的凝胶，洗脱除去凝胶吸附的染料后，被染色的蛋白质带即可显现出来。

5. PAGE 的一般操作程序

上述各种不同类型关于 PAGE 的叙述中，对于一些具体的操作已经提到，在此归纳如下。PAGE 一般要经过 6 个操作步骤：① 配制各种溶液，包括电极缓冲液、浓缩胶缓冲液、分离胶缓冲液、浓缩胶贮备液、分离胶贮备液、溴酚蓝溶液、40％蔗糖溶液（用于增大样品液的比重）及样品液、蛋白质染色液和漂洗液等。② 准备灌胶模框及电泳槽。③ 配制灌胶液及灌胶，先灌分离胶，待聚合后，再灌浓缩胶。④ 上槽及点样，预先在下槽装一部分稀释好的电极缓冲液，将铸好胶的模框安装到电泳槽上，这步操作习惯上称"上槽"；再在上槽注入稀释电极缓冲液，淹没凝胶，并排除加样槽中的气泡，然后把样品液加进各个加样槽中。⑤ 通电电泳，电泳是在直流电下进行的，普通电泳仪可以调节电流和电压，常规电泳多采用定电压操作，一般 180 V～300 V 下工作即可。⑥ 停止电泳及蛋白质染色、漂洗、记录等，前面已述及。

三、等电聚焦电泳

1. 等电聚焦的基本原理

等电聚焦电泳简称等电聚焦或电聚焦（英文缩写 IEF），是在电泳的导电中系统加入一种称为"两性离子载体"的物质，电泳时它们将形成由阳极到阴极连续递增的 pH 梯度，蛋白质或多肽样品，按其电荷性质不同，各自向着与它们的等电点相当的 pH 处移动聚集，从而彼此分离，无论这一蛋白质起初处于系统的何处。如图 4-12 所示，a 和 b 分别表示同一蛋白质在高 pH 下带负电荷,在低 pH 下带正电荷,都向与其 pI 相等处移动;c 表示不同的蛋白质混合物各自在它们的 pI 对应的 pH 处聚集,而彼此分离。如果这一系统的 pH 梯度分布被测出,那么各个蛋白质的等电点也就测定出来了。

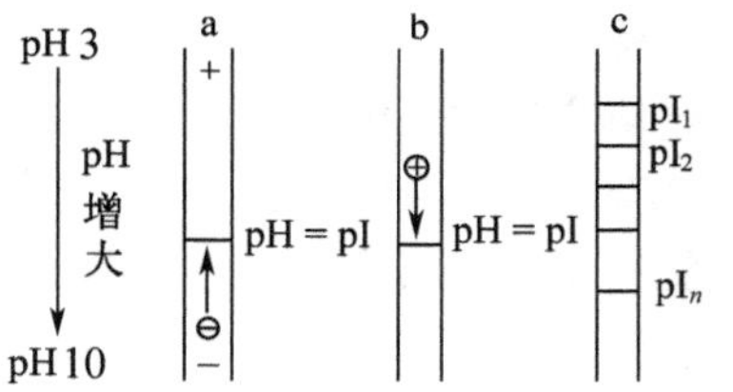

图 4-12　蛋白质在 pH 梯度中电泳

2. 两性离子载体

1966 年,Vesterberg 等人首先合成了两性离子载体,瑞典 LKB 公司即刻推出了商品 Ampholine,此即现在所称的两性离子载体。国产品曾叫"兼性离子载体"。其化学实质是多氨基多羧基脂肪族系列化合物的混合物,相对分子质量 300～600,各组分的等电点十分接近,因而在电泳时能形成较为平滑的 pH 梯度。在等电状态下,这种两性离子载体有较好的导电性,也有较好的缓冲性能,也不与蛋白质发生相互作用,不干扰蛋白质的泳动,而且容易用凝胶过滤或透析等方法与蛋白质分离。等电聚焦能将等电点相差 0.01～0.02 pH 单位的蛋白质分离开来,包括相对分子质量相同而表面电荷不同的"电荷异构体"(如同工酶)也能分离开来。

两性离子载体一般以 40% 左右的水溶液出售,国产品 pH 范围为 3～10,Ampholine 为 3.5～9.0,还有 3.5～5,6～9,9～11 的分段商品,像 pH 试纸一样,分段品越精密,即是 pH 梯度越接近于直线,分辨率更高。

3. 等电聚焦的方法

等电聚焦电泳最初是用来从植物蛋白质水解液中分离游离氨基酸,经过多年发展,才成为分离蛋白质的技术。IEF 技术最核心的问题是如何防止对流,避免已形成的 pH 梯度被破坏,已分离的蛋白质再混合。现在有四类方法:① 自由溶液中的等电聚焦,以机械方法防止对流;② 密度梯度等电聚焦,以蔗糖、甘油、乙二醇、聚蔗糖(ficoll)等做成的密度梯度液稳定 pH 梯度;③ 凝胶等电聚焦,以聚丙烯酰胺凝胶、琼脂糖凝胶等半固体物质防止对流;④ 膜固定 pH 梯度等电聚焦,这是近年开发的用于大规模制备的方法。还有滤纸支持的等电聚焦。这些方法中聚丙烯酰胺凝胶等电聚焦电泳(PAG-IEF)与聚丙烯酰胺凝胶电泳的方法基本一致,不需要专用的等电聚焦设备,故应用较广。

PAG-IEF 可以作柱状电泳,也可作板状电泳,凝胶浓度一般用 5%～7%;凝胶制备的方法与聚丙烯酰胺凝胶电泳基本相同,只需另加适量 40% 的两性离子载体,并采用光催化系统聚合,即是加核黄素,不能用 TEMED 和过硫酸铵。样品液可以加到胶溶液中一起聚合在胶中,也可以像 PAGE 一样,在凝胶柱(或板)上槽以后点样。电泳所用电极溶液有几种可以互换的配伍:5% H_3PO_4(+),5% 乙二胺(−);0.2% H_2SO_4(+),0.4% 三乙醇胺(−);0.2% H_2SO_4(+),0.08% NaOH(−)。PAG-IEF 电泳开始时电压 400 V,随后电流迅速下降,电压上升至 1 000 V 或更高,电泳至电流下降稳定为止,一般要 2 h～12 h 不等,因凝胶板的大小不同而不同。因此,等电聚焦电泳需要用高压电泳仪。

PAG-IEF 电泳结束后,取出凝胶,或作蛋白质染色,或作 pH 梯度测定,或用于接着进行双向电泳的第二向电泳。若要进行蛋白质染色,必须先用 5% 的三氯乙酸浸泡、洗涤后方可染色,洗涤,而显示蛋白质区带。等电聚焦的分辨率比不连续 PAGE 高,即是说它所显区带更清晰,带更多,蛋白质谱带也不同。

蛋白质等电点的测定,是在电泳结束以后,取出凝胶,沿凝胶板上的未点样的加样槽中轴线方向,用小号打孔器每隔 1 cm 钻取一片凝胶,对于柱状胶,则用不锈钢手术刀片切成 0.5 cm 厚的薄片,分别投入预先准备好的盛有 2.0 mL 双重蒸馏水的 5 mL～10 mL 的小烧杯中,4 ℃下浸泡过夜(10 h 以上),然后分别测定各浸出液的 pH,用 pH 对凝胶连续长度作图,即可得到 pH 梯度曲线。待测蛋白质在染色后,测出蛋白质带的位置后,就可以从曲线上查得对应的 pH,即是该蛋白质的等电点。用微型 pH 电极可以直接在胶板上测定 pH。

蛋白质的双向电泳也叫二维电泳,一般的做法是,以内径 3 mm、长 10 cm 的柱作 PAG-IEF 为第一向电泳,电泳完毕,取出凝胶柱,横置于相应宽度的垂直板 SDS-PAGE 的胶上方,并用适量浓缩胶溶液灌胶,以使胶柱与胶板密合,然后电泳,此即第二向电泳。这样一来,蛋白质显色后,就是分布于二维平面上的大小不一的斑点。植物细胞抽提液样品在宽、长 10 cm×15 cm 的胶板上可以显现多达 100 个以上的蛋白质斑。

第五节　酶液的浓缩、结晶、干燥与酶制剂成型

从酶制剂生产工艺来讲,这几项单元操作通常是连续进行的"收尾"工作,浓缩、结晶也常在前期单项独立应用。

一、浓缩

浓缩操作是从发酵液开始处理时,或是酶提取之后,在酶分离纯化的各个阶段经常要进行的单元操作。浓缩就是从稀溶液中除去一部分水或其他溶剂,使溶液变浓的操作单元。酶液浓缩的方法很多,前述各节中讲到的透析、膜滤、沉淀、离心沉降、各种吸附剂吸附酶等,都能达到浓缩效果。工业上处理大量物料,则常用低温真空蒸发、薄膜蒸发和超滤进行浓缩。

真空蒸发器是密闭的加热容器接上真空泵等减压装置所组成的设备。设备运行时,一边加热,加快分子运动速度,使液面水分子逃逸;一边抽真空,将蒸汽抽走,降低液面上的蒸汽压,使容器内的压力下降,这样又因压力下降使溶液沸点降低,而加快蒸发速度。酶溶液浓缩操作是温度控制在 50 ℃以下,pH 保持在 5～6,将稀溶液浓缩至原来体积的 1/2 至 1/5,再调 pH8～9,使酶液中的热不稳定物(如多聚糖、某些杂蛋白等)析出沉淀,然后加助滤剂过滤,这样就可收得澄明度高的浓缩酶。

薄膜蒸发器有多种,稀溶液也是在抽真空和加热的条件下蒸发,由于抽真空的拉力,将溶液拉成薄薄的一层液膜,此薄膜将会沿容器壁"爬行上升"或下移,从而加大了蒸发面,蒸发更快。这类蒸发器有多种,如升膜式、降膜式、升降膜式、离心式、刮板式等。薄膜蒸发器可以连续操作,蒸发快,对热敏性的酶溶液浓缩时受热时间短,酶活力损失小,更显其优越性。

超滤浓缩技术在第二节已述及。

二、结晶

固体物的构成单位(离子、原子或分子)按一定规则周期性排列的物体,称为晶体,也

叫结晶。结晶作为一个单元操作,是指控制适当的条件,使溶液中的溶质以晶体形态从溶液中析出的工艺过程。晶体形成是离子、分子或原子有序排列的缓慢过程。

1. 结晶的一般原理

溶质从溶液中析出,既可以形成无定形沉淀,也可以形成晶体。一般来说,如果溶液的溶质较单一,条件控制得当,可以形成晶体;若溶液中的杂质较多,或条件控制不当,溶质聚集较快,就形成无定形的沉淀。因此,对于酶溶液而言,只有分离纯化后期,当酶的纯度达到 50% 以上时,才能进行结晶。纯度越高,得到的晶体质量越好。

从理论上讲,处于饱和浓度状态下的溶液,固体的形成和溶解处于平衡状态,不会析出结晶或沉淀。只有溶液浓度超过了溶质的溶解度,处于过饱和状态,才有可能在外界某种因素的刺激下,先析出极微小的固相物,它们将充当随后晶体"生长"的核心,故称为晶核。所谓晶体生长,就是过饱和溶液中的溶质在晶核上有序排列,晶体由微小逐渐变大的过程。可见,结晶过程分三步:① 形成过饱和溶液;② 形成晶核;③ 晶体生长。

一般来说,浓缩、降温都可以使饱和溶液形成过饱和溶液;蛋白质(酶)等两性电解质溶液,还可以调 pH 至 pI 附近,降低溶解度,使饱和溶液变成过饱和状态,太稀的溶液,先浓缩到接近饱和,再调等电点,使之成过饱和溶液。从理论上讲,过饱和状态的溶液可以自动形成晶核,但实际上在完全静止状态下,过饱和溶液可以保持相当长时间不结晶,因而通常采用适当的振动,或搅拌,或迅速降温来促进晶核形成。投入少量"晶种"既可诱导晶核形成,也可部分替代晶核,因为晶种可以是待结晶物的细微的固体,也可以用同一种晶型的同类物质的细微固体。晶体的生长宜缓慢,不宜快。晶核或晶种在溶液中,它们的表面是处于结晶和溶解的平衡之中,因而实际操作时,通常采取缓慢搅拌的办法,促使最细微的晶核溶解,以使溶液处于过饱和状态,并能让溶质在较大的晶核表面有序排列,从而形成较好的大颗粒晶体。对于一般溶解度随温度上升而增大的物质,采用适当升温的办法,也能促使晶体有序生长,也是这个原理。

2. 几种常用的酶结晶方法

酶结晶的方法很多,如盐析结晶法、有机溶剂结晶法、pH 诱导结晶法、温度诱导结晶法、平衡透析法、气相扩散法、复合结晶法和疏水作用结晶法等。其中,前三种方法和酶的沉淀方法原理相同,只不过结晶形成,酶溶液纯度要求高些,并要求控制好结晶条件,缓慢地进行,以便形成良好的晶体。由此派生出下述三种结晶方法。

(1)平衡透析结晶法

将纯化至一定纯度的浓缩酶溶液装在透析袋中,浸没于离子强度稍高于酶液浓度的盐溶液、或适当浓度的有机溶剂、或 pH 接近酶的 pI 的缓冲溶液中进行透析,这种情况下,酶溶液缓慢地达到过饱和,而后析出结晶。

平衡透析法的最大优点是,酶溶液在析出结晶前的浓度是恒定的,如果所形成的结晶不合要求,可以很方便地改变平衡的条件,使形成的固体溶解,再在新的条件下结晶。这是获得微量样品结晶常用的方法之一,也可以用来制备大量酶的结晶。用此法曾经制备了过氧化氢酶、羊胰蛋白酶、己糖激酶等。

(2)气相扩散法

将一定纯度的浓缩酶溶液装入一开口容器中,将挥发性酸(如冰醋酸)或碱(如氨水)盛于另一开口容器中,然后把两者置于较大的密闭容器(如玻璃干燥器)中,挥发性酸或碱缓慢地挥发，其蒸汽溶于酶溶液，因而使酶溶液向其 pI 接近，溶解度下降而析出结晶。此法主要用于微量样品的结晶。胰蛋白酶、过氧化氢酶、胃蛋白酶、核糖核酸酶、肌酸激酶等，都曾经用此法获得结晶。

（3）雅可比（Jacoby）结晶法

雅可比结晶法是蛋白质的盐溶—盐析原理的一种特殊应用，由 Jacoby（1971）首创。蛋白质在硫酸铵溶液中的溶解度，随着温度的上升而下降。利用这一特殊性质，Jacoby 将多粘芽孢杆菌的 β-淀粉酶，先用一定饱和度的硫酸铵溶液在室温下沉淀，然后降温至 0 ℃，增大酶的溶解度，并用饱和度稍低的硫酸铵溶液提取酶，这就使部分杂质被除去了。再升温至室温使酶结晶，降温，又用饱和度稍低一些的硫酸铵溶液提取……如此反复，从而得到了很好的 β-淀粉酶蛋白质结晶。此法起始提取酶所用的硫酸铵饱和度，宜稍高于这一酶盐析所用的饱和度。中科院微生物研究所（1976）用此法对红曲霉葡萄糖淀粉酶进行结晶，实验证明，用 $1\,S$ 硫酸铵首次沉淀，0 ℃ 离心，弃上清，以后各次提取所用硫酸铵饱和度，依次为 $0.56\,S$，$0.54\,S$，$0.52\,S$；每次提取是把沉淀在冰浴上放置 20 min～30 min，让其充分溶解后，0 ℃ 下离心，立即倾出上清（酶液），在低饱和度硫酸铵溶液中，于 4 ℃ 和 7 ℃ 交替条件下大约 5 d 可出现大量沉淀，7 ℃ 下让晶体生长，数周可长至 50 μm～100 μm。此法已得到较广泛的应用。可见蛋白质结晶过程是很慢的。

（4）疏水作用调节结晶法

蛋白质结晶在 20 世纪 90 年代取得了一项理论性突破，提出了蛋白质分子聚结是由微小的分子间疏水接触来调节的观点，认为减少分子间特殊的疏水相互作用，促进分子间的静电相互作用，可以促使蛋白质结晶。实验证明，用非离子型表面活性剂，例如，5%～20% 的 PEG 4000 或是 0.025%～1.50% 的 β-辛基葡萄糖苷，加至蛋白质晶体培养的悬滴中，加快了某些蛋白质晶体生长的速度。在理论验证性实验中，用 21 种蛋白质（包括多种酶蛋白质）进行的研究证明，用此法还得到了以往未获得的新型晶体，例如，枯草杆菌 α-淀粉酶，以往所得晶体都不能用于 X-射线衍射分析，而用此法获得了能满足分析条件的晶体。

上述几种结晶法主要是用于纯酶的方法，在酶的纯化过程，常用的方法是等电点结晶法、有机溶剂结晶法、盐析结晶法和复合结晶法等。在酶溶液中滴入某种金属离子，如 Ca^{2+}，Mg^{2+}，Zn^{2+} 等，与酶结合形成金属—酶复合物而析出结晶，就是一种复合结晶法。

三、固体酶制剂的成型、干燥与保存

酶制剂通常多以固体制剂（包括固定化酶）供应市场，也有以液体制剂就近供应用户的。剂型多种多样。

酶制剂的成型，包括将达到一定酶纯度要求的浓缩酶液进一步除去水分，使之干燥，黏结成粉或颗粒，添加酶的稳定剂，加入适当的填充剂等工艺。对于液体酶制剂来说，主要是调节酶活力至出厂标准，添加适当的稳定剂（如甘油、乙醇和食盐的混合物）和防腐剂（甲苯等），即为成品；固体酶制剂就要从浓缩干燥开始，逐个工艺到位才能出成品。

1. 固体酶制剂成型的各种添加剂

（1）酶粉黏结剂

酶在干燥过程中，酶粉飞扬，对生产操作人员的健康有不良影响，如引起过敏反应

等,因此,必须添加一些能够使酶粉黏结的物质。常用的黏结剂都是一些无毒的含结晶水的盐类,如十水硫酸钠、十水碳酸钠、十二水磷酸氢二钠、二十四水硫酸铝钾、七水硫酸亚铁、七水硫酸镁等无机盐;食品和医药用酶,常用五水乳酸钠、五水柠檬酸钠、六水琥珀酸钠、三水乙酸钠等。

(2) 颗粒酶成型剂

颗粒酶有不同的形状,成型方法也不同。通常在酶液浓缩中加入适量的聚乙烯醇或其类似物,混合后,在喷雾干燥时,就可以得到一定粒度的颗粒酶;如果把这类添加剂与酶的混合物挤压成条状,再经成丸机制成球状,并在干燥后包衣(如包蜡或糖衣);或将混合物压成板状,切成小块状,再干燥;用硫酸钠或三聚磷酸钠、或硼砂、或柠檬酸钠溶液,与酶浓缩液混合,在室温下加丙酮沉淀,然后于 55 ℃真空干燥,而得颗粒酶。

(3) 酶稳定剂

酶浓缩液中加入 12%～20% 的蔗糖,可以提高在喷雾干燥时的热稳定性。加 1%～5% 的钙盐($CaCO_3$ 或 $CaCl_2$)可增强贮藏稳定性。有资料称,细菌 α-淀粉酶提纯后,在 pH 6.0～6.5 和室温下,添加 0.1%～0.2% 的阳离子型表面活性剂,如烷基二甲基苄基氯化铵或是甲基苄基二甲基-2-乙基氯化铵,可以提高酶的热稳定性。

在纯酶制剂中,常加酶的底物、辅酶或竞争性抑制剂,加非酶蛋白质、疏基保护剂,如半胱氨酸、疏基乙醇、二硫苏糖醇等,加甘油、乙二醇、多元醇、多糖等,或加硫酸铵,作为贮藏稳定剂。

(4) 填充剂

加填充剂的目的,是为了调节酶活力,以便达到出品规定的标准。不同用途的酶制剂,所用的填充剂不同。例如,制革、造纸用酶,常加白陶土、硅藻土等;纺织工业用酶常加面粉、淀粉、三磷酸盐、碳酸钙粉等;食品工业用酶,多加淀粉、食盐、蔗糖、葡萄糖、乳糖、柠檬酸钠等;医药用酶,多用葡萄糖、蔗糖、酪蛋白、动物胶、淀粉、食盐等;一些生物工程用酶,则多用甘油、硫酸铵或是淀粉等。

2. 酶制剂的干燥

酶制剂在干燥状态下更为稳定,才能保存较长时间;干燥的成品也便于运输,降低运输成本。

干燥作为一项单元操作,是将固态或半固态或浓缩液中的溶剂大部分除去,而获得含溶剂很少的符合产品要求的固体物的工艺过程。可见它往往是浓缩工艺的延伸,原理基本类同,就是要通过蒸发而除去溶剂。酶制剂多数是水溶液,其干燥就是除去水分。

工业上物料干燥的方法很多,酶制剂干燥常用方法有热风干燥(气流干燥)和喷雾干燥,少数贵重的酶也有采用真空干燥或真空冷冻干燥的。热风干燥和喷雾干燥,都是利用热气流加快水分蒸发的方法。前者,热气流直接与固态或半固态物料表面接触,干燥时间较长,酶活力损失较大,但设备简单,操作容易,目前仍然是国内多数厂家采用的干燥法。此法操作要注意防止局部过热,当物料干燥到开始固结时,应当适当降温,减缓气流速度,以免表面结壳,降低内部溶剂向外扩散蒸发的速度。

喷雾干燥,是将液体物料在干燥塔中经喷雾装置喷成直径几十微米的雾滴,由于雾滴蒸发表面积极大,而且干燥塔中的温度常高达 100 ℃,因而可以在几秒钟之内达到脱水的目的,酶活力损失很少,是酶制剂大规模生产应当优先选择的干燥工艺。喷雾干燥设备投资较大,操作要求较高。

真空干燥和真空冷冻干燥,是将浓缩酶液直接在真空干燥设备中进行真空蒸发,直至干燥。如果先将酶液在低温下冷至结冰,然后抽真空,冰直接升华而被除去,就是真空冷冻干燥,但设备价格昂贵,一般处理的物料量也不大,不用其处理大宗酶制剂。

3. 药用酶除去热源物

医药用酶务必除去热源。热源进入人体将引起发烧等应激反应。热源是细菌分泌的一类类毒素,是相对分子质量在 100 000 以上的糖蛋白和脂肪 A,因不同细菌来源有差异;这类类毒素耐高温,180 ℃～220 ℃下 2 h 才能分解;耐酸,而不耐碱,pH 10 以上 48 h 会逐渐破坏;对强氧化剂较敏感,在新配制的铬酸洗液中 1 h 即被破坏。

除去热源的方法:现在多用超滤法;用 DEAE-纤维素等阴离子交换剂吸附;用凝集素为配基制备的亲和吸附剂吸附;用热源制备的抗体吸附;疏水色谱法也能除去热源。

4. 酶产品的保存

不同的酶产品,应根据酶的特性差异而采取不同的方法保存。尽量降低保存期间的酶活力损失,是基本原则。一般来说,酶制剂应在低温(0 ℃～4 ℃)下保存;少量精制的纯酶,常在－20 ℃冰箱中保存,甚至在－80 ℃或液氮中保存。但要注意,某些酶在冷冻干燥条件下反而失活,在第二章讲述温度对酶的影响时已经提到。

大多数酶在干燥状态下更稳定,潮湿高温下很容易失活,并易被杂菌污染。即使是喷雾干燥的酶粉,如果包装材料不适当,在保存期间也能吸潮结块,损失酶活性,若经多雨季节威胁更大。新鲜麸皮酶,只有经气流干燥后的产品,才能在干燥和室温下存放 3 个月～5 个月。因此,酶制剂包装多采用高分子聚合物薄膜双层袋装封口储存。还应注意避光,尤其要避免日光直晒。

第六节　酶的纯度和酶制剂的质量

纯是相对的,不纯是绝对的。酶的纯度与酶制剂的质量有直接关联,但并非简单的正比关系。酶的纯度,是指酶在分离纯化过程中,逐步除去目的酶以外的杂质,逼近均一酶蛋白的程度。如果用现行的各种纯度鉴定方法检测,不能发现其他非目的酶的蛋白质,就可以认为是均一酶。有时为保护酶而加入某些小分子化合物或金属离子,是可以通过透析等方法除去的,有它们的存在不能认为是酶不均一。

酶制剂的质量,是根据酶制剂的应用目的制定的综合评定规格。其中,酶活力和相对纯度是重要指标。

一、酶纯化过程的纯度监测

酶纯化过程,随着杂质的逐渐减少,酶纯度逐渐提高。纯度提高程度是由每一步活力测定和蛋白质含量测定结果判定,计算总活力、总蛋白、比活力,进而计算酶活力回收率和纯化倍数得知。酶活力的测定方法在第二章第四节已经阐述。

酶溶液中的蛋白质含量,测定方法很多,常用的主要有酚试剂法、紫外吸收法和染料结合法。酚试剂法(Lowry 法)是蛋白质与 Folin 酚试剂反应显色后,进行比色分析,而求得蛋白质含量,此法灵敏度、准确度都比较高。紫外吸收法,是利用蛋白质的紫外吸收特点,在紫外分光光度计上,于 280 nm 波长下,直接测定蛋白质溶液的吸收值,利用标准曲线求出蛋白质含量;或是由 280 nm 和 260 nm 的吸收差的测定,根据经验公式计算来求出蛋白质含量。此法干扰因素较多,但较为方便,是色谱法分离纯化蛋白质过程应用最广的方法。由 280 nm 与 205 nm 的吸收比求蛋白质含量的方法,是近年来探索到的一种新的紫外吸收法,灵敏度较高,操作简便,样品可回收。染料结合法(Bradford 法),是利用蛋白质定量吸附染料考马斯亮蓝 G-250 以后再进行比色分析的方法,快速、简便、灵敏度高,现在应用日益广泛。

酶分离纯化过程,常用表 4-10 的格式进行记录和计算,以便了解纯化的进程。

表 4-10 酶分离纯化过程的记录和计算格式(示例)*

步 骤	总体积(mL)	酶浓度(U·mL^{-1})	酶的总活力(U)	蛋白质浓度(mg·mL^{-1})	总蛋白(mg)	比活力[U·mg^{-1}(pr.)]	纯化倍数(倍)	回收率(%)
1. 提取液	120	12.36	1 485	19.13	2 296	0.64	—	100
2. 0.7S 硫酸铵沉淀酶	10	42.1	421	25.7	257	1.32	2.06	28.4
3. 亲和色谱	16	11.58	185.4	0.43	6.9	26.9	42.03	0.12
4. DE-52 色谱	24	8.15	195.5	0.34	8.2	23.8	37.2	0.13

* 这是作者用亲和色谱法分离纯化猕猴桃蛋白酶的数据,实际上亲和色谱是从第 2 步后直接上柱的结果;而第 4 步前还有一步表中已略去,并非在亲和色谱后做表中的第 4 步。可见亲和色谱法效率高。

$$酶的纯化倍数＝某纯化步骤的比活力÷第一步的比活力 \tag{4-21}$$
$$酶活力回收率＝(某纯化步骤的总活力÷第一步的总活力)×100\% \tag{4-22}$$

有时酶的纯化倍数,也用某纯化步骤与前一步骤的比活力之比表示,以便了解该步比前一步的纯化效果。

二、酶纯度的鉴定

酶纯度一般是由酶蛋白质均一纯净性程度来判别的,通常要用多种方法进行鉴定。纯的标准是相对的,例如,通常将样品纯化到色谱单一峰(或斑点)时,称为"色谱纯或层析纯",电泳只显单一带时,称为"电泳纯"等。实际上,如果将这种纯度的样品用灵敏度更高的方法分析时,还可能检查出杂质。根据酶的分子性质,将酶纯度鉴定的方法分为以下几类:

1. 根据分子大小、形状进行鉴定的方法

如前所述,凝胶色谱法可以测定蛋白质的相对分子质量,色谱分离时如果只有一个单峰,就说明蛋白质已达到均一程度。超速离心法可以测定蛋白质的相对分子质量、分子的形状、轴比、密度、沉降系数等多种性质,也可以由等密度梯度离心法等方法所得到的沉降谱带,来判断样品是否达到均一程度,显然均一的蛋白质只有一个沉降带。

2. 根据分子的电荷性质进行鉴定的方法

例如,离子交换色谱法可以由色谱峰是否单一判断蛋白质的纯度。聚丙烯酰胺凝胶电泳有多种方法可以测定蛋白质和蛋白质单体的相对分子质量,实验室常用普通 PAGE 法作蛋白质纯度鉴定,即当电泳谱带为单一区带时,一般就认为是均一的了,不过常注明

"PAGE 单一纯"。更细致的做法是，在几个不同 pH、不同离子强度条件下进行这种电泳，以证实是否确为单一带。等电聚焦电泳分辨率很高，如果用此法鉴定只有单一带，就判断为均一蛋白质。微量样品可用毛细管电泳进行鉴定。

3. 根据多肽链的末端分析进行鉴定

通常在色谱法或电泳鉴定后，认为是单一蛋白质的样品，可以进一步作它的 N 端和 C 端分析。一般来说，一种蛋白质只有一种 N 端氨基酸和一种 C 端氨基酸，据此即可判断是否为单一蛋白质，如果不是唯一的末端，就可能不是单一蛋白质，也可能是结构特殊的蛋白质，那就要根据相对分子质量和亚基相对分子质量测定的结果作出判断。

4. 酶蛋白质的免疫学性质鉴定

将均一的蛋白质对兔或其他哺乳动物进行免疫注射，制备免疫血清，然后用免疫沉淀法或免疫电泳法进行鉴定，单一蛋白质只出现唯一的免疫沉淀线或免疫电泳带。

在有条件的实验室，可以用高效液相色谱法进行鉴定。

三、酶制剂的质量标准

不同用途的酶制剂对质量的要求不同，标准各异。

一般工业用酶制剂，通常以酶的活力达到某一稳定值时，就认为达到了质量标准。出厂产品的说明书中，包括酶制剂的外观性状；酶活力，固体制剂用每克活力单位数（$U \cdot g^{-1}$）表示，液体制剂用每毫升活力单位数（$U \cdot mL^{-1}$）表示；固体制剂还包括细度或粒度、含水量；酶制剂的简要使用方法；活力保持率，例如，某厂出售的糖化酶，标明"保存 6 个月活力保持率 90% 以上"；出厂时间等。

食品和医药用酶制剂，要求酶的纯度较高，除了酶活力、活力保持率等指标外，还有较为严格的卫生指标和有害物质限量指标，医药用酶的各项卫生指标和有害物限量更严，一定不能含有热源物质。酶制剂的安全检查指标见表 4-11。

表 4-11　酶制剂的安全检查指标

项　目	限　量	项　目	限　量
重金属（$\mu g \cdot g^{-1}$）	<40	大肠杆菌（个 $\cdot g^{-1}$）	<30
铅（$\mu g \cdot g^{-1}$）	<10	霉菌（个 $\cdot g^{-1}$）	<100
砷（$\mu g \cdot g^{-1}$）	<3	绿脓杆菌（个 $\cdot g^{-1}$）	不准有
黄曲霉毒素	不准有	沙门氏菌（个 $\cdot g^{-1}$）	不准有
活菌数（个 $\cdot g^{-1}$）	$<5 \times 10^4$		

酶法分析用酶，包括医学临床检验用的工具酶，例如，测定葡萄糖含量用的葡萄糖氧化酶，测定胆固醇含量用的胆固醇氧化酶等，除要求高纯度外，还特别要求不能含有与这种酶催化活性相近的杂酶；用于酶的偶联测活法的工具酶，绝不能含有待测酶的活性，也不能含有干扰测定的其他酶；遗传工程用的工具酶，如各种限制性内切酶等，特别强调不能含有影响基因操作的核酸，不能含有产生副反应的杂酶。所以，这些用途的工具酶在作质量鉴定时，必须进行相关的分析鉴定。它们的使用量有限，生产量少，价格很昂贵。

本 章 要 点

　　酶分离纯化是酶工程的重点内容之一。无论从发酵液开始，或是从动、植物材料提取液开始，直到获得产品，都要经过多步骤相互合理衔接的单元操作，才能达到预期的目的。目前大量使用的工业用酶制剂，如淀粉酶、蛋白酶、葡萄糖异构酶等，由发酵液经过预处理、压滤、硫酸铵盐析等工艺操作之后，即可进入浓缩、干燥、成型。食品加工用酶、医药用酶和各种科研用酶，就必须进一步用各种分离纯化方法进行纯化，才能得到符合要求的产品。

　　工业生产中主要采用加压过滤来除去酶发酵液中的固形物。胞内酶需要将细胞破碎，使酶释放，工业上可用高压均质器或搅拌式珠磨机进行破碎。应用液—液双水相萃取技术，可以直接从破碎细胞后的悬浮液中萃取酶，具有许多优点，正在向工业规模发展。高聚物/无机盐双水相系统，是目前研究和应用最多的。

　　盐、稀酸、稀碱、有机溶剂，既可用于提取酶，也可用于沉淀酶或是用于酶的结晶。提取是在低浓度下使用，沉淀或结晶所用浓度就高一些。提取时要增大酶的溶解度，沉淀或结晶则要降低其溶解度。沉淀或结晶既是酶溶液纯化的手段，也是使酶液浓缩的手段。简单地说，形成沉淀是较快的过程，形成结晶是一个较慢的过程。所以只要控制好条件，就能派生出各种不同的提取、沉淀或结晶的方法。硫酸铵盐析法在酶制剂生产和实验室科研中都有广泛应用，必须掌握它的应用技术。

　　超滤法已在酶制剂生产中推广，设备种类很多，实际上包括微滤和超滤，两者差别主要在于膜孔径不同，操作压不同。离心技术在工业生产中和实验室都被广泛应用，主要用离心分离机进行分离，在制备性离心分离中，最常用的方法是差速离心法，主要用来分离大小不同、质量不同的颗粒，很难得到很纯的组分，经过"洗涤"，才能得到较纯的组分。实验室中离心技术可以测定酶的相对分子质量、分子形状、沉降系数等性质参数。

　　色谱技术的种类很多，本章主要讲述了几种常规液相柱色谱，它们在酶的分离纯化和酶性质研究中都是常用的。柱色谱法有共同的操作步骤，其中离子交换色谱和亲和色谱都要经过"再生"处理才能再上样。色谱法分离纯化蛋白质（酶）的作用原理不同，结果都是以洗脱曲线（或色谱图）表达。色谱分离过程必须不断监测蛋白质浓度和酶浓度的变化，才能作出洗脱曲线。离子交换色谱有一些已用于工业规模的分离纯化。凝胶色谱法是实验室常用来测定蛋白质相对分子质量的方法。亲和色谱法是分离纯化分辨率最高的方法。

　　电泳技术的种类也很多，本章重点介绍了聚丙烯酰胺凝胶电泳（PAGE）。经典的不连续 PAGE有 3 个"不连续"，分离荷电粒子有 3 种效应：浓缩效应、电荷效应和分子筛效应；浓度梯度 PAGE，分子筛效应大于电荷效应；SDS-PAGE，主要靠分子筛效应分离相对分子质量不同的蛋白质，此法常用来测定蛋白质单体相对分子质量。等电聚焦电泳（IEF）的关键，是在介质中加入了两性离子载体，电泳时形成一定的 pH 梯度，各种等电点不同的蛋白质，都将向着 pH=pI 的位置泳动而聚焦，并彼此分离开来。因此，IEF 可以方便地用来测定蛋白质的等电点。

　　浓缩、结晶、干燥、成型等单元操作，在很多情况下都是连续进行的，不过浓缩和结晶也常用在前期工艺。在工业生产中，浓缩和干燥的原理基本相同，都是以水分蒸发为主要手段，利用热气流加快水分散失速度，又要尽量减少酶活性损失。酶液浓缩常用薄膜蒸发设备，干燥则以喷雾干燥为好。浓缩、干燥过程就要添加各种与成型有关的添加剂，如颗粒成型剂在浓缩时就要加入，酶粉干燥时必须加酶粉黏结剂，等等。

　　酶制剂的质量监测贯穿于整个分离纯化过程，最主要的操作是酶活性测定和蛋白质含量测定，通过比活力和纯化倍数的计算，了解纯化的进程。酶制剂的质量标准因其用途而异，无论什么制剂都必须标明其活力大小、保存条件及相应的保存率。酶纯度鉴定主要是酶的科研中要了解的一般知识，具体工作时还要参阅其他许多资料。

1. 微生物发酵酶的分离纯化一般分哪几个阶段？发酵液预处理的主要目的是什么？常用哪些方法进行预处理？

2. 酶的提取常用哪些方法？它们的原理是什么？酶提取应注意哪些事项？

3. 何谓液—液双水相萃取？采用此项技术萃取酶有哪些优点？现有哪几类双水相系统？目前应用最广的是哪一类？

4. 酶溶液的沉淀和结晶，从原理上讲有哪些共同点和不同之处？从方法上讲，有哪些相同之处和不同的方法？结晶过程包括哪三步？为什么硫酸铵盐析法在工业生产中和实验室都得到广泛应用？酶溶液的沉淀操作应注意哪些事项？

5. 膜过滤和普通过滤有什么不同？酶分离纯化中常用微滤和超滤，两者主要的技术特点有何不同？

6. 色谱法分离混合物的一般原理是什么？色谱分离系统所说的两相是指哪两相？常规液相柱色谱法共同性的操作程序是哪些步骤？哪些色谱柱床需要再生处理才能重新上样？如何再生？

7. 酶的色谱分离纯化中常用的吸附剂、离子交换剂、凝胶有哪些种类？已知脲酶的等电点是4.9，在什么条件下，你可以选择 CM-纤维素吸着这种酶？

8. 带电颗粒在电泳时，颗粒的泳动速度将受到哪些因素的影响？凝胶电泳现在常用的经典的 PAGE 分离纯化酶时，有哪几种分离效应？SDS-PAGE 为什么可以测定蛋白质单体的相对分子质量？两性离子载体是何种物质？等电聚焦电泳为什么可以测定蛋白质的等电点？

9. 在工业生产中大规模进行稀酶液的浓缩可用哪些方法？酶制剂的干燥方法有哪些？任意举出一些酶粉干燥添加剂、成型添加剂、不同用途酶制剂的填充剂，并说明选择它们的原因。

10. 酶制剂习惯上归为哪几类？按应用领域分为哪几类？它们在质量要求上有何差别？酶制剂保存应注意哪些事项？

11. 解释术语：

单元操作，凝聚，絮凝，离心半径，相对离心力，离心澄清时间，超滤，透水率，截留率，柱床，洗脱液，洗出液，洗脱曲线（色谱图），离子交换剂，内水体积，外水体积，洗脱体积，分子对，亲和吸附剂，准亲和色谱法，泳动度（电泳迁移率），相对迁移率，等电聚焦，晶核，晶种，热源。

12. 计算：

(1) 糖化酶发酵液 1 000 kg，25℃下用 0.4 S 硫酸铵沉淀，需要加固体硫酸铵多少千克？（查表计算和用公式计算）

(2) 实验室由 0.35 S 硫酸铵沉淀的酶液 50 mL，再用饱和硫酸铵溶液加至 0.6 S 沉淀一次，要用多少毫升饱和硫酸铵？

(3) 实验室台式离心机转速 4 000 r·min^{-1}，离心半径 5 cm，RCF 为多少？工业离心分离机同样转速，离心半径为 0.3 m，离心分离因素是多少？

第五章 工程酶（Ⅰ）——固定化酶

❋ **学习提要**

1. 理解固定化酶的含义及酶的固定化原理；
2. 掌握固定化酶的制备方法；
3. 掌握固定化酶的性质；
4. 了解固定化细胞、固定化原生质体的特点及应用。

第一节 概 述

一、工程酶的概念

酶的蛋白质属性，致使它对环境条件敏感，如遇高温、过酸或过碱会变性失活；游离酶只能使用一次，很不经济；酶催化反应的产物要与酶分离也十分不便，这些不足之处制约了酶制剂应用的发展。早在 20 世纪 50 年代，就有不少学者着手酶修饰的研究，将酶用某种不溶性物质固定化，以使其能反复多次使用；或作某种化学修饰，试图增强酶的稳定性，从而开了工程酶研制的先河。已知的天然酶还有另外的不足：一是其所催化的化学反应类型限于六大类，不能覆盖现在已知的化学反应类型；二是有许多酶在生物细胞中含量甚微，而人类需求量却很大；另外，酶催化的专一性太强，也说明其缺乏广谱性。因此，仅靠修饰现成的酶，还不能满足社会对酶催化剂的要求。基因工程问世后，英国剑桥大学学者 Alan Fersht（艾伦·费西特）在其所著《酶的结构和作用机制》（Enzyme Structure and Mechanism，1984）中首次采用工程酶（engineering enzymes）一词，来表达由基因工程技术制备的基因克隆酶和基因诱变酶，然而，直到近年来，这一术语才较多地见诸文献，且被赋予了更宽泛的内涵。可以将工程酶理解为，凡是应用某种技术操作，对天然酶进行性能优化和其他人为研制的生物催化剂的统称。它是现代酶工程技术实施的结果。

从技术手段来看，研制工程酶所应用的技术，已从单一物理的、化学的、物理化学的方法和技术发展到生物工程和化学工程相结合的阶段，并要借助于计算机来优选数据，进行辅助设计。张今在《分子酶学工程》一书中提出了工程酶分为蛋白质酶和非蛋白质酶两大类，蛋白质酶又包括化学修饰酶、蛋白质工程酶、进化酶、模块酶（modular enzyme）和杂合酶（hybrid enzyme）；非蛋白质酶包括模拟酶和核酶、脱氧核酶三类，而模拟酶又包括肽酶（pepzyme）、抗体酶、合成酶（synzyme）和印迹酶（imprinting enzyme）。本文按如下概括讨论：

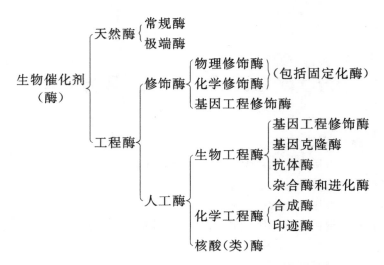

在这个分类中，工程酶可以简洁地定义为各种修饰酶和人工酶的总称。通常所说的固定化酶（immobilized enzyme），作为一个具有历史意义的工程酶，就按研制方法分别纳入物理修饰酶和化学修饰酶中了。习惯上人工酶和模拟酶这两个术语是被等同看待的，考虑到像杂合酶和进化酶并非是简单地模仿酶催化性能制备的酶，故取广义人工酶将它们列入其中。而合成酶则与原来所说的模拟酶意义相近。采用这种分类体系，也考虑到酶工程的历史和现实，因为第一届国际酶工程会议就把酶分为天然酶和修饰酶，现时有一些学者对修饰酶和人工酶也多作如上概括。从研制人工酶的技术手段看，合成酶、印迹酶主要采用化学合成方法；抗体酶最初可以说是化学方法和细胞工程（单克隆抗体技术）结合的产物，现在又常用蛋白质工程技术研制；杂合酶、进化酶则更多地要用蛋白质工程技术来实现目标。因而抗体酶、杂合酶和进化酶以及基因工程修饰酶，也可以统称为生物工程酶，并认为是费西特原来意义的工程酶的新发展。至于核酸（类）酶，现在认识的天然 Ribozyme 只有有限几种，DNAzyme 和大多数 Ribozyme 都是人工合成酶。实际上人工酶的制备技术也可用于修饰酶。这也可见现代科学技术边缘化发展总趋势之一斑。

二、固定化酶的含义

固定化酶是对天然酶进行人为技术操作，使其性能优化的最早的工程酶，同时也是当今已有较广实际应用的一类工程酶，故单列一章讲述。20 世纪 50 年代已开始酶的固定化（immobilization）研究，60 年代已积累了大量研究成果，1969 年千畑一郎首先将固定化酶用于工业生产，1971 年的第一届国际酶工程会议，将此前不同研究者采用的各种不同的名称，如"水不溶酶"、"固相酶"等，加以统一，称为固定化酶。而且把固定化酶的研制称为第二代酶工程。固定化酶，是指被束缚在一定空间，可以连续进行催化反应，并便于与底物和产物分离，能反复使用的酶制剂。从固定化酶的一些原始名称不难得知，固定化酶是用某种非水溶性物质把酶束缚起来，而具有水不溶的特性，因而改变了它的使用性能。

三、固定化酶的优缺点

1. 优点

（1）固定化酶可以多次使用，而且在多数情况下，酶的稳定性提高，因而单位酶催化的底物量大增，用酶量大减，亦即单位酶的生产力高。

（2）固定化酶极易与底物、产物分开，因而产物溶液中没有酶的残留，使产物提纯工艺简化，产品率提高，产品质量较好。

（3）固定化酶催化的反应条件易于控制，可以装柱连续反应，宜于自动化生产，节约劳动力，减少反应器占地面积。

（4）与溶液酶相比，固定化酶更适合于实现多酶反应。

（5）辅酶固定化和辅酶再生技术的应用，可使固定化酶和能量再生系统或氧化还原系统合并，从而扩大其应用范围。

2. 缺点

（1）固定化酶制备的成本一般较高，长时间使用过程中，酶活力总会不断下降，必须补充，因而增加了应用成本。

（2）固定化酶用于小分子底物较为适合；对于大分子底物，往往由于固定化带来的空间障碍，不易接触到酶，而要克服空间障碍，就必须在制备时采用适当的步骤，从而增加成本。

（3）目前固定化酶主要用于单一酶反应，多酶反应和需要辅因子的固定化，还缺乏成熟的技术。

固定化酶不仅有重要的实用价值，而且有其理论价值，例如，固定化酶的研究，有助于了解生物体中膜或凝胶类物质的微环境对酶功能的影响；利用固定化酶技术，可以分离某些难于解离的寡聚体酶的亚基，可以改变酶的某些酶学性质；固定化酶技术可以转化为亲和色谱技术等。

四、固定化酶研制的一般步骤

研制固定化酶的目的主要是为了实际应用，有时为了探索某种理论问题，也可借助于固定化技术开展工作。无论出于何种目的研制固定化酶，首先都必须充分了解所研究的酶的结构和性质，然后，根据固定化酶研制的目的要求和实际条件，选择适当的固定化方法，实施固定化操作。酶固定化之后，需要测定固定化酶的活力、固定化效率、酶活力回收率，研究它的最适反应条件、使用稳定性等，以评估所得固定化酶的实用价值。

第二节　固定化酶的制备

固定化酶的研究已有半个多世纪的历史，被研究过的酶不下 100 种。我国也对 30 多种酶进行过固定化研究，迄今业已创建了较为成熟的酶的固定化技术，并对林林总总的方法进行了不同分类。按其依据的基本原理，可以说，不外乎物理法和化学法两大类，但一般分为四大类：吸附法、包埋法、共价键结合法和热处理法（图 5-1）。

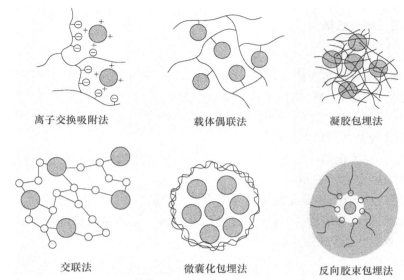

图 5-1　固定化酶常见的几种方法

一、吸附法

利用各种不同类型的吸附剂作为载体，将酶与之充分混合，酶即吸附于载体而被固定化。所谓载体一般是指难溶于水并具有化学惰性的固体物。吸附法从吸附原理上讲，又分为两类：一是物理吸附；二是离子交换吸附。

1. 物理吸附法

各种物理吸附法使用的载体，一般单位质量的表面积（比表面）大，存在巨大的表面剩余能，故能吸附其他物质，包括酶分子。也有的是以氢键、疏水相互作用等物理作用而吸附其他物质的。常用的载体有白陶土、氧化铝、活性炭、硅胶、多孔玻璃、碳酸钙、羟基磷灰石、金属氧化物（如氧化钛）等无机物；淀粉、纤维素、骨胶、白蛋白、甲壳素、大孔型合成树脂以及琼脂糖的 N-烷基化衍生物、葡聚糖的己基或丁基衍生物等有机载体。

物理吸附作用选择性不强，吸附力较弱，无机吸附剂所制备的固定化酶较容易从吸附剂上脱落；某些新型的有机载体，如 N-烷基化琼脂糖对脲酶、乳酸脱氢酶、碱性磷酸酯酶等一些等电点在酸性范围内的酶，有很强的吸附作用，即使用 $1 \, \text{mol} \cdot \text{L}^{-1}$ NaOH 也难以洗脱下来。无机载体吸附容量较小，每 1 g 载体吸附的酶蛋白常少于 1 mg，少数可达 17 mg；国产微孔玻璃载体吸附葡萄糖淀粉酶，曾经制得酶蛋白量高达 4%～8% 的固定化酶制剂，是一种优良的载体。有机载体吸附容量大一些，一般可达数十毫克，例如，每平方厘米火棉胶膜可吸附木瓜蛋白酶、碱性磷酸酯酶等 50 mg 之多。物理吸附法在制备固定化酶时，无机吸附剂常会引起酶活力的一定损失，但一般损失较小。

2. 离子交换吸附法

离子交换吸附是一种电性吸附，即以离子交换剂为载体，吸附带相反电荷的酶，其原理在第四章已经叙述。常用的离子交换剂有 DEAE-纤维素、DEAE-葡聚糖、TEAE-纤维素和 Amberlite IRA-93、IRA-410、CM-纤维素，以及 Amberlite CG-50、IR-120，等等。DEAE-纤维素固定化蔗糖酶和 α-淀粉酶已投入商品化生产。

1969 年,日本田边制药公司将从米曲霉中提取分离得到的氨基酰化酶,用 DEAE-葡聚糖凝胶为载体通过离子交换吸附法制成固定化酶,将 *L*-乙酰氨基酸水解生成 *L*-氨基酸,用来拆分 *DL*-乙酰氨基酸,连续生产 *L*-氨基酸,剩余的 *D*-乙酰氨基酸经过消旋化,生成 *DL*-乙酰氨基酸,再进行拆分,生产成本仅为用游离酶生产成本的 60% 左右。这是世界上第一种工业化生产的固定化酶。

$$\begin{array}{c} \text{HNOOCCH}_3 \\ | \\ \text{RCHCOOH} \\ (L\text{-乙酰氨基酸}) \end{array} + \text{H}_2\text{O} \xrightarrow{\text{氨基酰化酶}} \begin{array}{c} \text{NH}_2 \\ | \\ \text{RCHCOOH} \\ (L\text{-氨基酸}) \end{array} + \begin{array}{c} \text{CH}_3\text{COOH} \\ \\ (\text{乙酸}) \end{array}$$

离子交换法制备的固定化酶,酶的吸附较物理吸附法强一些,但仍易于从载体上脱落,使用时要特别注意底物液的离子强度和 pH,切勿使其成了酶的洗脱剂。

二、包埋法

包埋法是将酶包埋在载体之中使之固定化的方法,因载体不同又分为两类,即凝胶包埋法和微囊化包埋法。

1. 凝胶包埋法

凝胶包埋法又称格子包埋法,是把酶或细胞与能形成凝胶的载体溶胶或溶液混合,在溶胶凝聚或聚合时,酶或细胞即被包藏于凝胶网眼(格子)之中的固定化酶制备方法。常用的载体有:琼脂、琼脂糖、海藻酸、角叉菜胶、明胶、大豆蛋白、淀粉等天然材料,将其溶于水,加入酶混匀,冷凝而成;聚丙烯酰胺、聚乙烯醇、光敏树脂等高分子聚合物凝胶,是由各自的单体或预聚合物合成。合成时加入酶混匀,成胶后,酶即被固定化。凝胶包埋酶的包埋容量约为每克凝胶包埋 50 mg～60 mg。

海藻酸钙包埋法是一种使用最广、研究最多的包埋固定化方法,它具有固化、成型方便等优点。在海藻酸钠溶液中加入酶液,混合均匀,再加入一定浓度的钙盐溶液后即形成凝胶(图 5-2),但当存在高浓度的 Mg^{2+}、磷酸盐以及其他单价金属离子时,形成的海藻酸钙凝胶的结构会受到破坏。此外,由于海藻酸钙凝胶网络的孔隙尺寸太大,酶可能会从孔隙中泄露出来,因而不适合大多数酶的固定化。

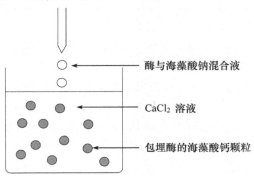

酶与海藻酸钠混合液

CaCl₂ 溶液

包埋酶的海藻酸钙颗粒

图 5-2　海藻酸钙包埋法

角叉菜也是一种海藻,由其中提取的凝胶性多糖,称为角叉菜胶或卡拉胶,用于包埋酶的方法是:将一定量的卡拉胶在 40 ℃～60 ℃的生理盐水中溶解,制成大约 5%～8% 的溶胶,再将少量的酶溶液(按每 1 g 胶包埋 50 mg～60 mg 酶估算)与溶胶混合,搅匀,冷却凝聚后，浸泡于 $0.3\ mol \cdot L^{-1}$ KCl 溶液中硬化，切成适当大小的凝胶块即成。

琼脂凝胶包埋法是利用熔化的琼脂在温度低于 50 ℃时凝固的特性来包埋酶。具体操作时将琼脂在高温下溶于缓冲液，冷却至 50 ℃后与一定量的酶混合，然后冷却凝固或滴入非水相溶液中，从而制成固定化酶。其特点是包埋活性较高，制作较容易；缺点是氧和底物及产物的扩散受到限制，琼脂凝胶的机械强度较差，且成球受温度影响较大。

聚丙烯酰胺凝胶（PAG）包埋酶，是在聚丙烯酰胺（单体）溶液中加入酶溶液后，再加甲叉双聚丙烯酰胺（交联剂，双体）混匀，然后加催化剂聚合而成。常用的催化剂是二甲基氨基丙腈和过硫酸钾催化系统，用量以控制在室温下 10 min 内聚合为宜，聚合时间太久，酶活力损失较大。对细胞包埋，尤其要注意这一点。PAG 的包埋容量以每 1 g 单体计算，包埋酶在 10 mg～100 mg，包埋细胞，如大肠杆菌湿菌，可达 20% 之多。凝胶在单体浓度 10%～15%，双体浓度 5%～7% 的条件下，理论计算表明，所形成的凝胶网眼的孔径约在 1.5 nm～2.5 nm，小于酶分子直径，这样包埋酶可防止其泄漏，但是对大分子底物的扩散限制也大。

凝胶包埋酶使用时，比吸附固定化酶稳定，但凝胶不耐搅拌或高流速操作。

2. 微囊化包埋法

微囊化包埋法一般是利用能制作超滤膜的材料，如醋酸纤维素、硝酸纤维素、聚苯乙烯、氯橡胶以及能聚合成聚脲或聚合成尼龙膜的原料等，在形成膜的过程中将酶溶液包裹于半透性微囊之中。常用的方法有界面聚合法、界面凝聚法、液体干燥法。这三种方法是利用高分子化合物或其单体制成的固态微囊，严格地说，有的方法已涉及聚合反应，应当属于化学法，做起来比较麻烦。此外，还有红细胞包埋法和液膜法或脂质体法等。红细胞包埋法，是把红细胞置于含目的酶的高渗溶液中使红细胞失水皱缩，漏出内容物，而酶扩散进去，然后在等渗溶液中回复球状而成，即是利用红细胞膜囊括了待固定酶；液膜法是按脂质双层膜原理，用磷脂、胆甾醇等溶于有机溶剂，加入酶的水溶液所制备的液体膜微囊，被称为脂质体（liposome）。此液膜具有细胞膜的特点，底物和产物进出囊膜不受膜孔大小限制，而与其在膜组分中的溶解性有关，相溶者易进出。由此可见微囊的大小尺寸和红细胞相当，液膜厚度约 25 nm；固态微囊膜的厚度约 100 nm，膜孔直径约 3.6 nm。

近年来非水介质中的酶反应受到关注，一些研究工作者将酶吸附于疏水性多孔载体，制备了适用于非水介质反应的固定化酶。更为引人注目的是反向胶束微囊化包埋酶，制作方法很简单，只要把酶的水溶液和非极性的有机溶剂、离子型表面活性剂按一定比例混合后，经过简单的振荡，就可以形成"油包水"的微囊包埋酶。"油"即是非极性有机溶剂的一个形象化的说法，即与水互不相溶之意。表面活性剂分子的结构特点是其具有极性的头和非极性的尾，当其在以非极性有机溶剂为主又有酶的水溶液存在的条件下，根据相似相溶的原理，尾部指向有机溶剂，头部指向酶溶液（水），这样一来，就形成了与日常使用去污剂去污时的"水包油"相反的结构，微囊的尺寸在胶体范围（直径>$100\ \mu m$）之内，故称反向胶束。

三、共价键结合法

在酶的固定化过程中，酶与载体之间或酶与交联剂之间发生共价结合反应的，称为共价键结合法，也有两类——载体偶联法和交联法。

1. 载体偶联固定化法

载体偶联固定化酶的制备，是一类相当成熟的固定化酶制备的技术，可以认为是酶分子的大分子修饰法的特例。常用的载体有纤维素、琼脂糖、葡聚糖、壳聚糖、氨基酸共聚物、甲基丙烯酸共聚物、聚乙二醇、聚丙烯酰胺衍生物、聚丙烯酸、肽聚糖、肝素等。综观各种不同类型的载体或大分子修饰剂，它们都是化学惰性的物质，大多是一些多羟基或多羧基或多氨基的物质。而所谓载体偶联，就是载体和酶分子之间的共价结合，这种结合必须有化学性质活泼的反应基团才能发生反应。于是，在偶联之前，必须先将惰性的基团活化为反应性强的活泼基团，但酶的侧链功能基团也是氨基、羧基等，那么是否可以活化呢？由于活化是经过某种共价反应的结果，酶是经受不起这样的"折腾"的，所以活化是在载体分子上进行的。由此，载体偶联法制备固定化酶，或是大分子修饰酶，可以用下列反应模式表示：

$$载体 \xrightarrow{活化反应} 活化载体 \xrightarrow[酶]{偶联反应} 载体—酶（固定化酶或修饰酶）$$

由这个反应模式可以看出，载体的活化往往是经过多步反应才能完成的。载体种类多，活化方法也很多，活化的结果是引进了反应性强的基团，如重氮基（$-N_2^+$）、叠氮基（$-N_3$）、亚胺基（$=NH$）、醛基（$-CHO$）、卤化芳烃基、芳香烃氨基（ ⬡$-NH_2$ ）等。而一种活化载体与酶偶联反应产物往往不止一种。下面就载体活化和偶联反应分别略举数例说明。

（1）载体活化反应（反应式中用竖线表示载体）

【例1】　溴化氰法活化载体羟基为亚胺碳酸基的反应：

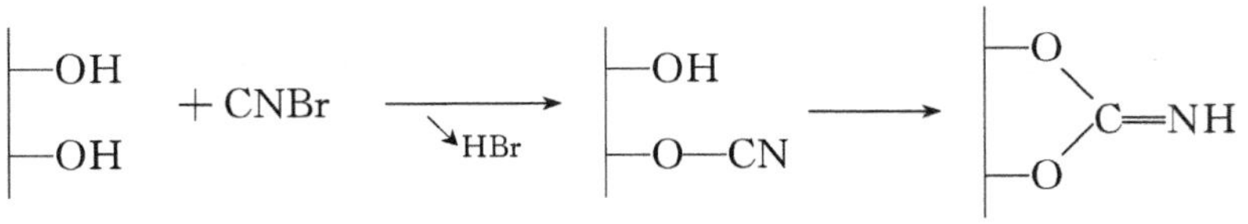

【例2】　均三嗪法活化载体羟基为二氯三嗪基的反应：

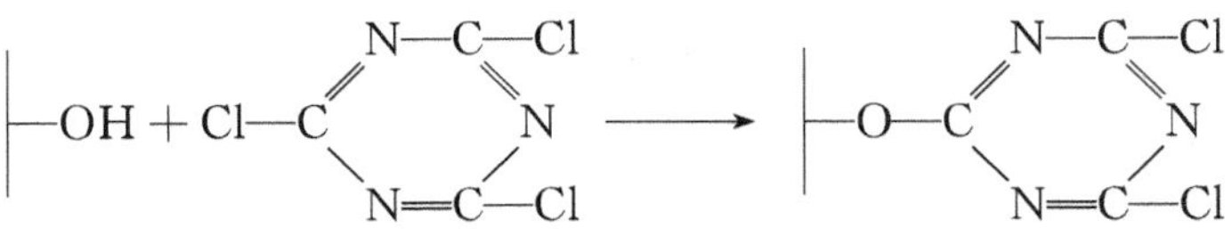

【例3】　重氮化法活化载体羟基、芳香氨基为重氮盐的反应：

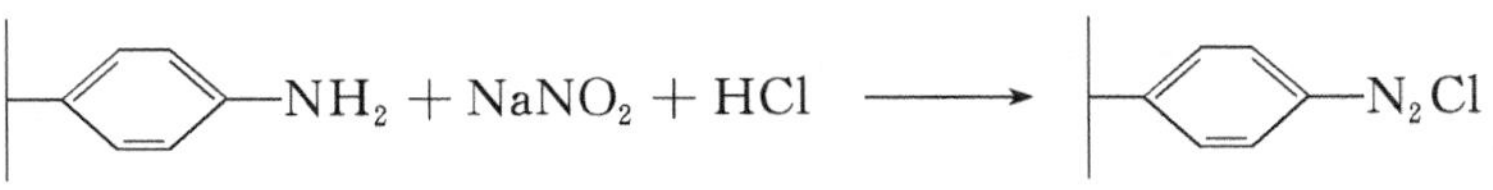

我国生物化学家邹承鲁曾首创用一种含芳氨基的染料前体，将多羟基载体醚化，再重氮化的方法。重氮化法可用于多孔玻璃（硅酸盐）的多羟基的多步骤活化。氨基酸共聚物、由聚氨基苯乙烯等含芳香氨基原料合成的苯乙酰树脂、聚丙烯酰胺的芳香氨基衍生物（商品名 Enzacryl，AA）等，都可用此法活化。

【例4】　酰氯化法活化载体羧基为酰氯的反应：

$$|—COOH + SOCl_2 \longrightarrow |—COCl + SO_2 + HCl$$

【例5】 叠氮化法活化载体羧基为叠氮的反应：

$$\vdash O-CH_2COOH + CH_3OH + HCl \longrightarrow \vdash OCH_2COOCH_3 \xrightarrow{H_2N-NH_2}$$

$$\vdash OCH_2CONH-NH_2 \xrightarrow{NaNO_2 + HCl} \vdash OCH_2CON_3$$

（2）酶与活化载体的偶联反应

【例1】 叠氮化载体与酶的偶联反应：

A. 与酶的氨基反应（肽键形成反应）（E 表示酶，下同）：

$$\vdash OCH_2CON_3 + H_2N-E \longrightarrow \vdash OCH_2CONH-E$$

B. 与酶的羟基反应（酯键形成反应）：

$$\vdash OCH_2CON_3 + HO-E \longrightarrow \vdash OCH_2COO-E$$

C. 与酶的巯基反应（硫酯键形成反应）：

$$\vdash OCH_2CON_3 + HS-E \longrightarrow \vdash OCH_2COS-E$$

【例2】 重氮化载体与酶的偶联反应：

A. 与酶的酚基反应：

B. 与酶的咪唑基反应：

【例3】 芳烃基化载体与酶的反应（以 Z 表示二氯均三嗪基）：

A. 与酶的氨基反应：

$$\vdash O-Z + H_2N-E \longrightarrow \vdash O-Z-HN-E$$

B. 与酶的羟基或巯基反应：

$$\vdash O-Z + HO(\text{或 } HS)-E \longrightarrow \vdash O-Z-O-E(\text{或} \vdash O-Z-S-E)$$

【例4】 酰氯化载体与酶的氨基反应：

$$\vdash COCl + H_2N-E \longrightarrow \vdash CO-NH-E$$

【例5】 亚胺碳酸基化载体与酶氨基的偶联反应（以异脲型化合物为主要生成物）：

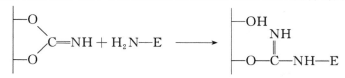

　　载体偶联反应一般比较激烈，酶活力有损失，因此，必须严格控制反应条件，并采取适当的保护酶活性中心的措施，例如，加酶的底物或竞争性抑制剂等。还要控制偶联容量，不可太高，否则，载体上的酶密度过高，反而会降低单位载体的酶活力。载体偶联酶的突出优点是酶不会在使用过程中脱落、流失。鉴于载体活化的麻烦，已有商家看准了这一商机，推出了某些常用的活化载体的商品。例如，商品溴化氰活化的琼脂糖凝胶 4B，可以快速地与酶的氨基偶联；含有六碳（C_6）链连接的活化氨基琼脂糖 4B，可与酶的羧基偶联，等等，应用起来很方便。

　　2. 酶的交联固定化法

　　利用双功能或多功能试剂，在酶分子之间，或是酶分子与某些惰性蛋白质之间，或是在酶分子内基团之间，发生共价反应，从而形成较大的颗粒，提高酶的使用稳定性，此即酶的交联固定化（或修饰）法。如果对不同的酶分子进行交联，还可以得到杂合酶。若是对酶晶体进行交联，则可得到交联酶晶体（cross-linked enzyme crystals，CLEC）。

　　所谓双功能或多功能试剂，就是分子结构中具有两个或多个反应活泼基团的试剂。功能基团相同的称为同型试剂，如戊二醛、二重氮联苯胺-2,2′-二磺酸、4,4′-二氯-3,3′-二硝基二苯砜等。功能基团不同的，称为杂型试剂，如 1,5-二氟-2,4-二硝基苯、三氟-O-吖嗪、甲苯-2-异氰酸-4-异硫氰酸等。最常用的交联试剂是戊二醛，分子两端各有一个活泼的醛基，分子的碳链较短，交联反应后不能增加交联产物的极性，因而某些情况下，需要选用其他试剂。戊二醛的醛基可与蛋白质的氨基反应，形成席夫氏碱，而使酶分子发生交联反应：

$$m\ OCH—(CH_2)_3CHO + n\ E—NH_2 \longrightarrow \cdots CH=N—E—N=CH(CH_2)_3—CH_2—N—E\cdots$$

（交联结构图）

　　交联反应剧烈，酶活性损失较大；如果不是与载体交联，所得交联酶颗粒仍不大，使用过程中易流失，因而作为固定化酶制备技术，通常与包埋法、吸附法等结合应用，即把交联酶再包埋或吸附。载体与酶分子交联，也可以看做偶联法和交联法的一种联合应用。热处理固定化酶在实际操作中，也有加戊二醛与壳聚糖、聚二烯亚胺载体进行交联的。将尼龙布适度水解后，作为载体，加酶，用戊二醛交联，可制成固定化酶布。

　　四、热处理法

　　某些耐热性较好的酶，在其发酵生产结束后，分离浓缩菌体，在一定温度下加热一定时间,使菌体内的自溶酶系失活,细胞结构固化,目的酶也就被固定化了。此法简单,不需要另外的载体,也无须分离制取酶。美国生产乔木黄杆菌葡萄糖异构酶的固定化酶,70 ℃热处理 15 min,由 38 吨发酵罐,一次可制得酶活力 160 U·g^{-1} 的固定化酶 1 000 kg,用于葡萄糖异构化生产果葡糖浆。

臭味单胞菌在含硫酸铵的培养基中培养生成耐热性脂肪酶,将菌体在 pH 4.5～5.4 的条件下,于 70 ℃加热处理,所得到的固定化脂肪酶可用于连续水解三酰基乙酯。

综上所述,可将不同方法制备的固定化酶综合比较列入表 5-1。

表 5-1 不同方法制备的固定化酶的比较

内容	吸附法		包埋法		共价键结合法		无载体固定化法
	物理吸附	离子交换吸附	凝胶包埋	微囊化	交联	载体偶联	热处理
原理	表面能作用	电荷吸引	网络包被	膜包被	交联剂桥联	共价键合	细胞结构固定化
制备难易	简单	简单	较易	较难	较易	难	较易
固定化强弱	弱	中等	较强	较强	强	强	较强
酶活力损失	极少	很少	少	少	大	大	较少
费用	低	较低	中等	较高	较低	高	较低
操作稳定性	易流失	较易流失	抗剪切力弱	（同左）	较易流失	稳定	较稳定
适用性	酶廉价;酶和细胞	广泛	不宜大分子底物;细胞	医药用酶	较广	工业用酶;细胞不宜	耐热的胞内酶

第三节 固定化酶的性质

讨论固定化酶的性质,实际上是讨论酶在固定化前后的性质变化:一是固定化带来的酶本身的变化,二是载体或交联剂带来的影响。核心的问题是酶固定化之后的催化活性和稳定性的变化。

一、固定化酶的基本评估指标

1. 固定化酶的活力

固定化酶的活力测定方法,基本上与溶液酶活力测定一样,取样法较简单,把固定化酶悬浮于恒温的介质中,在能使反应速度达到某一稳定水平的搅拌或振荡速度下,与底物反应,间隔一定时间取样,终止酶反应,过滤后按常规方法进行测定,计算酶活力。连续法是把固定化酶装入具有恒温夹套的柱床中,用底物液流过柱床,收集流出液,进行测定。

固定化酶的活力,也是以反应初速度的测定表示的,通常用每 1 mg 干固定化酶每分钟转化 1 μmol 底物为产物的酶量为 1 个活力单位,即用 μmol·min^{-1}·mg^{-1} 表示。对于固定化酶膜、酶管、酶板等,也常用单位面积(cm^2)替换质量(mg)表示。实际工作中,有时直接测定湿固定化酶的活力,就用每克或每毫升湿酶表示。这类似于游离酶的比活力表示法。

由于固定化酶制备过程中酶活力往往会有所损失,不同的制备方法损失程度差别很大,所以,为了比较制备的效果,必须测定计算固定化效率和酶活力回收率。

2. 酶的固定化效率

将一定量的酶,在固定化之前,测定其总蛋白(P_T)和总活力(U_T),经过固定化处理后,分离出固定化酶,并用适当的缓冲液洗涤固定化酶,收集洗出液与固定化处理时的液体合并,测定其蛋白(P_N)和活力(U_N),即是未被固定化的酶量,称为残留酶蛋白和残留酶活力。固定化前的酶蛋白(或酶活力)与残留液中的酶量之差,可视为被固定化的酶量。其值与固定化之前的酶量之百分比,即是酶的固定化效率(e_{im}):

$$e_{im} = \frac{P_T - P_N}{P_T} \times 100\% \tag{5-1}$$

或是:

$$e_{im} = \frac{U_T - U_N}{U_T} \times 100\% \tag{5-2}$$

根据不同的固定化方法,可以采用由蛋白质计算,也可以由酶活力计算固定化效率。一般而言,由于固定化过程中酶活力或多或少有所损失,故多用式(5-1)计算。

3. 固定化酶的活力回收率和相对活力

固定化酶的活力回收率(F_{im}),是指直接测定的固定化酶的活力(U_{im})占固定化之前的活力的百分比。即:

$$F_{im} = \frac{U_{im}}{U_T} \times 100\% \tag{5-3}$$

值得注意的是,U_T 在实际固定化过程中,有一部分是残留在处理液和洗涤液中,并未与载体结合,即残留酶活力(U_N),因此,$U_T - U_N$ 才是与载体结合的酶活力,由此计算的活力回收率,通常称为相对活力,用 F'_{im} 表示,则有:

$$F'_{im} = \frac{U_{im}}{U_T - U_N} \times 100\% \tag{5-4}$$

4. 固定化酶的半衰期

固定化酶的半衰期,是指固定化酶在连续催化反应操作过程中,酶活力下降为最初活力一半所经历的连续工作时间,以 $t_{\frac{1}{2}}$ 表示。半衰期是评估固定化酶稳定性的指标。可以在长时间操作中间歇抽样测定酶活力,也可以通过较短时间操作进行推算。设原有酶浓度(酶活力)为 E_0,反应至 t 时的酶浓度(酶活力)为 E,则半衰期 $t_{\frac{1}{2}}$ 由下式计算:

$$t_{\frac{1}{2}} = \frac{0.693}{K_D} = \frac{0.693}{-\frac{2.303}{t}\lg\frac{E}{E_0}} = \frac{0.693}{\frac{2.303}{t}\lg\frac{E_0}{E}} \tag{5-5}$$

注意,式中 K_D 称为衰减常数,而 E/E_0 即是 t 时的酶活力残留分数。

二、固定化对酶反应性能的影响

酶固定化以后,反应性能常会发生变化。虽然固定化酶的最适反应温度一般与溶液酶相差不大,但有一些酶采用不同的方法固定化以后,最适反应温度可比溶液酶高出10℃,甚至更多;有的则会下降几度;最适反应 pH 往往会发生偏移;催化相对分子质量小的底物的特异性一般无明显变化，但对大分子底物的催化活性可能显著下降。引起这些变化的原因通常归结为以下几个方面。

1. 酶分子构象改变

酶在固定化过程中，可能发生分子扭曲，致使酶的活性部位或调节部位的构象变化，酶难与底物契合，从而使活性也有所改变（图 5-3）。实践证明，离子交换吸附法和共价键结合法制备的固定化酶，特别是共价键结合法，往往会改变酶分子的总电荷，产生这种效应，使酶活力下降。

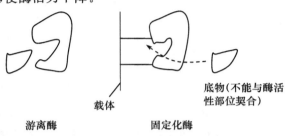
载体
底物（不能与酶活性部位契合）
游离酶　　　　　　固定化酶

图 5-3　酶分子构象变化示意图

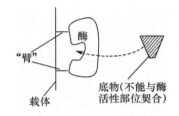
酶
"臂"
载体
底物（不能与酶活性部位契合）

图 5-4　固定化酶的立体障碍示意

2. 立体障碍

酶在固定化后，由于载体的亲水性或疏水性，或是凝胶网络孔径大小等因素的影响，造成某种空间障碍，致使底物或其他效应物难以与酶接触（图 5-4），从而使固定化酶活力下降。这种效应，对于吸附法、交联法制备的固定化酶一般影响不大；包埋法则要注意控制凝胶的孔径；载体偶联法选用纤维素类载体，或在载体活化反应时采用较长碳链的活化剂，使载体反应基团有较长的"臂"，可以改善其不利的影响。

上述两种效应，还可能导致对酶的专一性发生某种影响，例如，对催化大分子底物的酶（蛋白酶、淀粉酶等），若固定化方法、载体选择不当，将造成明显的障碍。有实验证明，用纤维素载体固定化的 α-淀粉酶、β-淀粉酶或 γ-淀粉酶，由于 α-淀粉酶是作用于淀粉链内的糖苷键，而后两者是作用于淀粉链的非还原末端的糖苷键，因而 α-淀粉酶所受的空间障碍远大于后两者，相对活力只有后两者的 1/3。

3. 微环境的影响

固定化酶在反应体系中的微环境是指紧临固定化酶的狭小区域。微环境的影响有两层意思，一是指由于固定化酶载体的亲水或疏水性、电荷性质，以及反应介质的介电常数等微观特性，带来的直接或间接地影响酶催化效率或酶对效应物作出反应的能力，这种效应称为微扰（perturbation）；另一层意思，是指固定化酶颗粒表面薄薄的几乎不动的水化层，与反应介质（自由溶液）的宏观体系（图 5-5）之间的差别，对酶促反应所造成的影响。

4. 分配效应和扩散限制

由于固定化酶的载体性质的影响，造成固定化酶反应系统的底物和其他效应物（抑制剂、激活剂等）在微环境和宏观体系之间的不等性分配（即浓度差异），

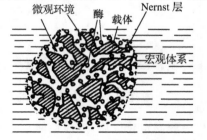
微观环境
酶
载体
Nernst 层
宏观体系

图 5-5　固定化酶颗粒的微观环境和宏观体系

从而影响酶促反应速度。这种影响称为分配效应（图 5-5）。浓度差是引起扩散作用的推动力，而底物、产物和其他效应物在微环境和宏观体系中的迁移速度的差异，称为扩散限制；扩散限制分为内扩散限制和外扩散限制两种。

物质从宏观体系穿过包围在固定化酶颗粒表面周围几乎停滞的液膜层（称为 Nernst 层）时所受到的限制作用，称为外扩散限制；物质穿过 Nernst 层后进一步向颗粒内部的酶分子所处的位点扩散时所受到的限制，称为内扩散限制。

分配效应和扩散限制都是由固定化酶催化反应体系的微观环境引起的，两者是相互联系的。正是由于固定化酶颗粒表面水化形成了 Nernst 层，此层水的性质和"外部"溶液水不同，因而物质在两者之间的溶解度不同，导致不等性分配。又由于固定化酶颗粒的载体和酶的电荷存在，形成一定电位，才有 Nernst 层这个术语，这是造成扩散速度差别的重要原因，也是扩散限制内外有别的重要原因。而扩散速度的差别，又必然表现出一定距离范围内的浓度梯度，这即是分配效应。

目前对于上述诸影响因素的理论分析，前三者还限于定性讨论，对分配效应和扩散限制的影响已有较深入的集中在动力学方面的数学分析。可以认为，固定化酶动力学在很大程度上取决于扩散速度。

三、固定化酶动力学性质

固定化酶的动力学在一些酶工程和酶学专著中有较详尽的讨论，实际上是在米—孟氏方程的框架下，讨论分配效应和扩散限制对动力学参数的影响。这里不拟引述繁复的数学推导，仅就其所得出的主要结论作简要介绍。

1. 分配效应对固定化酶动力学性态的影响

固定化酶催化反应速度，通常仍用米—孟氏方程表述：

$$-v_{\text{s}} = \frac{V'_{\max}[\text{S}_{\text{i}}]}{K'_{\text{m}} + [\text{S}_{\text{i}}]} \tag{5-6}$$

式中 $-v_{\text{s}}$ 是以底物浓度降低表示的反应速度；

K'_{m} 和 $V'_{\max}$ 分别为固定化酶的米氏常数和最大反应速度（在右角上加"′"以示和溶液酶区别）；$[\text{S}_{\text{i}}]$ 为固定化酶反应系统微环境中的底物浓度，或简称载体内部底物浓度。由于 $[\text{S}_{\text{i}}]$ 实测困难，实验中通常只能测定宏观体系中的底物浓度 $[\text{S}]$，由此测得的反应速度，称为总反应速度或表观反应速度。为了讨论分配效应的影响，假定酶在载体表面或多孔体内部均匀分布，整个反应系统充分搅拌，混合均匀，排除了扩散限制的影响，只考虑分配效应的影响。由于分配效应是反应系统的物质在微观环境和宏观体系间的不等性分配，故通常引入分配系数 K_{P} 来描述，定义为：

$$K_{\text{P}} = \frac{[\text{S}_{\text{i}}]}{[\text{S}]} \tag{5-7}$$

代入式（5-6），得：

$$-v_{\text{s}} = \frac{V'_{\max} K_{\text{P}}[\text{S}]}{K'_{\text{m}} + K_{\text{P}}[\text{S}]} = \frac{V'_{\max}[\text{S}]}{K'_{\text{m}}/K_{\text{P}} + [\text{S}]} \tag{5-8}$$

令 $K'_{\text{m}}/K_{\text{P}} = K'^{\text{app}}_{\text{m}}$（称为固定化酶的表观米氏常数），则：

$$-v_s = \frac{V'_{\max}[S]}{K'^{app}_m + [S]} \tag{5-9}$$

可见,固定化酶的分配效应是改变了米氏常数,具有竞争性抑制的性质。因为表观米氏常数受分配系数影响,而分配系数 $K_P = [S_i]/[S]$,这就可能出现下列各种情况:

（1）载体、底物和其他效应物都不带电荷

在这种情况下,一般是 $[S_i] = [S]$, $K_P = 1$, $K'^{app}_m = K'_m$,但这种情况极少。

（2）载体、底物等带电荷

当载体与底物等溶质电荷相同时, $[S_i] < [S]$, $K_P < 1$, $K'^{app}_m > K'_m$,也就是说,酶和底物的亲和力下降,反应速度下降。定性地讲,底物与载体带同种电荷,则相斥,底物不易进入载体内,故 $[S_i] < [S]$,酶与底物接触几率减少,表观米氏常数增大;如果载体与底物等溶质所带电荷相反,则载体与底物相吸, $[S_i] > [S]$, $K_P > 1$, $K'^{app}_m < K'_m$,酶与底物的亲和力增强。由表 5-2 的实例可见一斑。

表 5-2　固定化酶载体与底物的电荷性质对固定化酶表观米氏常数的影响

酶	载　体	载体电荷	底　物	底物电荷	$K_m(\text{mol} \cdot \text{L}^{-1})$	$K'_m(\text{mol} \cdot \text{L}^{-1})$
木瓜蛋白酶	0		BAEE*	正	1.9×10^{-2}	
固定化木瓜蛋白酶	Phe-Leu 共聚物	正	BAEE	正		1.9×10^{-2}
青霉素酰化酶	0		青霉素 G	负	7.7×10^{-3}	
固定化青霉素酰化酶	DEAE-纤维素	正	青霉素 G	负		2.1×10^{-3}
肌酸激酶	0		腺三磷(ATP)	负	6.5×10^{-4}	
固定化肌酸激酶	对-氨基苯纤维素	0	腺三磷	负		8.0×10^{-4}
固定化肌酸激酶	羧甲基纤维素	负	腺三磷	负		7.0×10^{-3}

* BAEE＝苯甲酰精氨酸乙酯

这种原理对其他效应物(抑制剂、激活剂、离子强度、H^+ 浓度等)也适用。

（3）固定化酶的活力—pH 曲线和最适 pH 偏移

若载体带负电荷(与氢离子电荷相反),则 $[H_i^+] > [H^+]$;反之,载体带正电荷,则载体内的氢离子浓度($[H_i^+]$)低于宏观体系的浓度($[H^+]$)。由于实际测定的固定化酶的最适反应 pH,是反应总体的 pH,因而当载体带负电荷时,载体表面吸附 H^+,外部溶液的 H^+ 浓度降低,酶活力—pH 曲线将会向碱性方向偏移,换言之,固定化酶的最适反应 pH 发生"碱移",如图 5-6 所示;当载体带正电荷时,则向酸性方向偏移,即最适反应 pH"酸移"。

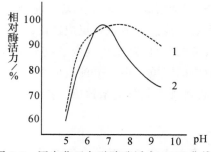

图 5-6　固定化天冬酰胺酶活力—pH 曲线
1. 固定化酶;2. 游离酶

例如,ATP 酶用羧甲基纤维素(带负电荷)固定化后,最适反应 pH 由游离酶的 7.2 升至 8.1;用 DEAE-纤维素(带正电荷)固定化的青霉素酰化酶,最适反应 pH 则由原来的 8.1 降至 7.6,DEAE-纤维素固定化蔗糖转化酶,最适反应 pH 由 5.4 酸移至 3.4,用不带电荷的单宁固定化同一酶,最适反应 pH 不变。

根据同一原理,分配效应亦会使可离解基团的 pK_a 发生偏移。介质的离子强度对分配效应引起的这类偏移有制约作用,一般来说,离子强度越高,分配效应的这类影响将会越弱。

(4) 疏水相互作用引起的分配效应

有实验证明,改变固定化酶载体的疏水成分和亲水成分的比例,将会引起固定化酶表观米氏常数的明显改变,疏水性载体使作用于疏水性底物的固定化酶的 K_m' 值变小,这在非水介质中酶的催化反应方面已得到应用。但是,目前对疏水相互作用所致分配效应的讨论还停留于定性说明,不能定量描述。

2. 扩散限制对固定化酶反应动力学性态的影响

扩散限制的动力学分析相当繁复,通常引入有效系数 η 定量描述这种影响程度,即:

$$\eta = \frac{v'}{v} \tag{5-10}$$

式中:v' 为固定化酶的实效反应速度;v 为预期的理论反应速度。

固定化酶的有效系数 η 值一般小于 1,固定化细胞因为包埋载体有较大的孔径,减弱了内扩散限制,细胞在固定化过程中往往使细胞壁的透性增大,还可能有生长细胞的增殖等。因而,η 值可大于 1。实验测定 η 值,是在一定实验条件下,先测定一定粒度的固定化酶的反应速度,为 v',再将固定化酶粉碎至极微小,测定反应速度,视为理论速度 v,则由两者之比即得 η。在后续实验中,就由 η 和 v' 求 v。η 值实际上反映了固定化酶反应系统中分配效应和扩散限制对实效反应速度的影响程度。

固定化酶的理论反应速度 v 服从米—孟氏方程:

$$v = \frac{V_{max}'[S]}{K_m' + [S]} \tag{5-11}$$

因而:

$$v' = \eta v = \eta \frac{V_{max}'[S]}{K_m' + [S]} \tag{5-12}$$

(1) 外扩散限制的影响

外扩散限制和内扩散限制的影响有所不同,在不考虑内扩散的假定条件下,即酶固定在不可渗透的固体膜表面,这样酶促反应过程就只包括三个环节:底物从宏观环境移向固定化酶膜表面,底物被酶转化为产物,产物从酶膜表面移向宏观环境。底物和产物的传递(传质),依赖于浓度差推动,其速度与浓度差的大小成正比。下面以底物浓度为例论证酶促反应的实效速度由酶催化反应动力学决定,实际是由膜表面的底物浓度 $[S_i]$ 决定:

$$v' = \frac{V_{max}'[S_i]}{K_m' + [S_i]} \tag{5-13}$$

而 $[S_i]$ 又取决于宏观环境中的底物浓度 $[S_0]$ 与它的浓度差 $([S_0] - [S_i])$,这就把传质速度与动力学速度联系起来了。在极端情况下,若浓度差很大 $([S_0] \gg [S_i])$,传质速度很快,酶反应动力学速度很慢,则实效反应速度主要由动力学速度来决定,v' 与 $[S_0]$ 近似地呈双曲线相关:

$$v' \approx \frac{V'_{\max}[S_0]}{K'_m + [S_0]} \tag{5-14}$$

反之,若酶反应速度很快,而传质速度慢,则实效反应速度主要受传质速度限制,v'与$[S_0]$呈直线相关:

$$v' = k_L[S_0] \tag{5-15}$$

式中:k_L 为底物或产物的液相传质系数(单位:$\min^{-1}$)。

当两者相等时,反应体系处于恒态:

$$v' = k_L([S_0] - [S_i]) = \frac{V'_{\max}[S_i]}{K'_m + [S_i]} \tag{5-16}$$

外扩散限制的数学分析表明,用动力学速度与扩散速度之比$[\mu = (V'_{\max}/K'_m) \cdot 1/k_L]$表示底物模量,可以得出,$k_L$越大,Nernst 层厚度越小,则 μ 越小;μ 越小,说明外扩散限制的影响越小,当 $\mu \leqslant 0.1$ 时,外扩散可以忽略不计;μ 越大,外扩散的影响越大;外扩散限制实效反应速度方程表明,这种限制可以看做是一种抑制效应,即外扩散抑制,当 $\mu > 0.1$ 时,外扩散限制的影响逐步增大,$\mu \geqslant 50$ 时,其影响将超过同时存在的化学抑制剂的影响。外扩散限制的影响通常可以通过对反应系统的搅拌、混合而减弱或消除。

(2)内扩散限制的影响

内扩散限制发生于固定化酶颗粒内部,与外扩散限制不同,内扩散限制情况下,底物浓度在微小体积内的变化,不仅受扩散速度的影响,而且底物一旦和酶接触,就会发生反应形成产物,这就是说内扩散限制还要受酶反应速度的影响。更由于传质过程在固定化酶颗粒内进行,因而,还要明显地受到载体性质(大小、形状、孔隙大小和曲折性等)的多重影响。因而,反应动力学的数学解析比外扩散限制更繁琐,在此不予引述。若用 φ 表示一级反应条件下的内扩散底物模量(与外扩散限制的 μ 类似),则可以得出以下主要结论:

φ 表征内扩散效应的大小,$\varphi \leqslant 0.1$ 时,内扩散限制的影响可以忽略不计;φ 越大,内扩散限制影响越大。随着 φ 升高,底物进入固定化酶颗粒内的浓度随进入的距离延伸而下降,φ 值越高,底物浓度下降越快,当其达极大值时,载体内底物浓度几乎为零。

φ 受颗粒形状和内扩散系数的制约,颗粒越小或膜越薄,内扩散系数越大,则 φ 越小,亦即反应受内扩散限制的影响越小。对于多孔载体而言,孔隙率越大,孔隙曲率越小,内扩散限制影响越大。

当 $\varphi \leqslant 1$ 时,表明反应由动力学控制;φ 越大,内扩散限制的影响越大。

与外扩散限制不同,内扩散限制下 φ 增大对反应速度的影响,比外扩散限制下 μ 增大时的影响大得多,而且,在内扩散限制下,在高 φ 值时动力学影响始终存在。与外扩散相似,当内扩散限制与化学抑制作用同时存在,$\varphi \leqslant 0.1$ 时,酶反应速度主要受化学抑制作用控制;当 $\varphi > 1$ 时,酶反应速度同时受两者影响,随着 φ 增大,化学抑制所占份额减小,但抑制剂浓度升高,反应速度仍会下降,这是和外扩散限制的不同之处。

(3)对扩散限制影响的简易判断

实践中通常可以根据搅拌混合对反应速度的影响粗略判断扩散限制的情况。如果反应速度因搅拌混合程度而改变,说明外扩散限制在起作用;如果实效反应速度因酶颗粒大小而改变,则估计是内扩散限制的影响。测定最大反应速度一半时的底物浓度、一级速度

酶工程(第三版)

常数(V'_{max}/K'_m)和表观K'_m,可以对扩散限制的大小作出估量。

3. 固定化酶的米氏常数和最大反应速度

酶被固定化以后,米氏常数会发生不同程度的改变,总的来说,固定化酶和溶液酶相比,一般都表现为K_m值增大,即K'_m/K_m大于1,少数也会小于1,例如,用壳多糖固定化木瓜蛋白酶、中性蛋白酶和胰蛋白酶,用淀粉接枝丙烯腈和丙烯酰胺载体固定化糖化酶,K'_m/K_m都为2;但羧甲基纤维素固定化无花果蛋白酶的K'_m/K_m为0.9。米氏常数改变的原因,一般多从载体电荷性质与底物电荷性质来推测。最大反应速度,大多数基本和溶液酶相同,少数例外。例如,用多孔玻璃共价结合固定化的转化酶,V_{max}改变;但用聚丙烯酰胺凝胶包埋的转化酶的V_{max}值下降了1/10。也有V_{max}值增大的例子。

四、固定化酶的稳定性

大多数酶在固定化之后,其稳定性提高,使用寿命延长,但若固定化过程使酶活性构象受到影响,也会使稳定性下降。

1. 热稳定性

大多数酶固定化之后,热稳定性提高,可耐受较高的温度。例如,乳酸脱氢酶、脲酶、氨基酰化酶、胰蛋白酶等,固定化酶的热稳定性都比溶液酶高。DEAE-纤维素固定化氨基酰化酶,在75℃下保温15 min,剩余酶活力为80%,而溶液酶则完全失活。由于热稳定性提高,酶反应的最适温度也常随之提高,例如,羧甲基纤维素固定化胰蛋白酶和糜蛋白酶,最适反应温度提高5℃~15℃;用壳聚糖交联的胰蛋白酶,最适反应温度提高到80℃,比固定化之前高了30℃,这是非常利好的变化。

2. 抗化学试剂的稳定性

大多数酶固定化之后,抗蛋白质变性剂、强氧化剂等化学试剂的性能提高了。例如,用DEAE-葡聚糖固定化的氨基酰化酶,在6 mol·L^{-1}尿素、2 mol·L^{-1}盐酸胍和4 mol·L^{-1}丙酮中的酶活力,分别为146%,117%和138%,而游离酶在对应条件下的活力,仅存9%,49%和55%。该游离酶在1%SDS中的活力仅存1%,但固定化酶还存有35%的活力。CM-纤维素固定化胰蛋白酶,在3 mol·L^{-1}尿素中的活力为120%,游离酶仅存60%。固定化酶在尿素等变性剂中的活力不仅没有降低,反而有上升的现象,据推测,可能与载体的保护作用和酶活性构象的相对刚性化有关。

3. 抗蛋白酶的稳定性

一般来说,酶在固定化之后,抵抗蛋白酶对其水解的性能增强了。例如,尼龙或聚脲膜包埋或聚丙烯酰胺凝胶包埋的天门冬酰胺酶,对蛋白酶极为稳定,而游离酶遇到蛋白酶后,则迅速失活。DEAE-纤维素固定化氨基酰化酶,在胰蛋白酶作用下,能保存80%的活力,而游离酶则只能保存20%的活力。

4. 操作稳定性和贮藏稳定性

大多数酶在固定化之后,在使用操作中的稳定性和贮藏稳定性都明显提高。这对工业生产是很有利的,也是研制固定化酶的初衷。操作稳定性用半衰期表示,在一定条件下连续操作,剩余活力为50%时的时间(d),就是其半衰期。一些固定化酶的操作稳定性见表5-3。一般来说,固定化酶的使用操作半衰期要在一个月以上,才有实用价值。

表 5-3　一些固定化酶的操作稳定性

酶	固定化方法	操作温度/℃	时间(d)	剩余酶活力/%
青霉素酰化酶	载体烷基化偶联	37	77	100
氨基酰化酶	DEAE-葡聚糖吸附	50	30	10～70
	交联	37	78	50
葡萄糖异构酶	载体重氮化偶联	60	14	50
木瓜蛋白酶	尼龙共价键结合	37	73	54
	甲壳素吸附	37	35	50
天门冬氨酸酶	包埋	37	20	50
β-半乳糖苷酶	交联	30	100	50

5. 提高稳定性的途径

如何提高固定化酶的稳定性，许多研究者在这方面作过有益的探讨，包括：① 用化学修饰法增加和载体相反的电荷；② 增强载体凝胶的多孔性和结构有序性；③ 添加惰性蛋白质；④ 固定化酶与大分子核酸形成复合物；⑤ 同时固定化能消除产物抑制作用的酶，等等。

第四节　固定化细胞和原生质体

一、细胞固定化

固定在载体上并在一定的空间范围内进行生命活动的细胞称为固定化细胞(immobilized cell)。细胞固定化是指通过各种方法将细胞与水不溶性的载体结合，制备固定化细胞。

固定化细胞能进行正常的生长、繁殖和新陈代谢，所以又称为固定化活细胞或固定化增殖细胞。微生物细胞、植物细胞和动物细胞都可以制成固定化细胞。

（一）细胞固定化的方法

细胞种类多，大小和特性各不相同，所以细胞固定化的方法也有多种，主要分为吸附法和包埋法两大类。

1. 吸附法

吸附法是指利用各种固体吸附剂，将细胞吸附在其表面使细胞固定化的方法。用于细胞固定化的吸附剂主要有硅藻土、多孔陶瓷、多孔玻璃、多孔塑料、金属丝网、微载体和中空纤维等。

酵母细胞带有负电荷，在 pH 3～5 的条件下都能够吸附在多孔陶瓷和多孔塑料等载体的表面，制成固定化细胞，用于酒精和啤酒等的发酵生产；在环境保护领域广泛使用的活性污泥中含有各种各样的微生物，这些微生物可以沉积吸附在硅藻土、多孔玻璃、多孔陶瓷、多孔塑料等载体的表面，用于有机废水的处理，以降低废水中的化学需氧量（COD）和生化需氧量（BOD）；各种霉菌会长出菌丝体，这些菌丝体可吸附缠绕在多孔塑料、金属丝网等载体上，用以生产某些有机酸和酶等；植物细胞可吸附在中空纤维外壁，用于生产色素、香精、药物和酶等次级代谢产物；动物细胞大多数属于贴壁细胞，必须依附在固体表面才能正常生长,故可吸附在容器壁、微载体和中空纤维外壁等载体上,制成固定化动物细胞,用于各种功能蛋白的生产。

用吸附法制备固定化微生物细胞时,操作简便易行,对细胞的生长、繁殖和新陈代谢没有明显的影响,但吸附力较弱,吸附不牢固,细胞容易脱落,其使用受到了一定的限制。

吸附法是制备固定化动物细胞的主要方法。动物细胞大多数具有附着特性,能够很好地附着在容器壁、微载体和中空纤维等载体上。其中微载体已有商业产品出售,供固定化动物细胞之用。

吸附法制备固定化植物细胞,是将植物细胞吸附在泡沫塑料的大孔隙或裂缝之中,也可将植物细胞吸附在中空纤维的外壁。用中空纤维制备固定化植物细胞和动物细胞,有利于动物细胞的生长和代谢,具有较好的应用前景,但成本较高而且难于大规模生产应用。

2. 包埋法

包埋法是指将细胞包埋在多孔载体内部而制成固定化细胞的方法,可分为凝胶包埋法和半透膜包埋法。

以各种多孔凝胶为载体,将细胞包埋在凝胶的微孔内而使细胞固定化的方法称为凝胶包埋法。细胞经过包埋固定化后,被限制在凝胶的微孔内进行生长、繁殖和代谢。凝胶包埋法是应用最广泛的细胞固定化方法,适用于各种微生物、动物和植物细胞的固定化。

凝胶包埋法所使用的载体主要有琼脂凝胶、海藻酸钙凝胶、角叉菜胶、明胶、聚丙烯酰胺凝胶和光交联树脂等。

（1）琼脂凝胶包埋法

将一定量的琼脂加到一定体积的水中,加热使之溶解,然后冷却至 48 ℃～55 ℃,加入一定量的细胞悬浮液,迅速搅拌均匀后,趁热分散在预冷的甲苯或四氯乙烯溶液中,形成球状固定化细胞胶粒,分离后洗净备用。也可将琼脂细胞混悬液摊成薄层,待其冷却凝固后,在无菌条件下将固定化细胞胶层切成所需的形状。由于琼脂凝胶的机械强度较差,而且氧气、底物和产物的扩散较困难,故其使用受到限制。

（2）海藻酸钙凝胶包埋法

称取一定量的海藻酸钠溶于水,配制成一定浓度的海藻酸钠溶液,经杀菌冷却后,与一定体积的细胞或孢子悬浮液混合均匀,然后用注射器或滴管将冷凝悬液滴到一定浓度的氯化钙溶液中,形成球状固定化细胞胶粒,即成海藻酸钙凝胶。用海藻酸钙凝胶制备的固定化细胞已用于多种酶的发酵生产研究。郭勇等人用 4% 的海藻酸钠溶液与等体积的黑曲霉孢子悬液混合,滴到 1% 的氯化钙溶液中,制成直径约 1 mm 的固定化黑曲霉细胞,用于糖化酶的发酵生产,取得显著效果,糖化酶的产率比游离细胞高 30%,固定化细胞可连续使用 30 d。

海藻酸钙凝胶包埋法制备固定化细胞的操作简便、条件温和、对细胞无毒性,通过改变海藻酸钠的浓度可以改变凝胶的孔径,适合于多种细胞的固定化。但磷酸盐会使凝胶结构破坏,在使用时应控制好培养基中磷酸盐的浓度,并要在培养基中保持一定浓度的钙离子以维持凝胶结构的稳定性。

（3）角叉菜胶包埋法

将一定量的角叉菜胶悬浮于一定体积的水中,加热溶解、灭菌后,冷却至 35 ℃～

50 ℃，与一定量的细胞悬浮液混匀，趁热滴到预冷的氯化钾溶液中，或者先滴到冷的植物油中，成形后再置于氯化钾溶液中，制成小球状固定化细胞胶粒。也可按需要制成片状或其他形状。角叉菜胶还可以用钾离子以外的其他阳离子，如铵离子（NH_4^+）、钙离子（Ca^{2+}）等，使之凝聚成形。

角叉菜胶具有一定的机械强度。若使用浓度较低、强度不够时，可用戊二醛等交联剂再交联处理，进行双重固定化。角叉菜胶包埋法操作简便、对细胞无毒害、通透性能较好，是一种良好的固定化载体。自 1977 年以来，在固定化细胞和固定化菌体方面广泛应用。郭勇等人采用角叉菜胶为载体制备固定化枯草杆菌细胞，用于连续生产 α-淀粉酶研究，取得可喜成果。

（4）明胶包埋法

配制一定浓度的明胶悬浮液，加热熔化、灭菌后，冷却至 35 ℃左右，与一定浓度的细胞悬浮液混合均匀，冷却凝聚后制成所需形状的固定化细胞。若机械强度不够时，可用戊二醛等双功能试剂交联强化。

（5）聚丙烯酰胺凝胶包埋法

先配制一定浓度的丙烯酰胺和亚甲基双丙烯酰胺的溶液，与一定浓度的细胞悬浮液混合均匀，然后加入一定量的过硫酸钙和四甲基乙二胺（TEMED），混合后让其静置聚合，获得所需形状的固定化细胞胶粒。

丙烯酰胺对细胞有一定的毒害作用，在聚合过程中，应尽量缩短聚合时间，以减少细胞与丙烯酰胺单体的接触时间。

（6）光交联树脂包埋法

选用相对分子质量一定的光交联树脂预聚物，如相对分子质量为 1 000～3 000 的光交联聚氨酯预聚物等，加入 1％ 左右的光敏剂，加水配成一定浓度，加热至 50 ℃左右使之溶解，然后与一定浓度的细胞悬浮液混合均匀，摊成一定厚度的薄层，用紫外光照射3 min 左右，即可交联固定化制成固定化细胞，然后在无菌条件下，切成一定形状。

采用光交联树脂包埋法制备固定化细胞是行之有效的方法，通过选择不同相对分子质量的预聚物可使聚合而成的树脂孔径得以改变，适合于多种不同直径的酶分子和细胞的固定化；光交联树脂的强度高，可连续使用较长的时间；用紫外光照射几分钟就可完成固定化，时间短，对细胞的生长繁殖和新陈代谢没有明显的影响。

（二）微生物细胞固定化

1. 固定化微生物细胞的特点

固定化微生物细胞具有显著的特点：① 固定化微生物细胞保持了细胞的完整结构和天然状态，稳定性好；② 固定化微生物细胞保持了细胞内原有酶系、辅酶体系和代谢调控体系，可以按照原来的代谢途径进行新陈代谢，并进行有效的代谢调节控制；③ 发酵稳定性好，可以反复使用或者连续使用较长的一段时间，例如，用海藻酸钙凝胶包埋法制备的黑曲霉细胞，用于生产糖化酶可以连续使用一个月；④ 固定化微生物细胞密度提高，可以提高产率，如海藻酸钙凝胶固定化黑曲霉细胞生产糖化酶，产率可提高 30％ 以上；⑤ 提高工程菌的质粒稳定性。

2. 固定化微生物细胞的应用

自 20 世纪 70 年代后期以来，固定化微生物细胞的研究迅速发展。其应用范围很广,归纳起来主要在两个方面:一是利用固定化微生物细胞发酵生产各种胞外产物;二是利用固定化微生物细胞与各种电极结合制成微生物传感器。

(1) 利用固定化微生物生产各种产物

固定化微生物细胞能进行正常的生长、繁殖和新陈代谢,所以利用固定化细胞可以如同游离细胞那样发酵生产各种代谢产物。由于微生物固定化后受载体限制移动,故固定化微生物只用于生产各种能够分泌到细胞外的产物,其中主要有下面几种物质。

① 酒精和酒类。固定化酵母等微生物可用于生产酒精、啤酒、蜂蜜酒、葡萄酒、米酒等。

② 氨基酸。固定化氨基酸生产菌可用于生产谷氨酸、赖氨酸、精氨酸、瓜氨酸、色氨酸、异亮氨酸等氨基酸。

③ 有机酸。固定化黑曲霉等微生物可用于生产苹果酸、柠檬酸、葡萄糖酸、衣康酸、乳酸、乙酸等有机酸。

④ 酶和辅酶。固定化微生物可用于生产 α-淀粉酶、糖化酶、蛋白酶、果胶酶、纤维素酶、溶菌酶、磷酸二酯酶、天冬酰胺酶等胞外酶,以及辅酶 A、NAD、NADP 等辅酶。

⑤ 抗生素。固定化微生物在生产青霉素、四环素、头孢霉素、杆菌肽、氨苄青霉素等抗生素方面的研究成果显著。

⑥ 其他。固定化微生物细胞还可以用于甾体转化、废水处理,以及有机溶剂、维生素、化工产品等的生产。

(2) 固定化微生物细胞制造微生物传感器

微生物传感器是由固定化微生物细胞与各种能量转换器(电极、燃料电池、场效应管等)密切结合而成的传感装置。

微生物传感器可分为呼吸活性测定型和电极活性测定型两种。前者是利用固定在高分子膜上微生物细胞的呼吸作用,测定 O_2 的消耗和 CO_2 的生成,从而确定被测定物质的量。这种呼吸活性测定型传感器是由固定化微生物膜和氧电极或 CO_2 电极结合而成。电极活性测定型的微生物传感器是利用固定在膜上的微生物细胞的新陈代谢作用,测定电极活性物质的量的变化,从而确定样品中欲测物质的含量,这种传感器由固定化微生物膜与生物燃料电池、离子选择电极和气体电极等组成。

微生物传感器已成功地用于测定可发酵性糖、葡萄糖、甲酸、乙酸、甲醇、乙醇、头孢霉素、谷氨酸、氨、硝酸盐、生化需氧量(BOD)、细胞数量等。

(三) 植物细胞固定化

植物是各种天然色素、香精、药物和酶的重要来源。20 世纪 80 年代发展起来的植物细胞培养和发酵技术,为上述这些天然产物的工业化生产开辟了新途径,并呈现出美好的前景。然而由于植物细胞体积较大、对剪切力较敏感,加上生长周期长、容易聚集成团等原因,植物细胞悬浮培养及发酵生产中存在稳定性较差、产率不高等问题。人们正在不断探索解决这些问题的途径,其中植物细胞固定化技术所显示的优点对植物游离细胞的不足之处起到了一定的弥补作用。

1. 固定化植物细胞的特点

固定化植物细胞具有显著的特点:① 植物细胞经固定化后,由于有载体的保护作用,可减轻剪切力和其他外界因素对植物细胞的影响,提高植物细胞的存活率和稳定性;

② 植物细胞经固定化后，束缚在一定的空间范围内进行生命活动，不容易聚集成团；③ 固定化植物细胞可以简便地在不同的培养阶段更换不同的培养液，即首先在生长培养基中生长增殖，在达到一定的细胞密度后，改换成发酵培养基，以利于生产各种所需的次级代谢产物；④ 固定化植物细胞可反复使用或连续使用较长的一段时间，大大缩短生产周期，提高产率；⑤ 固定化植物细胞易于与培养液分离，利于产品的分离纯化，提高产品质量。

2. 固定化植物细胞的应用

固定化植物细胞的主要用途是制造人工种子，即将一定数量的植物细胞悬浮在含有适宜营养物质的一定浓度的海藻酸钠溶液中，用注射器或滴管滴入一定浓度的钙离子溶液中，形成海藻酸钙凝胶，植物细胞包埋固定化在多孔凝胶中，可制备得到人工种子。在一定的条件下细胞会生长、繁殖，按照细胞全能理论，每一个细胞均可以长成一株完整植株。通过植物细胞培养技术，可以由一粒种子快速繁殖得到大量细胞，再通过固定化技术进行人工种子的研制，就有可能获得大量具有相同遗传特性的植株。这对种子的保存具有重要意义，并可以节约种子的用量。

此外，固定化植物细胞还可以用于生产各种色素、香精、药物、酶等次级代谢产物，但一般仅适用于可以分泌到细胞外的产物的生产；对于细胞内产物，则要采用其他办法增加细胞的通透性，使胞内产物分泌到细胞外。

（四）动物细胞固定化

动物细胞可生产激素、酶和免疫物质等动物性功能蛋白。但动物细胞体积大，又没有细胞壁的保护作用，在培养过程中极易受到剪切力等外界因素的影响，加上动物细胞生长缓慢、培养基组分较复杂昂贵、产率不高等因素，动物细胞在生产中的应用因此受到限制。为此需在提高动物细胞稳定性、缩短生产周期、提高生产速率等方面下工夫，其方法之一就是进行固定化。

动物细胞中，除了一部分属于悬浮细胞可以自由悬浮在培养液中以外，绝大部分属于附着细胞，它们必须附着在固体表面才能进行正常的生长繁殖，这就使固定化技术在动物细胞培养方面具有重要的意义。

1. 固定化动物细胞的特点

固定化细胞具有的特点：① 动物细胞经固定化后，由于有载体的保护作用，可以减轻或免受剪切力的影响，同时动物细胞可附着在载体表面生长，从而可显著提高动物细胞的存活率；② 动物细胞固定化后，可先在生长培养基中生长繁殖，使细胞在载体上形成最佳分布并达到一定的细胞密度，然后可简便地改换成发酵培养基，控制发酵条件，使细胞从生长期转变到生产期，以利于提高产率；③ 固定化动物细胞可反复使用或连续使用较长的时间，例如，中国仓鼠卵巢细胞（CHO）生产人干扰素可以稳定地生产 30 d；④ 固定化细胞易于与产物分离纯化，提高产品质量。

2. 固定化动物细胞的应用

动物细胞大部分为贴壁细胞，需要贴附在载体的表面才能正常生长，也因此固定化动物细胞被广泛应用，特别是采用微载体对动物细胞进行吸附固定化。主要用于生产小儿麻痹症疫苗、风疹疫苗、狂犬病疫苗、麻疹疫苗、黄热病疫苗、肝炎疫苗、口蹄疫疫苗等疫苗，生长激素、干扰素、胰岛素、前列腺素、催乳激素、白细胞介素、促性腺激素等激素，血纤维溶酶原激活剂、胶原酶等酶类，抗菌肽等多肽药物，以及皮肤、心脏等各种组织器官。

二、原生质体固定化

如前所述，固定化细胞可以取代游离细胞进行培养，生产各种有用物质，并具有许多显著优点。然而固定化细胞也有其缺点，例如，固定化细胞只能用于生产胞外酶和其他能够分泌到细胞外的产物；而且由于载体的影响，营养物质和产物的扩散受到一定的限制；尤其是在好气性发酵中，溶解氧的传递和输送成为关键性的限制因素。

细胞产生的许多代谢产物之所以不能分泌到胞外，原因是多方面的，其中细胞壁对物质扩散的障碍是其原因之一。因此，若能够除去微生物细胞和植物细胞的细胞壁，就有可能增加细胞膜的透过性，从而使较多的胞内物质分泌到细胞外。

微生物细胞和植物细胞除去细胞壁后，就可获得原生质体。原生质体很不稳定，容易破裂，若将原生质体用多孔凝胶包埋起来，制成固定化原生质体，由于有载体的保护作用，就会使原生质体的稳定性提高。同时，固定化原生质体由于去除了细胞壁这一扩散障碍，有利于氧的传递以及营养成分的吸收和胞内产物的分泌。

固定化原生质体的制备主要包括原生质体制备和原生质体固定化两个阶段。

1. 原生质体制备

要进行原生质体固定化，必须将微生物细胞和植物细胞的细胞壁破坏而分离出原生质体。同时，在破坏细胞壁的时候，不能影响到细胞膜的完整性，更不能使细胞内部的结构受到破坏，为此只能使用对细胞壁有专一性作用的酶。

不同种类的细胞，由于各自细胞壁的组成、结构和性质不同，原生质体的制备方法也不一样。一般来说，原生质体的制备过程是首先将对数生长期的细胞收集起来，悬浮在含有渗透压稳定剂的高渗缓冲液中；然后加入适宜的细胞壁水解酶，在一定的条件下作用一段时间，使细胞壁破坏；最后分离除去细胞壁碎片、未作用的细胞以及细胞壁水解酶，从而得到原生质体。

除去细胞壁所使用的酶应根据细胞壁主要成分的不同而进行选择。细菌的细胞壁主要成分是肽多糖，所以细菌原生质体制备时主要采用从蛋清中得到的溶菌酶；酵母细胞壁主要由 β-葡聚糖构成，故采用 β-葡聚糖酶；霉菌的细胞壁组分比较复杂，除含有几丁质外，还有其他多种组分，故要去除霉菌的细胞壁，则需要几丁质酶与其他有关酶共同作用；植物细胞壁由纤维素、半纤维素和果胶组成，故制备植物原生质体时主要应用纤维素酶和果胶酶。

为防止制备得到的原生质体破裂，应加入适当的渗透压稳定剂，如无机盐、糖类、糖醇等化合物。在选择渗透压稳定剂时，要注意所加入的化合物对细胞和原生质体无毒性，不会影响溶菌酶等细胞壁水解酶的活性，而且对原生质体的代谢产物没有显著的不良影响。

应选择对数生长期的细胞制备原生质体，以获得较高的原生质体形成率。所加的细胞壁溶解酶的种类和浓度、酶作用温度和 pH 以及作用时间等对原生质体的制备都有明显影响，必须经过试验以确定其最佳条件。反应完成后，通过离心分离除去未被占用的细胞以及细胞碎片等，获得球状原生质体。

2. 固定化原生质体的特点

固定化原生质体具有显著的特点：① 固定化原生质体由于解除了细胞壁这一扩散屏障，可增加细胞膜的通透性，有利于氧气和营养物质的传递和吸收，也有利于胞内物质的分泌，可显著提高产率；② 固定化原生质体由于有载体的保护作用，具有较好的操作稳定性和保存稳定性，可反复使用和连续使用较长的时间，利于连续化生产，如在冰箱保存较长时间后仍能保持其生产能力；③ 固定化原生质体易于和发酵产物分开，有利于产物的分离纯化，提高产品质量；④ 固定化原生质体发酵的培养基中需要添加渗透压稳定剂，以保持原生质体的稳定性，而这些渗透压稳定剂在发酵结束后，可用层析或膜分离技术等方法与产物分离。

3. 原生质体固定化的方法

原生质体制备好后，把离心收集到的原生质体重新悬浮在含有渗透压稳定剂的缓冲液中，配成一定浓度的原生质体悬浮液，然后采用包埋法制成固定化原生质体。

原生质体固定化一般采用凝胶包埋法。常用的凝胶有琼脂凝胶、海藻酸钙凝胶、角叉菜凝胶和光交联树脂等。

（1）琼脂—多孔醋酸纤维素固定化法

用生理盐水配制 3％～4％琼脂，加热溶解灭菌后，冷却至 50 ℃左右，再与等体积的一定浓度的原生质体悬浮液混合均匀。将混合液用滴管滴到一定形状的多孔醋酸纤维素上，置于冰箱或冰盒中冷却凝固，制成固定化原生质体。

（2）海藻酸钙凝胶固定化法

用含有渗透压稳定剂的缓冲液配制成一定浓度（3％～6％）的海藻酸钠溶液，与等体积的一定浓度的原生质体悬浮液混合均匀，将此悬浮液用滴管或注射器滴到一定浓度的氯化钙溶液中，浸泡 1 h～2 h，制成直径为 1 mm～4 mm 的球状固定化原生质体。

（3）角叉菜胶固定化法

用含有渗透压稳定剂的缓冲溶液配制成一定浓度（3％～8％）的角叉菜胶，加热溶解，灭菌后，冷却至 50 ℃左右，与等体积的一定浓度的原生质体悬浮液混合均匀，将混悬液滴到一定浓度的预冷的氯化钾溶液中，制成球状固定化原生质体。

（4）光交联树脂固定化法

用含有渗透压稳定剂的缓冲溶液配制 30％～60％浓度的光交联树脂预聚体，加热溶解后，在 50 ℃左右，加入 1％的光敏剂，与等体积的原生质体悬浮液混合均匀，摊成薄层，经紫外光照射 2 min～3 min，聚合后切成一定形状的小块，制成片状固定化原生质体。

此外也可选用其他适宜的凝胶或中空纤维为载体制备固定化原生质体。

4. 固定化原生质体的应用

固定化原生质体一方面保持了细胞原有的新陈代谢，可以照常产生原来在细胞内产生的各种代谢产物，另一方面又去除了细胞壁这一扩散屏障，有利于胞内产物不断地分泌到胞外，这样就可以不经过细胞破碎和提取工艺而在发酵液中获得所需的发酵产物，为胞内物质的工业化生产开辟了新途径。

固定化原生质体可用于各种氨基酸、酶和生物碱等物质的生产以及甾体转化等。

（1）氨基酸的生产

以琼脂—多孔醋酸纤维素固定化黄色短杆菌原生质体用于生产谷氨酸的研究结果

表明,由于解除了细胞壁的扩散障碍,有利于谷氨酸分泌到细胞外,提高谷氨酸产率。固定化原生质体发酵的谷氨酸产率为固定化细胞的2.6倍,可反复使用6批。此外,固定化原生质体还可以用于赖氨酸等氨基酸的生产。

（2）胞内酶的生产

1986年开始,郭勇等人用固定化枯草杆菌原生质体生产碱性磷酸酶,使原来存在于细胞间质中的碱性磷酸酶全部分泌到发酵液中,提高产率36％,可连续使用37 d;用固定化黑曲霉原生质体生产葡萄糖氧化酶,使细胞内的葡萄糖氧化酶90％以上分泌到发酵液中;用固定化谷氨酸棒杆菌原生质体生产谷氨酸脱氢酶,分泌发酵液中的谷氨酸脱氢酶占该酶总量的62％。用固定化原生质体进行生产纤维素酶、β-葡聚糖酶以及β-糖苷酶的研究,均取得可喜成果。

（3）生物碱的生产

用固定化麦角菌原生质体生产麦角菌,虽然产率不高,但显示出较好的操作稳定性,可连续使用15 d。

（4）甾体转化

1985年,Linsefors等人用固定化胡萝卜原生质体进行甾体转化的研究,可以催化毛地黄毒苷进行5-羟基化反应,生成杠柳毒苷。

（5）木质素降解

用固定化白腐真菌原生质体进行降解木质素的研究结果显示,其降解能力比游离细胞显著提高。

从上述例子可见,固定化原生质体技术虽然研究历史不长,但已在多个领域的研究中显示出其优越性,具有广阔的应用前景。

本 章 要 点

工程酶是应用某种技术手段对天然酶进行性能优化和其他人为研制的生物催化剂的统称,或者说是修饰酶和人工酶的统称。固定化酶是被载体束缚在一定空间不能自由移动,可以连续催化底物反应生成产物,并便于分离,反复使用的一种酶的应用形式。它是最初出现的一类工程酶（修饰酶）。制备方法一般归为四类:吸附法、包埋法、共价键结合法和无载体法（热处理法）,各有不同的技术特点和适用范围（表5-1）。共价键结合法涉及各种各样的化学反应,在讲述化学修饰酶时,也要提到它们。无论是偶联法的载体,或是酶化学修饰的修饰剂,往往都是化学惰性物质,大多数是多羟基或多氨基或多羧基的化合物,必须预先进行活化处理,使其变为或引入易反应的活泼基团,如重氮基、叠氮基、醛基、卤化芳烃基等;然后与酶的相关基团反应,从而使酶固定化,或得到修饰。

固定化酶固定化细胞（包括原生质体等）也是酶的一种应用形式,固定化方法原出于固定化酶,主要采用包埋法,特别是天然凝胶包埋法应用很广,由于某些人工合成凝胶试剂的细胞毒性大,所以应慎用。吸附法也是采用较多的固定化细胞的方法。

由于载体的影响,固定化酶的活力往往比等物质的量的原酶有所降低,其原因通常从酶分子构象改变、空间障碍、微环境影响、分配效应和扩散限制诸方面来认识。固定化酶的动力学性质,现在已对分配效应和扩散限制的影响从数学上作了较多的探讨,相当复杂,但一般仍可用米—孟氏方程表述。本章仅引述了一些基本结论。分配效应引用分配系数K_P($=[S_i]/[S]$),讨论底物浓度和H^+浓度的不等性分配的影响,主要结论是,当底物和载体电荷相同时,$K'_m > K_m$,电荷相反时,则

$K'_m < K_m$；底物和载体都是疏水物质，$K'_m < K_m$；当载体带正电荷时，酶反应的最适 pH 酸移，带负电荷时则碱移。

扩散效应分为内扩散限制和外扩散限制，通常引用有效系数 $\eta (= v'/v)$ 来讨论，外扩散限制影响下，受底物浓度差和酶固有动力学两方面影响；内扩散限制还要包括载体孔径大小、孔隙率大小、孔隙曲率等多重影响，数学分析更为复杂。总的来讲，在操作中外扩散限制一般可以用加大搅拌速度或流速的方法而削弱或消除；在高酶浓度、低底物浓度、底物扩散系数小、酶催化常数（k'_{cat}）大、米氏常数（K'_m）小、固定化酶颗粒大（酶膜厚）的情况下，固定化酶反应系统将受扩散限制控制。

一般而言，大多数固定化酶的 $K'_m > K_m$，V'_{max} 不变，具有竞争性抑制的特点，故称扩散抑制，酶固定化之后热稳定性、抗化学试剂、抗蛋白酶的性能及操作半衰期都有所提高，反应最适温度提高，这是十分利好的性质。

复习思考题

1. 怎样理解工程酶？怎样分类？固定化酶在工程酶中处于什么位置？
2. 什么叫固定化酶？固定化酶有哪些优缺点？固定化酶通常分为哪几类？
3. 吸附法制备固定化酶常用哪些吸附剂？两类吸附法制备的固定化酶在使用上有什么差别？
4. 凝胶包埋酶常用哪些天然凝胶物质？怎样制备？常用的人工合成凝胶有哪几种？
5. 制备微囊化包埋酶常用哪几种方法？
6. 什么叫载体偶联？载体偶联固定化酶常用载体有哪些？它们的化学结构有何共同特点？试举几种载体活化的例子。
7. 酶分子如何交联？共价键结合法制备的固定化酶有何优缺点？
8. 热处理法制备固定化酶怎样使酶固定化？
9. 固定化酶有哪些重要性质？如何评估固定化酶的操作稳定性？酶固定化以后为什么活力往往有所下降？
10. 固定化酶动力学数学分析目前主要讨论哪几方面的内容？有哪些重要结论？
11. 解释术语：

    双功能试剂、分配效应、分配系数、外扩散限制、内扩散限制、有效系数、酸移和碱移、固定化酶的半衰期。
12. 计算：

    (1) 将总活力为 20 万单位的 α-淀粉酶吸附固定化，测得固定化酶活力为 16 万单位，固定化处理过程收集的残余溶液酶活力为 2 万单位，计算酶的固定化效率、活力回收率和相对活力。

    (2) 表 5-3 中 DEAE-葡聚糖固定氨基酰化酶，假设操作 30 d 时的剩余酶活力是 60%，计算它的半衰期是多少天。

第六章　工程酶（Ⅱ）

> ✳ **学习提要**
>
> 1. 了解酶分子修饰的意义；
> 2. 掌握酶分子修饰的原理和方法；
> 3. 了解基因克隆酶、突变酶、抗体酶、杂合酶和合成酶和印迹酶的概念及制备方法；
> 4. 了解核酶的类型、作用机理及应用。

在前一章的概述中，将工程酶分为修饰酶和人工酶两类，固定化酶作为修饰酶中的一大类，已单列一章叙述，因袭历史，基因克隆酶和基因修饰酶、抗体酶、杂合酶和进化酶，又可以归为生物工程酶类，合成酶、印迹酶和核酶也可放在一起来阐述。本章内容即按此思路构建。

第一节　修饰酶

从酶的应用角度来看，用物理的、化学的、生物学的原理和方法技术，对天然酶进行性能优化所得到的酶，称为修饰酶。所谓性能优化，是针对天然酶在使用中存在的缺点来说的，例如，不能反复多次使用，使用稳定性不够理想，反应对环境条件要求不够宽松，底物专一性也不够理想等。因此，采用不同的方法和技术对酶进行处理，克服天然酶的不足之处，就是性能优化。应当指出，修饰的目的不限于性能优化，有时为了研究酶作用机制，修饰的结果使酶的性能劣化，提示所修饰部位对酶功能的重要性，或是证明所用方法技术不可行等。

一、物理修饰酶

上一章中讲述了酶的吸附固定化和包埋固定化，都使酶的使用性能有所优化，属于物理修饰。下面介绍高压和温度变化对酶的修饰作用。

1. 高压修饰酶

近十几年来，研究高压对酶的影响的报道已有很多。研究证明，酵母磷酸丙酮酸水合酶（烯醇酶）在压力达 16 MPa～160 MPa 时会失活；肌酸激酶在 0.1 MPa～200 MPa 的压力下，随着压力的增加，失活的速度加快，压力＜250 MPa 时酶的失活是可逆的，即随着压力的释放，活力可以重现，直至恢复（大气压下）。因此，研究高压修饰酶的实验，多在 2 MPa～10 MPa 范围进行。一般认为，高压可使蛋白质的体积、构象和活性部位发生改变，采用激光拉曼分光光度法可以检测到这些变化。研究表明，高压下若酶的活化体积增加，反应速度减慢,说明酶亚基发生了解离,或是发生了同分异构化;反之,则有可能发生了聚合。

高压可以改变酶的底物专一性,例如 L-天门冬氨酸酶,经过 1.1 MPa 下处理 1 h,使该酶获得了催化 D-Asp 氨解的活性,5 d 内活性稳定;高压时间越长,这种催化活性上升越多;4 ℃下保存 24 h 内活性变化继续扩大。高压处理使天门冬氨酸转氨甲酰基酶的活力提高了 3 倍;高压使羧肽酶 Y 原来催化水解反应的活性变为催化肽合成活性;高压使脂肪酶也变为催化酯合成活性。高压还可以改变反应最适条件,在此不一一列举。

2. 变温诱导改性酶

高温会使酶变性,已是常识,但是在变性温度以下的高温下,保持一定时间(高温诱导),可能引起酶改变它的某些催化性能,简称改性。例如,大肠杆菌 L-天门冬氨酸酶,在55 ℃恒温水浴中分别保温 15 min,30 min,60 min,冷至 30 ℃,结果表明,随着高温处理时间延长,改性酶催化原来底物 L-Asp 的活性逐渐下降,不同程度地具有了催化 D-Asp 和L-Asn(天门冬酰胺)的氨解活性,4 ℃下放置 20 h,40 h 后,催化酶 Asp 的活性上升至57.2%,催化 L-Asn 的活性上升至 28.6%。冷不稳定酶在低温下会失活,低温保持时间不同,活性下降程度不同,但还未见改性的报道。高压和降温结合处理,可以提高羟胺氧化酶的活力。

值得注意的是,物理法改变酶的某些反应性能,主要是酶分子构象重建的结果,这种重建的构象,相对于天然酶的构象来说是不稳定的,或是"亚稳定"的。因此,变性酶容易回到天然构象状态,如何使重建构象"冻结"稳定下来,是这类酶走向实用必须解决的问题。对改性酶进行适当的化学交联,可能是途径之一。

二、化学修饰酶

酶分子的化学修饰,是指引入化学基团抑或外源分子,或是除去或改变酶分子的基团,而使酶分子的共价结构发生变化,或是配位金属发生改变,从而改变其性能的技术。化学修饰的结果,从总体上讲,或多或少会损失一些活性,但是可能优化其他方面的使用性能,例如稳定性增强、免疫原性减弱等。

(一)酶分子化学修饰的部位

酶分子化学修饰的部位,是要回答"修饰什么"这一命题。根据酶分子的结构特点,可将现在已采用的各种各样的化学修饰的修饰部位,概括为酶分子整体的修饰、表面侧链基团和活性中心基团的修饰以及酶辅因子的修饰三方面。酶蛋白质被修饰的基团主要是氨基、羧基、丝氨酸羟基、半胱氨酸巯基、组氨酸咪唑基、精氨酸胍基、色氨酸吲哚基、酪氨酸苯酚基、甲硫氨酸甲硫基等,还有部分主肽链以及侧链上的糖链;辅因子的某种基团、辅因子与酶蛋白基团间的偶联等。

最初化学修饰是为了探索酶活性中心的结构和性质,已经积累了大量的资料,取得了许多重要的结论和数据,以及方法学的理论和经验,推动了固定化酶的发展。然而,固定化酶所作的化学修饰,主要是对酶分子侧链的修饰,现代酶工程中,无论是酶的固定化,或是酶的化学修饰,大量的工作是对侧链基团的修饰。对酶分子整体的化学修饰,主要是金属酶的金属置换,以及肽链和糖链的有限切除等。而金属置换也可以列为辅因子的修饰。有机辅因子基团的修饰,辅因子与酶蛋白的偶联,辅因子的引入,是近年来化学修饰的新发展。

（二）化学修饰的基本途径

酶分子的化学修饰方法很多，也很复杂，这里介绍一些基本的途径。

1. 大分子修饰酶

酶的大分子修饰和载体偶联固定化酶的制备目的有某些不同，它往往是为了用于医药，因而所用的大分子材料，一般来说是水溶性的，也要考虑生物相容性。常用的材料有聚乙二醇（PEG）、肝素、右旋糖酐、环糊精、葡聚糖、羧甲基纤维素、白蛋白、多聚氨基酸、聚丙烯酸（PAA）等。这类大分子通过共价键结合在酶分子表面，形成一个覆盖层，将带来许多有用的新性质。从修饰方法来看，由于所用的修饰材料往往也是多羟基、多羧基、多氨基的化合物，因此，都必须预先将其活化，然后与酶的某种基团反应，使修饰试剂共价结合到酶分子上而获得修饰酶，具体方法参考有关专门著作。

PEG 在分子生物学中的应用已很受人们青睐，在介绍酶的沉淀和结晶等内容时已经讲到它。PEG 无毒，无免疫原性，即生物相容性好，水溶，也溶于绝大多数有机溶剂，故作为大分子修饰材料非常有用。用于修饰酶的 PEG，一般选用相对分子质量 $500\sim20\,000$（多用 $750\sim5\,000$），用量配比（物质的量比）在 $(15\sim50):1$ 范围时，修饰酶的残余活力大致为 $15\%\sim40\%$。PEG 修饰酶的方法是，先活化，再按一定配比加酶液反应。PEG 分子末端有两个能被活化的羟基，而常用的是单甲氧基聚乙二醇。活化的 PEG 大多数是与酶分子表面的自由氨基反应，而使酶被修饰。根据 8 种不同酶经 PEG 修饰的活力回收率测定结果来看，酶分子表面自由氨基被修饰数不超过一半，酶活力回收率多数在 60%以上，被修饰数越多，活力下降越多。所以必须控制 PEG 与酶配比和修饰反应的程度。PEG 修饰的某些药用酶抗原性降低或消失，抗蛋白水解能力提高，在体内的半衰期延长。美国 Enzon 公司用 PEG 修饰的酶已多达 50 余种，有的药用酶即将商品化。

2. 酶的交联

利用双功能或多功能试剂，在酶分子之间或是酶分子与某些惰性蛋白质之间，或是在酶分子内基团之间，发生共价反应，此即酶的交联。酶分子间的交联是制备固定化酶的方法之一。如果对不同的酶分子进行交联，还可以得到杂合酶。

分子内基团间的交联，作为一种共价修饰的方法，主要作用是增加酶分子表面的交联基团数目，增强酶的稳定性。将两种不同的酶交联，形成杂合酶，是交联酶的一种很有用的做法，例如，有人把胰蛋白酶和胰凝乳蛋白酶交联在一起，降低了胰蛋白酶的自降解作用；胰蛋白酶和碱性磷酸酯酶交联在一起，用来提高药效等。值得注意的是，并非任何两种酶可以随意交联，而是当两种酶的催化作用有关联，反应条件（最适温度和 pH）相近，才能得到实效。

将酶与惰性蛋白质进行交联是提高酶稳定性的方法之一，例如，用戊二醛将白蛋白和棕色固氮菌的超氧化物歧化酶交联，使酶在 80 ℃的半衰期延长 50%，抗蛋白酶水解和酸水解，以及抗抑制剂的性能都明显提高。

交联酶晶体（cross-linked enzyme crystal，CLEC）是近年发展起来的一项新技术，是将酶结晶技术和化学交联相结合的成果。它要求把达到较高纯度的酶经过分批结晶，得到长度约 $100\,\mu m$ 的均一晶体，因为这样大小的晶体具有较好的过滤性能和较高的催化活性，也不存在传质困难。然后用化学交联剂（最常用戊二醛）进行交联，从而得到具有高稳定性、高活性和高机械强度的 CLECs。据报道,目前大约有十多种酶,如嗜热菌蛋白酶、枯草杆菌蛋白酶、青霉素酰化酶等已由美国一生物工程公司商品化生产,达到千克级生产规模。

3. 酶的小分子修饰

用小分子修饰酶的研究,可以说是酶分子修饰的开端,迄今已积累了非常丰富的资料,有关探索酶分子结构、活性中心性质的研究本文不予探讨。从优化酶的催化性能的角度来看,小分子修饰,在大多数情况下,由于共价结合反应通常都较为剧烈,酶活性都会不同程度地下降,当然,修饰的目的不是要它的活力下降,而是为了提高它的稳定性、改变它的专一性、改变它的最适反应温度和 pH、降低抗原性等。修饰的结果,往往会得到不同于天然酶的更为稳定的构象,不过现在还很难预测。根据修饰试剂的性质,选择适当的试剂,控制修饰反应条件,可以引进某些基团,增加酶修饰后的氢键或盐键,或增强酶的亲水性或疏水性,这些是可以预测的;也可以改变酶分子的某种必需基团,而赋予它新的催化活性(即所谓化学诱变);还可以通过诱导构象重建,而改变催化性能。

（1）小分子修饰反应的一般类型

从酶的应用角度讲,修饰试剂主要是对酶分子氨基酸残基侧链的修饰,修饰的基团当然是酶氨基、羧基、羟基、巯基、咪唑基、甲硫基等。同一基团,可有多种修饰试剂修饰;同一试剂往往可以修饰不同的基团。修饰反应多种多样,一些蛋白质化学、酶学和酶工程教科书和专著中有较系统的阐述,主要有:酰化及相关反应,用于修饰酶蛋白质侧链的氨基、羟基、酚基和巯基;烷基化反应,常用于修饰氨基、羧基、巯基、咪唑基、甲硫基等;氧化还原反应,主要是修饰(氧化)巯基、甲硫基、吲哚基和酚基,而还原剂如巯基乙醇等,可使二硫键还原;芳香环取代反应,主要用于酪氨酸残基的修饰等。下面略举数例说明。

【例1】 碘乙酸在控制反应 pH 的条件下,可以选择性修饰酶的不同基团(字母 E 示酶分子,后接相关基团):

pH>8.5 时, $ICH_2COOH + E—NH_2 \longrightarrow E—NH—CH_2COOH + HI$ （修饰氨基）

pH>7 时, $ICH_2COOH + E—SH \longrightarrow E—S—CH_2COOH + HI$ （修饰巯基）

pH>5.5 时, $ICH_2COOH + E—$ 咪唑 $\longrightarrow E—$ 咪唑$—CH_2COOH + HI$

（修饰咪唑基）

pH>2 时, $ICH_2COOH + E—SCH_3 \longrightarrow E—S(CH_3)—CH_2COOH + HI$

（修饰甲硫基）

这是一个烷基化的例子,这一修饰结果将增加酶的负电荷,同时说明修饰反应的条件控制非常重要。

【例2】 琥珀酸酐在碱性条件下选择性修饰赖氨酸的 ε-氨基:

$$
\begin{array}{c}
HC—C=O \\
\quad\quad\quad\quad O + E—NH_2 \longrightarrow E—NH—C—CH=CHCOOH \\
HC—C=O \quad\quad\quad\quad\quad\quad\quad\quad\quad\quad O
\end{array}
$$

这是一个酰化的例子,生成的琥珀酰修饰酶也增加了负电荷,琥珀酸酐也可以作用于酪氨酸、丝氨酸、苏氨酸的羟基,但其在碱性条件下不稳定,只有赖氨酸氨基酰化物是稳定的。

【例3】 三氯代甲基磺酰氯修饰甲硫氨酸的甲硫基:

$$CCl_3-\overset{\overset{O}{\|}}{\underset{\underset{O}{\|}}{S}}-Cl + E-(CH_2)_2-S-CH_3 + H_2O \xrightarrow{\text{pH 3.5,10 min}}$$

$$E-(CH_2)_2-\overset{\overset{O}{\|}}{S}-CH_3 + CCl_3-SO_2H + HCl$$

这是氧化反应的例子,甲硫基的硫被氧化后,增强了极性。对 α-胰糜蛋白酶所做的实验证明,修饰酶增强了酶在最适 pH(8.0)条件下的结构稳定性,减少了自身降解。

【例4】 四硝基甲烷修饰酪氨酸酚基:

$$C(NO_2)_4 + E-CH_2-\langle\!\!\!\bigcirc\!\!\!\rangle-OH \longrightarrow E-CH_2-\langle\!\!\!\overset{NO_2}{\bigcirc}\!\!\!\rangle-OH + HC(NO_2)_3$$

这是芳香环取代反应的例子,酶的酪氨酸酚基形成 3-硝基衍生物,增强了极性,也使吸收光谱红移,更方便检测。

(2) 化学诱变

一般小分子修饰并不改变酶催化专一性,由小分子选择性修饰,将一种氨基酸残基转变为另一种氨基酸残基,称为化学诱变。目前仅见有关酶的丝氨酸(Ser),经过修饰而变为半胱氨酸(Cys)或硒代半胱氨酸(SeCys)的报道。Bender 等首次将枯草杆菌蛋白酶活性中心的丝氨酸,经苯甲磺酰氟(PMSF)特异地活化,再用巯基化合物取代,形成半胱氨酸,诱变酶失去了水解肽键的活性,但能水解硝基苯酯等;Hilvert 等用类似的方法,将同一酶的丝氨酸转变为硒代半胱氨酸,而 SeCys 是含硒谷胱甘肽过氧化物酶(常用 GPX表示)活性中心的必需基团,因而诱变酶表现出 GPX 的活性;吉林大学酶工程实验室的学者,则把铜、锌超氧化物歧化酶(Cu,Zn-SOD)的 Ser 转变为 SeCys,奇妙的是,诱变酶同时具有了三种酶的催化活性,即 SOD,GPX 和 CAT(过氧化氢酶)的活性,而这三种酶正是体内清除自由基的最重要的酶。这种化学诱变的反应步骤是,用苯甲磺酰氟特异地活化酶的结合部位的丝氨酸残基,然后用亲核试剂硒化氢(H_2Se)或硒酸氢钠(NaHSe)进行取代反应,即形成硒代半胱氨酸。反应简式如下:

$$E-Ser-CH_2-OH + PMSF \longrightarrow E-Ser-S-CH_2-Ph \xrightarrow{H_2Se}$$
$$E-SeCys-Se-CH_2-Ph$$

(3) 酶的有机辅因子的固定化和修饰

依赖辅因子的酶,由于辅酶与酶蛋白结合不紧,在使用中容易丢失,而它们往往价格昂贵,因此,辅酶的固定化是酶工程中早就引起关注的课题,可惜至今仍未取得具普遍意义的重大突破。从思路上讲,一是将辅酶(如 NAD)共价结合到酶蛋白质上,有实例表明这种固定化途径会损失一定的酶活力。二是将辅酶单独固定化,然后与固定化酶蛋白组合在一起使用,例如,将它们共置于半透膜中,或是在使用酶的反应器系统中设置主反应器和辅酶再生反应器等,使辅酶能循环使用。辅酶再生往往要采用固定化双酶或多酶系统,现在已有一些成功的例子,如醇脱氢酶-NAD-乳酸脱氢酶反应系统、葡萄糖-6-磷酸脱氢酶-NAD-苹果酸脱氢酶反应系统;美国麻省理工学院设计的 ATP 再生系统,用化学合成氨甲酰磷酸（NH_2—CO—PO_3H_2）,由固定化氨甲酰磷酸激酶催化 ADP 生成 ATP,ATP 用于酶法合成短杆菌肽-S（一种环状十肽药物）。三是引进新的或修饰过的辅因子,例如,用巯基专一试剂处理依赖黄素的黄嘌呤脱氢酶,可使其转变为黄嘌呤氧化酶。将黄素引进木瓜蛋白酶,使其失去了蛋白酶活性,而产生了可与黄酶相比拟的活性。

（三）酶的整体修饰

所谓酶分子整体修饰,主要包括下列几方面:

1. 金属酶的金属置换

金属酶类是一类重要的酶,它们一般含有化学计量的金属离子,与酶蛋白紧密结合。已知的酶中,大约 1/4 是含金属的或是需要金属离子激活的。人的机体中起重要作用的酶,大约 70％是金属酶;一些在工业上广泛应用的酶,也多是金属酶或需要金属激活的酶。

金属酶类中的金属有 Zn,Fe,Cu,Ca,Mn,Co,Mo 等;Mg^{2+},Ca^{2+},Na^+,K^+ 等则是许多酶的激活剂。锌酶已发现 300 多种,依赖钙的酶的数量也在不断增加,近年发现镍也是个别酶所必需的。金属在酶中的主要作用包括:① 参与构成酶的催化活性部位,在催化过程中,参与电子传递,如铁、铜、锰、钼等变价金属,也可通过静电影响,参与亲核催化;② 稳定酶的活性构象;③ 参与结合底物,如锌常在酶与底物之间形成配位。

酶的金属置换修饰,目的在于增强酶的稳定性,提高酶的催化活性。例如,α-淀粉酶是一种含 Ca^{2+} 的金属酶,每个酶分子至少结合 1 个 Ca^{2+},有的多达 10 个 Ca^{2+};有时还含有 Zn^{2+} 或 Mg^{2+}。有实验证明,单纯含钙的酶比含有镁、锌和钙的杂型酶活力高 3 倍,稳定性也高得多。因此,采用金属置换法将杂型酶变成单一钙型,是非常有用的。

又如,金属蛋白酶类,有的含锌,有的含钙,有的含铁或钴或镁,金属置换实验表明,改变金属,有时可以改变酶的催化性能。例如,羧肽酶 A 的活性部位含锌,用钴置换后,使酶原有的酯酶活性和肽酶活性都增加;用锰或镉(Cd)置换后,则增强了酯酶活性,而原有的肽酶活性显著下降或完全丧失。嗜热菌蛋白酶的锌用钙置换后,使结晶酶的活力提高 2 倍～3 倍。用锰取代铁的 SOD 增强了对 H_2O_2 的稳定性,降低了对抑制剂 NaN_3 的敏感性。

金属置换的方法说起来比较简单,只要先在酶溶液中加入一定量的金属螯合剂（如 EDTA 等）,酶中金属离子被螯合后,用透析法或凝胶过滤法除去螯合物,再向脱金属离子的酶蛋白质溶液中加入欲置换的金属离子溶液,酶蛋白就会与之结合,而成为所需的金属置换修饰酶。但实际上,这种修饰技术还不成熟。

2. 酶分子构象诱导重建

酶蛋白在变性试剂作用下,肽链充分伸展,除去变性剂,再加入某种小分子配体,进行复性,在配体分子诱导下,肽链可能折叠而形成新的构象,这就是所谓构象诱导重建。脲、盐酸胍等是常用的变性试剂,它们是氢键破坏者,破坏了维系蛋白质构象的氢键,肽链就会伸展。除去变性剂（如透析等）后,如果让其自然复性,仍然会恢复原来的构象;若是加入选择的小分子化合物诱导,则可能形成新的构象。例如,程玉华等用 3 mol·L^{-1}盐酸胍处理 L-天冬氨酸酶,解折叠后,加入底物 L-Asp,并进行透析,结果发现,改变构象的酶(简称改性酶)出现了催化 L-Asp-Phe 甲酯和 L-Asp 丁酯的功能,酶反应的最适 pH 由原来的 8.5 降到 8.0。又如,Saraswachi 等将核糖核酸酶变性后,加入丙酸诱导构象重建,并用戊二醛处理,使所获得的构象被固定下来,除去丙酸后,改性酶获得了酸性酯酶的活性。还有研究表明,构象伸展的胰蛋白酶,在 20 ℃下重建的酶的热稳定性与原酶基本相同,但在 50 ℃下重建构象的酶其热稳定性提高了 5 倍。

3. 酶蛋白质主链和糖链的有限切除

酶的活性部位和结构残基,在整个酶分子中只占一小部分,切除一些非贡献残基,一般不会影响酶的催化活性。例如木瓜蛋白酶,用亮氨酸氨肽酶切除 2/3 的肽段,酶的活性几乎无损失,却大大降低了酶抗原性;ATP 酶切除十几个氨基酸残基片段后,活力提高了 5.5 倍;天冬氨酸酶切除 C 末端十多个氨基酸残基片段后,活力提高 4 倍~5 倍,将其固定化后,修饰酶的最适反应 pH 由 8.5 降至 7.5,这就有利于其使用于人体。药用酶作为一种外源蛋白质,相对分子质量大的,抗原性强,进入机体后会引起不同程度的免疫反应,切除部分肽段,使相对分子质量变小,可以降低或消除其抗原性,同时相对分子质量小,也易于提高药用酶浓度,易于达到作用的靶部位。

研究表明,细胞内的溶酶体酶(60 多种)、血清中的酶类和一些外分泌酶,大多数是糖蛋白。糖链的长短各异,它们与酶的抗原性差异有关。切除部分糖链不会明显影响酶活力。例如,酵母转化酶(蔗糖酶)切除 90% 的糖链,酶活力和物理性质不变,对高温(50 ℃)、冻融交替,对酸和胰蛋白酶等的作用,变得很不稳定;猪胰核糖核酸酶切除 75% 的糖链,不影响酶活性和稳定性,只对 Tyr-25 附近的局部构象有影响。这表明糖链切除必须控制恰当的限度。

主肽链的部分切除,通常是用端肽酶(氨肽酶、羧肽酶)切除 N 端或 C 端的片段;也可以用稀酸作控制性水解,例如有资料称,枯草杆菌中性蛋白酶,先用 EDTA 处理,然后对稀盐酸缓冲液透析,使酶部分水解,所得小分子肽段仍有蛋白酶活性,用作消炎药,不产生抗原反应;现在已发现一些专一性很强的限制性蛋白质内切酶可能用于这一目的。糖链的切除可以用专一性化学方法进行,也可以用专一性的糖苷酶进行。

(四)化学修饰酶的性质

化学修饰酶的性质研究,以医药用酶的资料为最丰富,工业用酶在增强酶稳定性方面的资料较多,近年来有关酶在非水溶剂中的反应备受关注,修饰酶在有机溶剂中的反应性能方面的资料增加迅速。综观这些资料,可简要地概括为以下几点。

1. 修饰酶的稳定性

一般来说,化学修饰酶的热稳定性普遍有所提高,这是由于修饰试剂分子与酶分子的多点结合,使酶分子构象相对固定,因而增强了酶的热稳定性,PEG 修饰酶因其为单点偶联,热稳定性无明显提高,这提示多点交联对增强酶的热稳定性有用。修饰试剂可以增加酶分子表面的亲水性;构象重建过程也有可能使酶分子表面更为亲水化,从而使酶在水溶液中能形成更多的氢键和盐键,也是修饰酶热稳定性提高的原因。大分子修饰时,酶分子表面覆盖修饰分子,显然会对酶起保护作用,因而,大分子修饰酶普遍表现出抗蛋白酶水解性能提高,某些修饰酶还能抗 SDS 对寡聚体的亚基解离作用,抗脲等氢键破坏剂的变性作用，以及抗抑制剂的抑制作用等。有限切除主肽链或糖链，控制失当时，有可能使修饰酶稳定性降低。由于修饰酶的稳定性提高，使得它在体内的半衰期成倍增加。热稳定性提高，使某些修饰酶反应的最适温度提高，工业应用价值大大提高。

2. 修饰酶的反应性能

酶经过修饰以后，一般来说，仍然保持原有的专一性不变（固定化酶不能改变专一性），也有改变专一性的实例。化学诱变酶目的就是要改变专一性。值得注意的是，一些经过 PEG 修饰的酶（酯酶、蛋白酶等）和反向胶束微囊化酶，可用于有机溶剂中的反应，并由原来催化水解反应的酶变成能催化酯合成、酯交换、肽合成的酶。

修饰酶的最适反应 pH 改变在应用上是重要的。对医药用酶来说，因为人体生理环境的 pH 为 7.4，因此修饰酶的目的之一，即是要改变原来的反应 pH。例如，一种具有抗肿瘤效果的吲哚-3-链烷羟化酶，其最适 pH 为 3.5，经过修饰后，提高到 5.5，在 pH 为 7 时的活力比天然酶提高了 3 倍；天冬氨酸酶有限切除肽段后，反应最适 pH 降至 7.5。这些都是很好的例子。猪肝尿酸酶的反应最适 pH 为 10.5，经过白蛋白修饰后，降至 7.4～8.5，扩大了使用范围，在 pH 为 7.4 时仍保留 60% 的活力，这有利于应用。

修饰酶的反应动力学性质研究表明，大多数酶修饰后，最大反应速度没有变化；K_m 值则有不同的变化，有些酶修饰后 K_m 增大，这是不利的，但修饰酶的半衰期延长，足以补偿这一缺陷。

3. 修饰酶的抗原性

大量研究表明，对医药用酶的大分子修饰，比较公认 PEG、人血清白蛋白修饰酶在消除酶的抗原性方面效果显著，聚氨基酸修饰酶也明显使抗原性降低；PVP、肝素、右旋糖酐等不易消除抗原性，肽链有限切除可以降低或消除抗原性。

三、基因工程修饰酶

基因工程修饰酶是指应用体外 DNA 重组技术，对酶基因进行选择性诱变，而使酶蛋白质的氨基酸发生突变的酶。由于氨基酸的改变，可能使酶的性能优化，也可能恶化，人们自然是选优汰劣。经过二十多年的积累，现在已经有了一些有效的诱变方法。例如，为了提高酶的热稳定性，已知导入二硫键、改变酶分子中某个非必需 Asn 为 Thr 或 Ile，Gln 变为某种疏水性氨基酸，就可能达到目的。通过基因诱变，改变酶分子活性中心酸性或碱性氨基酸残基的性质，可以改变酶反应的最适 pH；基因诱变还可以提高酶活性、提高酶的抗氧化性、改变酶的底物专一性等。

每个氨基酸都是由三个连续的核苷酸（三连密码）翻译出来的，有选择地改变密码中某个核苷酸，就可以变为另一种氨基酸，改变两个或三个，有时结果不同或相同，都可以得到诱变酶。对酶基同一处或不同位置的三连密码进行诱变，或是选择性地删除或插入核苷酸，都可以获得诱变酶。例如，噬菌体 T_4 的溶菌酶，有两个半胱氨酸（Cys54 和 Cys97），二者之间没有形成二硫键，为了引进二硫键，增强酶的热稳定性，根据酶分子空间结构分析，如果把第 3 号异亮氨酸（Ile3）变成 Cys3（通常简写为 Ile3→Cys），就可能与 Cys97 之间形成二硫键，只要把异亮氨酸密码子基因换成半胱氨酸的密码子 UGU 或 UGC 所对应的基因 TCT 或 TCG，即可完成 Ile3→Cys。实验证明，修饰酶的活性与原酶相当，但热稳定性提高了。

基因诱变的方法很多,归纳起来大致有两大类,即定位诱变和非定位诱变。每一类又有各种各样的方法或策略,下一节中结合基因克隆酶再作简要介绍。

第二节 生物工程酶

生物工程酶是以生物工程技术为主要手段研制的人工酶。许多内容都是近年兴起的酶工程的前沿,这里作一些概念式的简要介绍。

一、基因克隆酶

酶的生物合成是在机体严格控制下进行的,各种酶的合成量,都按细胞最适生存所需来合成,那些高容量代谢途径,例如糖酵解、三羧酸循环等,所需的"管家"酶被大量合成,其他许许多多的酶合成量少。现在酶制剂发酵生产的酶都是"管家"酶,然而,实际应用中的需求,有时却是某些"稀少"的酶,或是为了提高现有酶的产量,因而,必须应用基因克隆技术,制取基因克隆酶。迄今为止,已克隆的酶基因逾千种,有许多已经商品化。基因克隆酶研制的主要目的,是把人或动植物酶基因在微生物细胞中表达,大量生产有用的功能酶。例如克隆的人尿激酶基因表达产物已经用于临床。

基因克隆是各种基因工程、蛋白质工程的基本操作,大致有下列步骤:① 从含目的酶丰富的(也可能是"稀少"的)生物细胞中,分离含目的酶基因的 DNA 片段;② 将目的酶基因的 DNA 片段与载体 DNA 连接;③ 将重组体导入受体细胞;④ 筛选出目的酶基因高效表达的细胞株,用于生产克隆酶(图 6-1)。具体操作现在已有一些专用手册可查。

二、突变酶(基因修饰酶)

酶蛋白是从 DNA 转录成 mRNA 后再翻译而成的,从根本上讲,酶的结构与功能是由 DNA 上的碱基顺序所决定的。因此通过改变酶基因的 DNA 序列来改变酶的性质,由此产生的遗传修饰酶称为突变酶或基因修饰酶。常用的 DNA 突变方法主要有三类:定位突变(SDM)、随机广泛突变(REM)和定位—随机突变(SDM-REM)。

定位突变是对酶蛋白进行有目的改进的强有力的方法之一。应用基因定位诱变技术修饰酶基因,经典的方法是寡核苷酸诱导的定位诱变,此法作用点专一,定位突变后性状改变明显。大致步骤是:① 将分离到的酶基因克隆到单链 DNA 载体上,常用的单链 DNA 载体是 M13 噬菌体载体质粒("野生型正链");② 人工合成一段 DNA 复制的引物,它的核苷酸序列与酶基因所含欲诱变氨基酸密码基因片段互补,其中欲诱变的核苷酸按设计作了改变;③ 将前两步的单链 DNA 一起保温("退火"),形成含预设诱变点错误配对的 DNA 双链;④ 以这种不完整的双链 DNA 为模板,在 DNA 聚合酶作用下,合成完整的双链,并由 DNA 连接酶使其两端连接封口,而成闭环双链 DNA;⑤ 将此双链 DNA 导入宿主细胞,筛选,分析,分离出含修饰酶基因错配核苷酸的"负链",由此合成的酶基因就可表达得到氨基酸诱变的修饰酶。例如,Sigel 等人用定位突变的方法成功地将质粒 pBR322 上编码 β-内酰胺酶活性部位的 Ser-70 的密码子 AGC 突变为编码 Cys 的密码子 TGC。突变的 β-内酰胺酶分解 Amp(氨苄青霉素)的能力大幅度下降。

近年来,定位—随机突变已成为分子酶学的核心方法。Kunkel 等人利用大肠杆菌

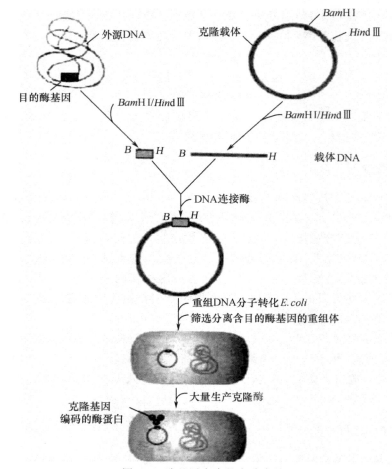

图 6-1　酶基因克隆的大致步骤

dut^-,ung^-菌株培养重组的 M13 噬菌体制备少数残基被尿嘧啶取代的单链模板 DNA〔由于 dut^-,ung^- 突变体缺少脱氧尿苷酸酶（du^+）和尿嘧啶-5-糖基化酶（ung），因此 dUTP 可以取代 dTTP 渗入 DNA 中〕。突变引物沿着这种 DNA 模板合成新链时，由于底物中只有 4 种 dNTP,不含有尿嘧啶,这样新合成的链不含尿嘧啶。当这种杂合双链 DNA 转化野生型大肠杆菌如 XL1-Blue 后,细胞内的尿嘧啶-N-糖基化酶使尿嘧啶脱落,在模板上形成多个嘧啶缺失位点,这种致死性的损害,最终导致原来含尿嘧啶的模板 DNA 被降解,转化子后代主要来自定位突变的互补链。

　　利用定位突变方法研究酶的功能基团,最重要的一点是突变靶标的选择。靶标选择的依据包括酶同源序列的比较（找出保守区域）、化学修饰和酶分子的二、三级结构。在空间结构信息指导下进行定位突变,其针对性较强。根据酶分子中各氨基酸残基在空间构象上的排列与分布,选择那些在空间上与底物较接近的氨基酸残基进行定位突变研究,往往会取得事半功倍的效果。α-天冬氨酰二肽酶基因的定位突变就是成功研究其功能基团的实例之一。Conlin 等对无活性 α-天冬氨酰二肽酶突变体 I 的基因（pepE I）顺序分析发现:读码框内发生了两处碱基替代,导致第 137 位的 Pro 变为 Ser,第 120 位的 Ser 变为 Thr;二级结构分析表明,天然酶与突变酶的二级结构未见明显改变。由于目前为止未发现 Pro 存在于活性部位，因此推测双突变体没有活性可能与 Ser-120 有关。对 Ser-120 的定位突变研究表明，α-天冬氨酰二肽酶 Ser-120 变为 Ala 或 Thr 后，突变酶活性丧失，说明 Ser-120 是酶活性部位的必需氨基酸残基，该酶应属于丝氨酸蛋白酶类。突变部位氨基酸的选择十分重要，应考虑氨基酸残基的有效半径、侧链的疏水性、侧链所带的电荷等因素。

三、抗体酶

抗体是哺乳动物脾脏的 B 细胞在外界抗原物质（如细菌、病毒、蛋白质等）刺激下，所合成的一类球状蛋白质，亦即免疫球蛋白（英文缩写 Ig），其分子由两条轻链和两条重链经二硫键交联构成，N 端段的氨基酸组成可变，它们能专一地识别并结合抗原（即抗原结合部位），形成抗原—抗体复合物。与酶相比，酶不仅能识别并结合它的底物，还能催化底物生成产物，抗体无催化活性。在机体中，抗原—抗体复合物，由免疫系统的另一类细胞将抗原清除。据推测，人和哺乳动物的 B 细胞数目可以达到 $10^8 \sim 10^{11}$ 之多，若能使抗体获得催化活性，那么酶催化剂将极大地丰富。1986 年，Lerner 和 Schultz 分别在两个实验室，同时成功地研制出具有催化活性的抗体，并命名为催化抗体或抗体酶（abzyme）。短短数十年，已经研制出的抗体酶，所催化的反应类型超过 60 种，其中有某些反应是已知酶所不能催化的，可见抗体酶研制的潜力是多么巨大。

抗体酶的研究发现，抗体对过渡态类似物的亲和结合接近于其与真正过渡态的亲和结合。Schultz 小组用反应过渡态类似物作半抗原诱导产生了单克隆抗体，抗体与反应过渡态结合使反应速度加快了 12 000 倍，这进一步证实了应用过渡态类似物诱导抗体酶产生的理论假设。应用不同的过渡态类似物诱导产生具有高度催化选择性的抗体酶已成为研究热点之一，设计合适的过渡态类似物成为诱导产生催化活性抗体的关键。近年来，利用化学修饰、点突变以及基因重组等技术将催化活性直接引入抗体结合位点或改善其活性已取得了一定的成功。

1. 抗体酶的制备方法

抗体酶的制备方法很多，目前已见从不同角度进行归纳的资料，综合来看已有诱导法、拷贝法、引入法、抗体库法等几类。迄今为止，大多数抗体酶是由诱导法获得的，也是 Lerner 和 Schultz 最初获得抗体酶所采用的方法，可称为经典法。

（1）诱导法

诱导法是根据化学反应的过渡态理论，模仿酶催化作用，设计合成一种底物的稳定过渡态化合物的类似物，作为半抗原（无抗原性），再将其共价结合到相对分子质量大于 5 000 的载体（通常是牛血清白蛋白等）上，构成抗原，用它注射哺乳动物（例如小白鼠），使其 B 淋巴细胞产生针对这个抗原的抗体。如此产生的抗体往往是多克隆抗体。为了找到单克隆抗体（简称单抗）酶，必须应用杂交瘤技术，将已产生抗体的动物的 B 细胞与骨髓瘤细胞融合，以获得产生单克隆抗体酶的杂交瘤细胞，经过反复筛选，找到符合要求的单抗杂交瘤细胞株（此过程称为单克隆化），大量培养，从中提取抗体酶（图 6-2）。也可以将杂交瘤细胞株接种到动物腹腔内，然后从腹水中提取单克隆抗体酶。过渡态类似物的设计与合成是此法的关键，但是，现在对酶的过渡态本身的了解还很有限，因此要另辟蹊径。

图 6-2　诱导法制备抗体酶示意图

（2）拷贝法

拷贝法原理较简单,用酶蛋白质注射小白鼠,获得抗酶抗体(图 6-3 中间的"Y"形物),再用抗酶抗体注射另外的小白鼠,并单克隆化,从而获得抗酶抗体的抗体,简称抗抗体,从单克隆抗抗体中筛选出具有原来酶活性的抗抗体(图 6-3 中右端)就是抗体酶。这是以酶为模板制备出来的抗体酶,催化活性也是模板酶的翻版。实际上每次免疫动物时,都会产生多种多克隆抗体,要找到抗酶抗体和最后获得抗抗体,都是很麻烦的。

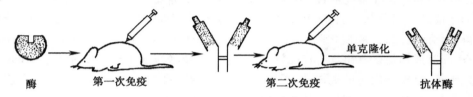

图 6-3　拷贝法制备抗体酶示意图

（3）引入法

引入法是将催化基团或辅因子或底物类似物引入抗体的抗原结合部位。例如,吉林大学酶工程实验室罗贵民研究小组,从谷胱甘肽过氧化物酶(GPX)的底物之一谷胱甘肽(GSH)出发,合成它的衍生物(GSH-DNP或其甲酯或丁酯)作为半抗原,制备出具有底物结合部位的抗体,但是此抗体还没有催化活性。然后,用化学诱变法,将抗体结合部位的丝氨酸(Ser)变为硒代半胱氨酸(SeCys),这就引入了催化基团,由此得到抗体酶。据称这种抗体酶系列中,其 GPX 活性以 GSH-DNP 丁酯诱导的抗体酶的活性最高,达到天然兔肝 GPX 活力的 8.5 倍。他们称此法为抗体结合部位修饰法。

精心设计的底物类似物为半抗原,对动物进行一次免疫,可产生既有辅因子结合部位,又有底物结合部位的抗体。这种设计理念,现在集中在将金属结合部位引入抗体的研究,例如,将三亚乙基四胺 Co(Ⅲ)连接到肽底物上作半抗原,获得了金属蛋白酶催化活力;还可引入黄素、吡哆醛等。

用蛋白质工程定位诱变法,可以精确地将催化基团引入到抗体结合部位。

（4）抗体库法

抗体库法是用基因克隆技术,将全套抗体重链和轻链可变区基因克隆出来,重组到大肠杆菌表达载体中,由大肠杆菌直接表达有功能的抗体分子片段,从中筛选出特异性的可变区基因,从而制备抗体酶。此法比较利用杂交瘤技术制备单抗有许多优点,但也有许多技术难点待攻克。

2. 抗体酶的应用前景

随着抗体酶制备方法和催化反应范围的不断扩大,其应用前景将不可估量。它将在医学、化学、生物学、免疫学、制药学等诸多领域中发挥重要作用,包括如下几个方面。

（1）可以使不可能发生的化学反应变为可能。

（2）可以使苛刻条件下的化学反应在温和条件下实现。

（3）可以选择性地催化平行反应中的某一反应，从而大大增加目标产品的产率。它可以实现有机化学家梦寐以求的不对称合成，只催化生成某一光学异构体的反应，使原料的利用率大大提高。

（4）在不久的将来，有可能研究成功蛋白质氨基酸序列快速分析的抗体酶，从而大大简化和加速蛋白质氨基酸序列的测定。

（5）病毒蛋白在水解过程中的过渡态类似物诱导的抗体酶，可作为药学上的接种疫苗。

（6）指导未知酶的寻找。

（7）通过对抗体酶及其过渡态类似物结构的研究，无疑对确定基元反应的过渡态提供了十分有用的信息，为确定化学反应机理提供了依据。

短短的几十年里，抗体酶的研究获得了迅猛的发展，取得了长足的进步。科学家们正在使动物的免疫系统成为制造催化剂的"高级裁缝"，使它能根据过渡态类似物的几何形状、电荷分布、酸碱性质等"量体裁衣式"地制造抗体酶，使科学迈向催化剂制备的自由王国，这将使人类向实现控制化学反应的目标不断逼近。

四、杂合酶

杂合酶（hybrid enzyme）是以酶为主要对象的蛋白质工程研究的重要课题，定义尚未明晰。一般认为，杂合酶是由两种以上的酶的结构单元或酶构成的新酶。把来自不同酶的结构单元（单个功能基、二级结构、三级结构或功能域），或整个酶分子，进行组合或交换，可能获得具有所需性质的优化酶杂合体。前述酶的交联，就有可能产生杂合酶。通常把研制杂合酶的方法大致分为两类：一是理性设计法，是在详尽研究了解作为操作对象的酶的基础上进行设计，然后，对它们的结构单元进行组合或交换操作，从而制备出新奇的杂合体。二是非理性设计法，是利用基因的可操作性，在实验室模拟自然界生物进化的进程，通过构建各种基因库，从中筛选所需性质杂合体的方法。其中就包含产生杂合酶的机遇。杂合酶技术将创造出超自然蛋白质（酶），这也是蛋白质工程所追求的目标之一。现在蛋白质工程的新技术层出不穷，已为杂合酶的开发和生产开辟了道路。已有转移活性部位（如催化基团、结合基团）到另一蛋白质，二级结构互换，功能域替换等并获得成功的研究报道。如 Hopper 将凝血因子的 N 末端亚结构域与胰蛋白酶 C 末端的亚结构域重组，创造出一个有活性的新酶，该酶水解底物范围变宽，并表现出一些不同于亲本的新特性。另一个成功构建杂合酶的实例是酰基载体蛋白脱氢酶（acyl carrier protein dehydrogenase，ACP 脱氢酶）。该酶可在一定长度的脂肪酸链的特定位置引入双键，植物油中单不饱和脂肪酸主要是由这些不同底物专一性的 ACP 脱氢酶造成的。人们通过 Δ^{6}-16∶0-ACP 脱氢酶和 Δ^{9}-18∶0-ACP 脱氢酶互换一段顺序构建一系列杂合酶，并分析其底物链长专一性或引入双链位置特异性的改变，筛选到一种杂合酶。其活性比亲本 Δ^{6}-16∶0-ACP 脱氢酶明显提高，分别为对 Δ^{6}-16∶0-ACP 比活性增加 2 倍，对 Δ^{9}-18∶0-ACP 比活性增加 15 倍。杂合酶技术已成为改造酶分子的有效方法之一。

第三节　合成酶和印迹酶

合成酶和印迹酶都是以酶催化理论为基础，以化学方法为主要手段研制的人工酶。实际上，人工酶的研制，包括前述抗体酶等，应该说都是生物工程和化学相互渗透取得的创造性成果。生物分子间的识别现象，促进了主—客体化学（host-guest chemistry）和超分子化学（supermolecular chemistry）的诞生，超分子化学理论的发展，又为诸如人工酶研制等提供了新的思路和技术。由于越来越多的酶的结构及催化机制在分子水平上得到解读，为开发人工酶特别是合成酶、印迹酶等提供了设计依据，人工酶的研究已成为化学领域的主要课题之一。

一、合成酶

1. 合成酶研究的一般原理

狭义地讲，合成酶就是模拟天然酶的催化功能，人工合成或半合成的酶催化剂，就是模拟酶或酶模型。酶如何催化底物发生反应？目前的解释是，酶先与其专一识别的底物结合，并使其形成特定结构的过渡态，降低反应的活化能，从而加快反应速度。合成酶的研究依据酶催化的特点，利用化学、生物化学等方法，设计并合成一些较天然酶简单的分子，用它们作模型，模拟酶对其底物的识别、结合和催化的过程。亦即在分子水平上模拟酶活性部位的形状、大小、结合基团、催化基团以及微环境的结构等。

酶模型研究的另一理论基础是主—客体化学和超分子化学。主—客体化学来源于酶和底物相互作用的启示，酶就是主体分子，底物是客体分子，两者通过配位键或其他次级键形成稳定的"主—客体复合物"，换言之，就是一种"超分子（supermolecules）"。超分子是由受体（例如酶）和底物在分子识别原则基础上，经过非共价键相互作用形成的具有稳定的结构和性质的实体。如果能根据酶催化机制，合成出可以识别底物，又具有酶活性部位催化基团的主体分子，就能有效地模拟酶催化过程。现在已有人提出，一个较理想的合成酶，应具有以下特点：① 酶模型应为底物提供良好的疏水洞穴；② 应提供形成离子键、氢键的可能性，以利于结合底物；③ 催化基团必须尽可能与底物的功能基团相接近，以促使反应定向发生；④ 模型应有足够的水溶性，并在接近生理条件下保持其催化活性。

合成酶数量日益增多，按其属性可分为：① 主—客体酶模型；② 胶束酶模型；③ 肽酶；④ 分子印迹酶模型；⑤ 半合成酶等。目前，一般认为，研制小分子酶模型较为理想的体系是环糊精、冠醚、环番、环芳烃和卟啉等大环化合物等。它们是合成主—客体酶模型主体分子的出发点，其中从环糊精（简称 CD）出发，在模拟水解酶、转氨酶、氧化还原酶、羟醛缩合酶等方面，已进行了大量的研究，取得了许多可喜的成果。近年来，在研究胶束酶、肽酶、分子印迹酶、半合成酶等方面，也取得了很大的进展。

2. 合成酶实例

【例 1】 环糊精对 α-胰凝乳蛋白酶的模拟

环糊精是葡萄糖通过 α-1,4-糖苷连接的环状分子，含糖基数 6,7 或 8 个，分别称为 α-CD,β-CD,γ-CD,图 6-4 是环糊精结构示意图，俯视呈花冠形，侧视呈桶形，羟基分别位于两端开口处,因而,CD 分子外侧是亲水的,羟基可与多种客体分子形成氢键;内侧是疏水性的,能包结多种客体分子,很类似酶对底物的识别。

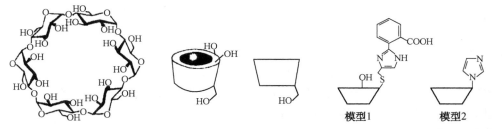

图 6-4　环糊精结构示意图　　　　　图 6-5　环糊精模拟胰蛋白酶模型

已知 α-胰凝乳蛋白酶的活性中心具有疏水性的环状结构,催化部位由 His57 的咪唑基、Asp102 的羧基和 Ser195 的羟基三者共同组成"电荷中继系统",来完成对蛋白质肽键的催化水解。Bender 等用环糊精合成了图 6-5 的模型 1,称为酶 Benzyme,其催化对-叔丁基苯基乙酸酯(p-NPAc)水解的活性,比天然酶快 1 倍以上。Rama 等将咪唑 N 直接与 β-CD 的 C-3 相连,所得模型 2,催化 p-NPAc 的水解比天然酶快上 10 倍。这说明咪唑基在酶催化中起重要作用,也显示了酶模型对酶催化机制探讨的价值。值得注意的是,环糊精模拟酶的催化解酯活性比天然酶高,不等于催化蛋白质水解活性也高。实际上,CD 模型酶与底物的结合常数,目前还很少有能和天然酶相比的。因而近年来学者们正在桥联环糊精和聚合环糊精的酶模型方面下工夫,有一些结果表明,模型酶—底物的结合常数,和单分子 CD 同比,提高了上百倍。

【例 2】　β-CD 模拟转氨酶

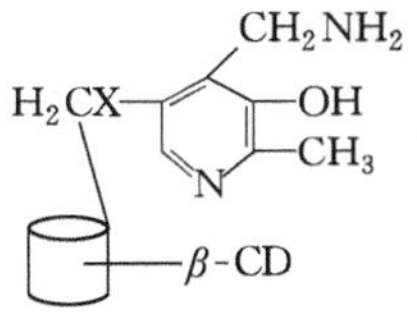

已知转氨酶以磷酸吡哆醛(胺)为辅酶催化反应过程,底物氨基(酮基)与辅酶的酮基(氨基)之间,通过形成席夫氏碱中间物,完成氨基转移。Breslow 等将吡哆胺与 β-CD 活化后的羟基反应,生成 β-CD-吡哆胺(图 6-6),实现了 α-酮酸的催化转氨反应:

图 6-6　β-CD-吡哆胺模式

$$\beta\text{-CD-吡哆胺} + RCOCOOH \longrightarrow \beta\text{-CD-吡哆醛} + RC(NH_2)COOH$$

【例 3】　肽酶

肽酶(pepzyme)是模拟天然酶活性中心,用人工方法合成具有催化活性的多肽,现已成为多肽合成的热点之一。Atassi 和 Manshouri 根据 α-胰凝乳蛋白酶和胰蛋白酶晶体化学数据模拟酶活性部位,人工合成了两个 29 肽 ChPepz 和 TrPepz。研究结果表明:ChPepz 和 TrPepz 与模拟的 α-胰凝乳蛋白酶和胰蛋白酶的催化特性相同,其活性比天然酶略低。ChPepz 能够催化苯甲酰酪氨酸乙酯的水解,而不能催化对甲苯磺酰精氨酸甲酯的水解;TrPepz 则相反,只能催化对甲苯磺酰精氨酸甲酯的水解,而不能催化苯甲酰酪氨酸乙酯的水解。

【例 4】　半合成"黄素木瓜蛋白酶"

半合成法研制模拟酶,即是以天然酶或非酶蛋白质为母体,引进催化基团或/和结合部位。Kaiser 等根据黄素酶类的辅基参与催化脱氢的部位是黄素这一特点,将黄素的 8-甲基活化为溴乙酰基,然后,与天然木瓜蛋白酶的一个组氨酸咪唑基氮共价结合,结果这个黄素木瓜蛋白酶失去了蛋白酶的催化活性,而催化氧化还原反应的活性是黄素酶的1 000 倍。

二、印迹酶

1. 分子印迹的一般原理

印迹酶也是一类合成酶,是近十多年来分子印迹(molecular imprinting)技术发展的一个重要应用方面,属于超分子的研究范畴,也是工程酶研制的新兴领域。分子印迹技术经过几十年的发展已日趋成熟。通俗地讲,分子印迹就是用某种特定分子(模板分子或印迹分子)当模板,选用一种单体,与模板分子充分作用,随即引发单体在模板的周围聚合,当印迹分子除去后,聚合物就留下了印迹分子形状的空间,并能识别印迹分子,就像"锁"识别"钥匙"那样。不过印迹酶已可以用适度变性的非酶蛋白质或酶,用印迹分子进行构象诱导,并用交联剂将所获得的构象固定下来,除去印迹分子后,有可能获得具有新催化活性的酶。这也可以说是一种半合成法。

分子印迹酶的制备技术过程:① 选定印迹分子和功能单体,使之发生互补反应;② 在印迹分子—功能单体复合物周围发生聚合反应;③ 用抽提法从聚合物中除掉印迹分子。结果形成的聚合物内保留有与印迹分子的形状、大小完全一样的孔穴(图 6-7),也就是说印迹的聚合物能维持相对于印迹分子的互补性,因此该聚合物能以高选择性重新结合印迹分子。

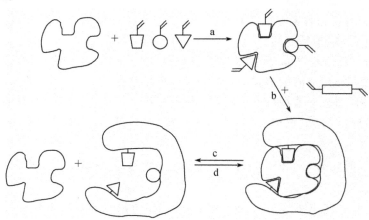

图 6-7 分子印迹过程示意图

a. 自组装;b. 聚合;c. 解吸附/抽取;d. 吸附/识别

无论用哪种方法制备印迹酶,选择印迹分子都是重要的,从酶催化原理考虑,选择酶的底物、底物类似物、抑制剂、过渡态类似物和产物等作为印迹分子是比较方便的。用过渡态类似物作为印迹分子,原理和制备抗体酶相同,只是以人工合成的聚合物代替了抗体。合成适合的过渡态类似物,比选用底物等的难度大得多;合成底物类似物相对容易一些。有实验证明,用产物分子作印迹获得的模拟酶,比底物印迹酶的活性更高。

用聚合法进行印迹酶制备,选择适合的单体、交联剂和溶剂都很重要。目前分子印迹聚合中,常用的单体是羧酸类如丙烯酸、甲基丙烯酸、乙烯基苯甲酸等;杂环弱碱类如乙烯吡啶、乙烯基咪唑等。在肽类分子印迹中,常用多官能团交联剂,如季戊四醇三(或四)丙烯酸酯。溶剂常用甲苯、二氯甲烷等低介电常数的试剂。

2. 印迹酶实例

【例 1】 用吲哚丙酸为印迹分子,印迹牛胰核糖核酸酶,获得酯水解活性印迹酶

Keyes 等将选用的酶在部分变性条件下与吲哚丙酸充分作用后,用戊二醛交联固定印迹酶的构象,经过透析除去印迹分子后,就得到了印迹酶。纯化实验表明,在印迹过程中,同时产生了蛋白质分子间的交联,其中,低相对分子质量组分的酯水解活性最高。印迹酶对含芳环的氨基酸酯如色氨酸乙酯、苯基-L-精氨酸乙酯、酪氨酸乙酯等的水解活性,高于甘氨酸乙酯、赖氨酸乙酯等的水解活性。这表明,吲哚环的诱导对印迹酶的底物结合部位的疏水性形成起了关键作用。这个半合成印迹酶改变了原酶的催化活性(核糖核酸酶无此酯水解活性),没有改变原酶的最适 pH、底物饱和特性和产物抑制等。

【例 2】 用聚合法制备具有二肽合成催化功能的印迹酶

Mosbach 等要合成一种能催化 Z-L-Asp-L-Phe-Me 二肽合成的印迹酶,他们分别用底物 Z-L-Asp(Z 为苯甲氧羰酰基,是肽合成时常用的一种氨基酸氨基的保护基)和 L-Phe 的混合物(1∶1)、产物二肽为印迹分子,以甲基丙烯酸甲酯为聚合单体,二亚乙基丙烯酸甲酯为交联剂,聚合后得到了两种能催化 Z-L-天冬氨酸和 L-苯丙氨酸甲酯缩合成二肽的印迹酶。实验证明,以产物为印迹分子合成的酶,催化二肽合成的活性高,而以底物为印迹分子的酶催化活性较低。

【例 3】 用印迹技术改变酶的催化性能

酶在非水相中的反应研究发现,酶在非水环境中不仅其构象刚性增强,热稳定性增强,底物专一性改变,而且酶在水相中若受印迹分子诱导后,将其冷冻干燥,然后再置于有机溶剂中,这种由诱导获得的结合部位,会被"记忆"下来。Klibanov 等将枯草杆菌蛋白酶从含有竞争性抑制剂 N-Ac-Tyr-NH$_4^+$ 的缓冲溶液中沉淀出来,冷冻干燥后,置于无水有机溶剂中,发现其活性比未印迹的酶高 100 倍;印迹酶在水相中反应的活力不变。Braco 等将两亲性的表面活性剂与脂肪酶充分作用后,冷冻干燥,再用有机溶剂洗去表面活性剂,结果改变了脂肪酶在通常状态下活性部位"被盖着"的结构特点,活性部位呈"开启"状态的活性印迹酶,催化效率比非印迹酶提高上百倍。

目前,应用分子印迹技术已制备出包括水解、转氨、脱羧、酯合成、氧化还原等反应类型的印迹酶。聚合物印迹酶的催化活性普遍比天然酶低,但制备操作并不复杂,印迹分子选择范围广,聚合物印迹酶还有明显的耐热、耐酸碱和稳定性好等优点,开发应用潜力很大。

第四节　核酶与脱氧核酶

长期以来,人们一直认为酶是唯一具有生物催化功能的大分子——生物催化剂,生物催化剂就是酶。酶的化学本质是蛋白质。然而,20 世纪 80 年代以来的研究发现彻底改变了人们对生物催化剂的认识。即除了蛋白质属性的酶以外,有些核酸分子(RNA 或 DNA 分子)也具有生物催化功能,被称为核酶(ribozyme)或脱氧核酶(DNAzyme)。从此,生物催化剂家族增添了新成员——核酶与脱氧核酶(其化学本质是 RNA 或 DNA)。

一、核酶

1. 核酶的发现和定义

1981年美国科罗拉多大学 Cech T R 等人发现四膜虫的核糖体前体 RNA 可以在体外自我剪接，在没有蛋白质存在的情况下自身催化切除内含子，即催化其主链上的磷酸二酯键的断裂和连接反应，完成该前体 RNA 的加工过程。随后证明其内含子的 *L*-19 IVS(395个核苷酸的线性分子)具有多种催化功能。这种具有催化功能的 RNA 分子被称为核酶。1983年 Altman S 等人发现 RNase P 的核酸组分 M1RNA 具有酶活性，而该酶的蛋白质部分 C5 蛋白并无酶活性。Cech T R 和 Altman S 因发现 ribozyme 而获得1989年度诺贝尔化学奖。

2. 核酶的类型和种类

到目前为止，在自然界中发现的核酶根据其催化的反应可以分成两大类：一是切割型核酶，这类核酶催化自身或者异体 RNA 的切割，相当于核酸内切酶，主要包括锤头型核酶、发夹型核酶、丁型肝炎病毒（HDV）核酶以及有蛋白质参与协助完成催化的蛋白质-RNA 复合酶（RNase P）；二是剪接型核酶，这类核酶主要包括 Ⅰ 型内含子和 Ⅱ 型内含子，实现 mRNA 前体自我拼接，具有核酸内切酶和连接酶两种活性。

【例1】 锤头型核酶

Symons R H 等比较了一些植物类病毒、抗病毒和卫星病毒 RNA 自身剪切规律后提出了锤头结构（hammer head structure)模型。它是由13个保守核苷酸残基和3个螺旋结构域构成(图6-8)。Symons R H 等认为，只要具备锤头状二级结构和13个保守核苷酸，剪切反应就会在锤头结构的右上方 GUX 序列的 3′ 端自动发生。无论是天然的还是人工合成的锤头结构都由两部分构成：催化结构域（R）和底物结合结构域（S）。

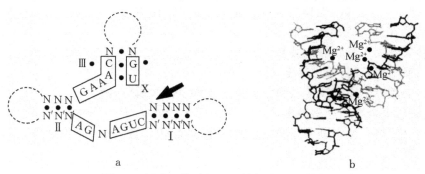

图 6-8 锤头型核酶的二级结构和空间结构

a. 锤头型核酶的二级结构：Ⅰ，Ⅱ，Ⅲ 为双螺旋区；N，N′代表任意碱基；

X 可为 A，U，C，但不能为 G；箭头表示切割部位

b. 锤头型核酶的空间结构

Lott B W 等人提出了锤头型核酶催化反应的两种可能的化学机制：单金属氢氧化物离子模型机制和双金属离子模型（图6-9)。图6-9a 中金属氢氧化物作为广义碱，从 2′-羟基获得一个质子，这个被活化了的 2′-羟基作为亲核基团，攻击切割位点的磷酸。图6-9b 中 A 位点的金属离子作为 Lewis 酸接收 2′-羟基的电子，这便极化并减弱了 O—H 键，使 2′-羟基中的质子更容易离去。B 位点的金属离子也作为 Lewis 酸接收 5′-羟基的电子，

极化并减弱了 O—P 键,使 O 成为更容易离去的基团。张礼和等人研究表明:切割位点 5′离去基团的脱离不论在核酶催化下还是在无酶催化下,都是天然 RNA 底物切割反应的限速步骤。通过 Mn^{2+} 代替 Mg^{2+} 作为辅助因子,发现催化不同底物 RNA 的切割速率都有不同程度的提高,量化分析的结果与双金属离子模型机制相符。

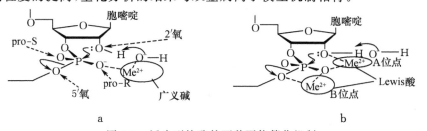

图 6-9　锤头型核酶的两种可能催化机制

a. 单金属离子模型机制；b. 双金属离子模型机制

【例 2】　发夹型核酶

发夹型核酶的二级结构模型表明:50 个碱基的核酶和 14 个碱基的底物形成了发夹状的二级结构,包括 4 个螺旋和 5 个突环,螺旋Ⅲ和螺旋Ⅳ在核酶内部形成,螺旋Ⅰ和螺旋Ⅱ由核酶与底物共同形成,实现了酶与底物的结合。核酶的识别顺序是 NGUC,位于螺旋Ⅰ和螺旋Ⅱ之间的底物 RNA 链上,切割反应发生在 N,G 之间(图 6-10)。

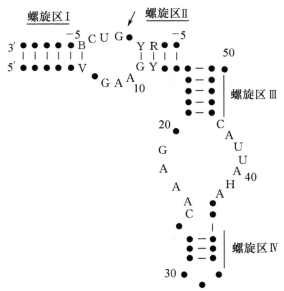

图 6-10　发夹型核酶的二级结构模型

箭头表示切割部位

【例 3】　剪切型核酶

Ⅰ型内含子(group Ⅰ *intron*)核酶是剪切型核酶的典型代表。Cech T R 及其同事发现四膜虫的核糖体前体 RNA 可以在体外无蛋白质参与下切除自身 413 个核苷酸内含子片段(IVS)。剪切型核酶催化的反应包括两个连续的转酯反应,并且需要 Mg^{2+} 或 Mn^{2+} 及鸟苷(或鸟苷酸)的参与(图 6-11)。

Ⅰ型内含子的界限可以简单地用 5′-外显子(*exon*)3′端的 U 和内含子 3′端的 G 来

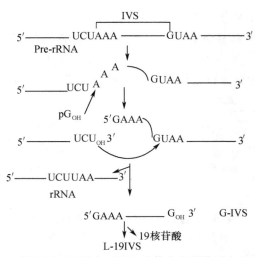

图 6-11　四膜虫 rRNA 前体自我剪接反应

界定。Ⅰ型内含子能否自身剪接与它们保守的二级和三级结构有关。内含子形成高级结构的折叠结果使关键残基形成活性部位，在辅助因子的参与下实现自身剪接。除了剪接之外，Ⅰ型内含子还可催化各种分子间反应，包括剪切 RNA 和 DNA、RNA 聚合、核苷酰转移、模板 RNA 连接、氨酰基酯解等。

　　3. 核酶的作用特点

　　核酶是非蛋白酶。它是一类特殊的 RNA，能够催化 RNA 分子中的磷酸酯键的水解及其逆反应(图 6-12)。核酶主要催化各种 RNA 前体的加工反应，有些核酶还具有其他酶活性，如核苷酰转移酶、磷酸二酯酶、磷酸转移酶、酸性磷酸酶、氨基酸酯酶、肽基转移酶、氨酰-tRNA 合成酶等活性。

图 6-12　核酶催化反应机制

　　核酶的化学本质是 RNA，作用底物大多是 RNA，也可以是肽键。反应特异性(专一性)由特定的碱基决定。核酶催化效率较低，易受 RNase 降解。与蛋白质属性的酶相比，核酸分子总体的催化潜力相差甚远，但由于可以遗传和变异而被自然界保留下来催化一些特殊反应。核酶具有独特的优点：治疗用核酶注入体内不会产生免疫原性；对具有切割活力的核酶可以自由地设计其切割 RNA 的位点。分子进化工程的诞生极大地促进了核酶的研究，人工进化出自然界中不存在的具多种功能的核酶(包括单链 DNA 酶)，这在理论和实际应用中都具有很大的意义。

　　二、脱氧核酶

　　1. 脱氧核酶的发现

　　一般认为双链 DNA 是一种很不活泼的分子，在生物体内适合编码和携带遗传信息。但单链 DNA 能否像 RNA 那样通过自身卷曲形成不同的三维结构而行使特定功能呢？研究表明，自然界中没有发现具有催化能力的 DNA 存在；但是，在特定的条件下，有些人工合成的单链 DNA 具有催化功能。1994 年,Breaker R R 等利用体外选择技术发现了切割 RNA 的 DNA 分子,并将其命名为脱氧核酶(DNAzyme)。

2. 脱氧核酶作用特点

大多数脱氧核酶实现其催化功能需要 Mg^{2+},Zn^{2+},Cu^{2+},Pb^{2+},Ca^{2+} 等二价金属离子作为辅助因子。这些二价离子的作用主要有 3 种:① 中和 DNA 单链上的负电荷,从而增加单链 DNA 的刚性(刚性结构对催化分子的精确定位、发挥功能是必需的);② 利用金属离子的螯合作用发挥空间诱导效应,使脱氧核酶和底物形成复杂的空间结构;③ 产生 H^+,诱导并参与体系的电子或质子传递,催化体系发生氧化还原反应。此外,辅酶、维生素、氨基酸等有机小分子作辅助因子,也可以增加 DNA/RNA 的催化潜能。如 Roth A 和 Breaker R R 筛选到以组氨酸为辅因子的催化 RNA 切割的脱氧核酶,可提高反应速率约 100 万倍。有些脱氧核酶不需要辅助因子,如 Geyer C R 等获得称为"G3"的催化切割 RNA 分子的脱氧核酶,在既没有二价阳离子也没有任何其他的辅助因子存在下反应速率提高近 10^8 倍。

3. 脱氧核酶的催化反应类型

目前,人们通过体外选择的方法已相继获得具有切割 RNA 和 DNA 水解酶功能、连接酶功能、多核苷酸激酶和过氧化酶功能,以及催化卟啉环金属离子化的脱氧核酶功能,一些具有新功能的脱氧核酶还将不断被发现。迄今为止,天然结构的脱氧核酶还未被发现,所有的脱氧核酶都是通过体外选择得到的。催化反应的类型主要有:切割 RNA 的脱氧核酶、切割 DNA 的脱氧核酶以及具有连接酶或激酶活性的脱氧核酶。

(1) 切割 RNA 的脱氧核酶

这类脱氧核酶是目前筛选到的最多的核酶,其中最具代表性和实用性的是 Joyce G F 等发现的切割 RNA 的 10-23 型脱氧核酶。它包括两个结构域:由 15 个核苷酸构成的催化结构域,两边分别带有 7 个~8 个脱氧核苷酸构成底物结合结构域。RNA 底物以碱基配对方式与脱氧核酶两端的底物结合区结合,中间有一个未配对的嘌呤残基与其相邻的嘧啶残基之间的磷酸二酯键就是脱氧核酶催化切割位点(图 6-13)。与 10-23 型脱氧核酶的作用机制不同,Sheppard T L 等筛选到一种切割 RNA 分子 8-17 型脱氧核酶。该酶具有 N-糖苷酶活性,可以水解特定位置上脱氧鸟苷的 N-糖苷键,实现去嘌呤作用,在这个位置上剪切 DNA 分子。

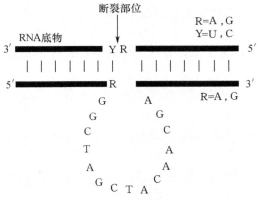

图 6-13 10-23 型脱氧核酶的二级结构

（2）切割 DNA 的脱氧核酶——手枪型脱氧核酶

手枪型脱氧核酶的二级结构呈手枪形，分为 I 型和 II 型，具有自切割 DNA 分子的能力。其中 I 型自切割的脱氧核酶需要 Cu^{2+} 和维生素 C，采用氧化机制自身断裂；II 型脱氧核酶呈简单的二级结构，与氧化 DNA 分裂相反，采取的是直接水解机制分裂 DNA。

（3）其他类型

有些脱氧核酶具有激酶活性。Ronald R，Breaker R R 等从 DNA 随机库中筛选得到 50 多种具有多核苷酸激酶活性，是可以自身磷酸化的 DNA 分子。其中一个依赖 ATP 的脱氧核酶对 ATP 的利用效率比对其他三种多磷酸核苷酸（CTP，GTP，UTP）的利用率高 40 000 多倍，ATP 的水解速率比非催化反应提高了近 1.3×10^7 倍。有些脱氧核酶还可以催化连接反应，DNA 5′端的羟基的 O 亲核进攻另一个 DNA 分子 3′端的带有咪唑基的 P，产生 5′-3′磷酸二酯键释放咪唑基（图 6-14）。

图 6-14　脱氧核酶催化连接反应机制

三、核酶和脱氧核酶的应用

核酶和脱氧核酶是具有催化活性的小分子核酸（RNA/DNA），它们能特异性地剪切底物 RNA 分子，因而在疾病基因治疗领域有着广泛的应用前景。基因治疗最早是 Blaese R M 等人 1990 年进行的对腺苷脱氨酶（ADA）缺乏症的治疗，随后在对遗传病、病毒侵染、肿瘤等疾病的治疗中得到广泛的应用。我国学者薛京伦等 1991 年开展了血友病 B 基因治疗的临床试验，并取得了较为理想的效果。核酶发现几十年来，已取得了一批突破性的研究成果。应用核酶治疗人免疫缺陷病毒（HIV）、乙肝病毒（HBV）和丙肝病毒（HCV）等疾病已进入临床研究。针对 $K\text{-}ras$ 突变的非小细胞肺癌（NSCLs）、马凡综合征（MFS）的 FBN-1mRNA、常染色体显性色素视网膜炎（ADRD）视紫红质基因等的核酶治疗研究都有报道。

药用核酶必须具备以下条件：① 核酶本身对人体没有明显的危害；② 靶标 RNA 分子上的切割位点可以接近，并与核酶的底物结合区域碱基互补；③ 核酶能定位作用在靶标 RNA 存在的部位（同一组织、器官、细胞，最好是同一细胞器如核仁），并有足够量的核酶切割有害 mRNA。核酶还要有一定的稳定性，便于持续发生作用。

基因治疗采用的主要策略包括：① 向体内导入外源基因，取代体内有缺陷的基因发挥作用；② 对致病基因进行抑制，用反义核酸或核酶通过干涉致病基因的转录或翻译而清除其表达产物；③ 利用 RNA 切割型核酶或脱氧核酶通过识别特定位点而抑制目标基因的表达。虽然目前通过体外选择方法已经获得可以催化不同类型反应的核酶,但对医疗应用来说最主要的还是那些具有切割特定 RNA 顺序,从而可以在体内抑制某些有害基因的核酶(图 6-15)。

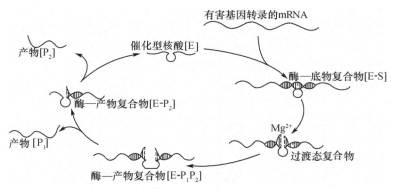

图 6-15　核酶或脱氧核酶用于基因治疗的基本原理

　　基于组合化学思路而进行靶位点可接近性判断的方法,可以成功获得最佳靶位点并设计出相应的核酶。即采用底物结合区域是随机序列的 RNA 切割型核酶库在一定条件下作用于底物 RNA,通过对切割产物末端的分析来判断易于被切割的靶位点顺序。另一种有效解决靶位点选择性的方法是应用混合核酶。它是由一组不同特性的核酶组成,分别针对靶 RNA 上不同的潜在切点,在多处破坏靶 RNA。核酸类分子在医疗中应用的最大挑战是如何将这些分子运送到它们的目标 RNA 分子所在的位置(细胞质或细胞核中)。将一些病毒设计成载体在目的细胞内表达核酶,得到了较为满意的结果,而脱氧核酶和化学合成的核酶还是需要从体外转运。目前核酶等寡核苷酸的转运形式主要可以分为两类:一类是病毒介导的转运;另一类是非病毒方法,用物理或者化学方法进行核酸的转运。

　　近年来出现的锁核酸核酶(LNAzyme)是由锁核酸(locked nucleic acid,LNA)衍生而来的。LNA 是一种新型特殊的双环状寡核苷酸衍生物,核酸结构中的 $2'$-O 和 $4'$-C 位通过不同的缩水作用形成氧亚甲基桥、硫亚甲基桥或胺亚甲基桥,形成的刚性缩合结构增加了磷酸盐骨架的局部结构的稳定性。LNA 作为一种新的反义核酸,具有与 DNA/RNA 强大的杂交亲和力、反义活性、抗核酸酶能力、水溶性好以及体内无毒性等特点。锁核酸核酶(LNAzyme)是一种经 LNA 修饰的 DNAzyme,即在 DNAzyme 的两个接合臂上引入一个或几个 LNA 单体。LNA 的引入大大增加了 LNAzyme 与底物的杂交亲和力,增强了切割反应的催化能力。LNAzyme 与相应的 DNAzyme 比,切割效率明显提高,而且切割的底物既可以是短的 RNA 分子,也可以是较长的和结构较复杂的 RNA 分子。目前研究表明,作为以寡核苷酸为基础的基因治疗,LNA 及 LNAzyme 最有希望成为今后的发展方向。

　　核酶和脱氧核酶作为一种基因治疗的手段已显示出其巨大的应用前景。尤其是靶标序列最佳剪切位点的筛选技术不断完善和提高,新型核酶和脱氧核酶结构的不断发现,以及在哺乳动物模型中的成功应用等成果,将极大促进核酶和脱氧核酶最终应用于人类疾病的治疗。

本 章 要 点

工程酶是除天然酶以外,所有经过某种修饰或人工合成的酶的总称,包括修饰酶和人工酶两大类。从修饰手段看,物理修饰不伤及酶蛋白的一级结构;化学修饰除金属置换酶外,都要或多或少改变一级结构;酶基因修饰则是改变基因的核苷酸以改变个别氨基酸的方法,也改变了一级结构。修饰的结果或多或少改变了酶构象,才使酶的功能得到优化。

化学修饰酶的制备方法,分为小分子修饰、大分子修饰、整体修饰几类,从应用角度讲,一般不伤及酶的活性中心,不改变底物专一性。因而,用大分子修饰或是载体偶联固定化,都是先将修饰剂(载体)活化,再与酶偶联。修饰剂(载体)大多数是一些多羟基、多氨基、多羧基的物质,先使其变成反应性活泼的基团,如重氮基、叠氮基、亚胺基、醛基、芳香氨基、卤代芳烃基等,然后和酶分子侧链的氨基等进行偶联反应,使酶得到修饰或固定化。化学修饰酶增强了酶的稳定性,增强了抗各种酶失活因素的性能,使药用酶的抗原性下降或消失,PEG修饰酶得到商家看重,此其诱因之一;肽链和糖链有限切除("瘦身"),目的之一亦在此。金属酶的金属置换,是提高某些工业酶制剂产量的简便易行的方法。化学诱变虽然目前只涉及酶分子丝氨酸变为半胱氨酸或硒代半胱氨酸的例子,但代表了酶修饰的一种新思路。

酶的基因克隆和基因诱变,已积累了丰富的克隆酶和诱变酶资料库,有的已开发为商品。基因克隆技术是基因工程的基本技术,都要从分离目的基因开始,再把它与载体DNA连接后,或直接导入受体细胞,筛选阳性重组和鉴定而获得克隆酶;或是经过不同的诱变处理后,再导入受体细胞,筛选和分析鉴定,而获得诱变酶。

现代科学技术的迅猛发展,使工程酶的研制日新月异。高压技术的进步,推动了高压法修饰酶的出现;单克隆技术的出现,使抗体酶的研制应时兴起;超分子化学和蛋白质工程技术的结合,使人工酶的研制又上新台阶,印迹酶、进化酶和杂合酶的研制,成为新亮点。本章对这些新兴研究方向作了简介,包括克隆酶、抗体酶,以及生物催化剂家族新成员——核酶或脱氧核酶。抗体酶制备的经典方法是,先设计制备半抗原,共价结合在某种蛋白质上,免疫动物,单克隆化后,获得抗体酶;拷贝法是用酶蛋白经过两次免疫注射得到的抗抗体;引入法是要引入催化基团、辅因子等;抗体库法较复杂。合成酶或模拟酶,多用环糊精、环番、冠醚等环状化合物为母体,根据酶催化机制,引入催化基团等,而合成模型酶。分子印迹技术是以某种小分子为模板(印迹分子),或是在其周围合成聚合物,除去印迹分子后而得到能识别印迹分子的模型物;或是印迹蛋白质等制得模型物。选用适合的底物、产物、抑制剂等作印迹分子,可制得印迹酶。核酶与脱氧核酶的研究则成为近年来的最新研究热点。

复 习 思 考 题

1. 酶为什么要修饰? 修饰酶有哪些途径?

2. 有哪些方法修饰酶是不涉及蛋白质一级结构改变的? 这些方法修饰的酶性能优化的主要原因是什么?

3. 何谓化学修饰酶? 酶的化学修饰通常修饰什么? 修饰的主要途径有哪些? 修饰酶发生了哪些性能变化? 为什么会产生这些变化?

4. 酶的大分子修饰和载体偶联法制备固定化酶为什么要活化大分子或载体?

5. 为什么要研制基因克隆酶? 制备基因克隆酶大致经过哪些步骤? 寡核苷酸诱导的定位突变大致操作有哪些步骤? 试归纳比较本章所述诱变酶和诱导构象重建酶的不同点。

6. 抗体酶的制备方法有哪几种？简述诱导法制备抗体酶的大致步骤。

7. 模型酶模拟什么？一个理想的合成酶应具有哪些特点？现在常用的研制合成酶的母体是哪些化合物？

8. 什么叫分子印迹酶？怎样制备？

9. 现有的核酶按催化功能分为哪些类型？核酶和脱氧核酶有什么实用价值？

10. 尿激酶是一种抗血栓药，天然酶在 37℃ 下 48 h，残余酶活力为 50%，用人血清白蛋白修饰的尿激酶，在相同条件（温度、时间）下，残余酶活力为 95%，试求两者的半衰期各是多少，天然酶残余活力为 95% 时的时间是多少。

第七章　有机溶剂中的酶催化作用

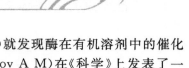

❋　学习提要

1. 了解酶催化反应的有机介质体系类型；
2. 掌握有机介质体系中酶催化的影响因素；
3. 了解有机溶剂中酶催化反应的类型和应用。

　　早在 1966 年，戴斯托利（Distoli F R）和浦瑞斯（Price）就发现酶在有机溶剂中的催化反应符合米氏方程。但直至 1984 年，克利巴诺夫（Klibanov A M）在《科学》上发表了一篇关于有机介质中进行的酶催化反应的条件和特点的综述，推动了这一领域的研究和开发应用。

　　酶能在有机介质中表现出生物活性，是对有机溶剂使酶变性、失活这一观念的挑战。

　　酶除了能在有机溶剂中表现催化活性外，还可在其他非水介质中表现其生物活性，发生催化反应，如超临界流体介质、气相介质、离子液介质以及低共溶混合体系等。现已初步建立起非水酶学（non-aqueous enzymology）的理论体系。许多应用性研究已用于工业生产。

　　本章只介绍有机溶剂中酶的催化反应。

　　酶在有机介质中的催化反应与其在以水为介质的催化反应相比较，酶易回收，产物易分离，微生物不易污染；水解酶能催化合成反应，水引起的副反应可控制。但不是所有的酶都能在有机溶剂中进行催化反应，且一般在有机溶剂中的酶促反应速度不高。

第一节　酶催化反应的有机介质体系

　　酶催化反应的有机介质体系包括含微量水的有机溶剂体系、水—水溶性有机溶剂单相体系、水—水不溶性有机溶剂两相体系及胶束体系和反胶束体系（图 7-1）。

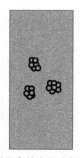

含微量水的有机溶剂体系　　水—水溶性有机溶剂单相体系　　水—水不溶性有机溶剂两相体系　　反胶束体系

图 7-1　有机介质反应体系的几种类型

一、含微量水的有机溶剂体系

由微量水（<2%）和水不溶性有机溶剂组成的体系，称为含微量水的有机溶剂体系，又称微水介质体系。是在有机介质酶催化反应中广泛应用的一种反应体系。

该反应体系中，微量的水主要是酶分子的结合水，它对维持酶分子的空间构象和催化活性极为重要。体系中还有一部分水分配在有机溶剂中。由于酶是亲水大分子，它不能溶解于疏水有机溶剂中，所以酶以冻干粉或固定化酶的形式悬浮于有机介质中，在悬浮状态下进行催化反应。

通常所说的有机介质反应体系主要是指微水有机介质体系。这个体系是多用途的，在有机合成中，这个体系更为有利。缺点是扩散限制使其反应速度较慢。

二、水—水溶性有机溶剂单相体系

该体系又称为水与水溶性有机溶剂组成的均一体系。它是由水和极性较大的有机溶剂混溶形成的反应体系。在此体系中，有机溶剂的含量一般占总体积的10%，特殊条件下可达50%～60%。酶和底物都是以溶解状态存在于体系中。常用的溶剂有二甲基亚砜（DMS）、二甲基甲酰胺（DMF）、四氢呋喃（THF）、二噁烷、丙酮、甲醇、乙醇、丙醇、乙二醇等。由于极性大的有机溶剂对大多数酶的催化活性影响较大，所以能在此反应体系进行催化反应的酶较少。但是，近几年来对辣根过氧化酶（HRP）的研究，使得人们开始极大地关注此反应体系。人们在此体系中用 HRP 催化酚类或芳香胺底物聚合生成聚酚或聚胺产品，这两类产品可用于环保黏合剂、导电聚合物和发光聚合物等功能材料合成。

三、水—水不溶性有机溶剂两相体系

该体系是由水和疏水性较强的有机溶剂组成的两相体系。游离酶、亲水性底物或产物溶解于水相，疏水性底物或产物溶解于有机溶剂相。如果采用固定化酶，则以悬浮形式存在于两相的界面。催化反应通常在两相的界面上进行。一般适用于产物和底物或两者其中一种是属于疏水化合物的催化反应。常用的溶剂有己烷、庚烷、环己烷、十六烷、醚类等。

此体系应用不广泛，研究得也不多。但已成功地用于疏水性很强的底物（如甾体、脂类和烯烃类）的生物催化反应。

四、（正）胶束体系和反胶束体系

1997 年发现水、疏水性有机溶剂和双亲性表面活性剂组成的体系，当水多时，可以形成"水包油"的（正）胶束；当水少时，可形成"油包水"的反胶束。特定条件下可形成各种过渡形态。

1.（正）胶束体系

胶束又称为正胶束或正胶团，其中表面活性剂的极性端朝外，非极性端朝内，有机溶剂包在液滴内部。反应时酶在胶束外面的水溶剂中，疏水性的底物或产物在胶束内部。

反应在胶束的两相界面进行（图 7-2a）。

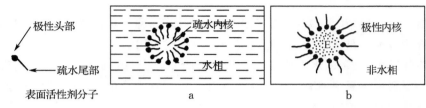

图 7-2　正胶束（a）和反胶束（b）的示意图

2. 反胶束体系

反胶束又称反相胶束或反胶团，体系中水和表面活性剂的物质的量比（ω_0）<15；表面活性剂与酶分子的物质的量比要大于 30。在该体系中，表面活性剂的极性端朝内，非极性端朝外，水溶液包在胶束内部。反应时，酶分子在反胶束内部的"小水池"中进行催化（图 7-2b），酶的稳定性较好，底物和产物可以自由进出胶束，这是其优点。适用于酶催化消旋体拆分、肽和氨基酸合成、高分子有机材料合成以及辅酶再生。

调节水、有机溶剂和表面活性剂三者的比例，可以得到不同尺寸和数量的胶束或反胶束体系。目前已有 40 多种酶在反胶束中显示了稳定性，活力甚至有超过在水介质中的。

在上述四种有机介质酶反应体系中，研究得最多、应用最广泛的是微水介质体系。本章以微水介质为主，介绍酶在有机介质中催化的特性、条件、影响因素及其应用。

第二节　有机溶剂中酶催化作用的影响因素

一、水

酶都溶于水，只有在一定量水存在的条件下，酶分子才能进行催化反应。在有机介质中进行的酶催化反应，水是不可缺少的成分。

有机介质中水的含量对酶的空间构象、稳定性、催化活性、催化反应速率等都有密切的关系。水还与酶催化作用的底物和反应产物的溶解度有关。

1. 必需水（或结合水）

酶分子的亲水基团均在其球形结构的表面，疏水基团在里面。酶分子需要一层水化层，以维持其完整的空间构象。酶分子只有在其空间构象完整的状态下才具有催化活性。在完全无水的条件下，酶基本上是无催化活性的。

维持酶分子完整的空间构象所必需的最低水量，称为必需水（essential water）。

必需水直接影响到酶分子的结构和性质。不同的酶，所需要的必需水的量相差很大。例如，每分子多酚氧化酶需要 350 个水分子，才能显示其催化活性；而每分子凝乳蛋白酶却只需要 50 个水分子，就可以保持其空间结构完整性，从而进行正常的催化反应。

必需水对酶分子是至关重要的。它是维持酶分子结构中氢键、疏水作用、范德华力、离子键等次级键所必需的，而这些次级键又是酶空间结构稳定的主要因素。因此，酶分子一旦失去必需水，就会影响空间结构的完整性，往往会失去催化活性。

2. 水活度及其对酶性质的影响

水在有机介质中以两类形式存在,一类是与酶分子紧密结合的结合水,另一类是溶解在有机溶剂中的游离水。

在有机介质体系中,酶的催化活性随着酶分子结合水量的增加而提高。在结合水量不变的条件下,体系中含水量的变化对酶的催化活性影响不大。所以说,酶分子的结合水含量是影响酶催化活性的关键因素。而水含量却受到酶分子以外的各种因素的影响。Halling 用水活度来描述有机溶剂中酶活力与水含量之间的关系。

水活度(activity of water,a_w)是指体系中水的逸度和纯水逸度之比,通常可以用体系中水的蒸气压与相同条件下纯水的蒸气压之比来表示。即:

$$a_w = \frac{p}{p_0} \tag{7-1}$$

式中:p 为在一定条件下体系中水的蒸气压;p_0 为同等条件下纯水的蒸气压。

水活度的大小直接反映出酶分子结合水的多少,而与体系中的含水量及所用溶剂无关,当然与所用溶剂的极性大小也没有关系。

水活度的大小易于测定,可以通过测定反应物平衡的液面上气体的相对湿度来获得。

3. 控制恒定水活度的方法

比较酶活性应该在恒定的水活度条件下进行,以避免水的干扰。一个恒定的水活度可以通过如下两种方法得到:① 把底物溶液和酶制剂分别与一种饱和浓度的无机盐溶液预先平衡以获得一定的水活度,再将两者混合起来进行反应;② 向干燥的反应混合物中直接加入一种盐的高水化物,后者释放出部分的水到体系中并部分转化成其低水化合物,盐的这种水化物(水合物)能在一定温度压力下建立平衡,从而给出一个恒定的水活度,所以是一种很好的水活度缓冲剂。

二、有机溶剂

有机溶剂是有机介质反应体系中的主要成分。常用的有机溶剂有正己烷、吡啶、丙醇、苯、季丁醇、乙腈、二氯甲烷等。

酶在有机介质的催化反应中,有机溶剂的性质对酶的活力、酶的稳定性、酶的催化特性、对酶分子表面的结合水、对酶作用底物和所生成的产物等都有显著的影响。

1. 有机溶剂的极性

有机溶剂的极性大小对酶促反应影响很大。有机溶剂的极性的强弱用极性系数 lg P 表示。P 是指溶剂在正辛烷与水两相中的分配系数。极性系数越大,表明其极性越弱,极性系数越小,则极性越强。

2. 有机溶剂对酶结构和功能的影响

酶具有完整的空间结构和活性中心才能发挥其催化功能。根据酶分子的特性不同和有机溶剂的特性不同,酶分子在有机溶剂中保持其空间结构的完整性的情况会有所差别:① 有一些酶在有机溶剂的作用下,其空间结构会受到某些破坏,从而使酶的催化活性受到影响甚至引起酶的变性失活。例如,碱性磷酸酶冻干粉悬浮于乙腈中 24 h,60%

的酶将不可逆地变性失活；②有一些酶在有机溶剂中,其整个空间结构和活性中心基本保持完整,能够在适当有机介质中进行催化反应。如蛋白酶、脂肪酶、多酚氧化酶、过氧化物酶、异构酶等。

有机溶剂对酶分子结构的影响主要有如下两个方面：①对酶分子表面结构的影响：有机溶剂可能会占据酶分子表面水的结合位点；②对酶活性中心底物结合位点的影响,当酶悬浮于有机溶剂中时,有一部分有机溶剂能够渗入酶分子的活性中心,与底物竞争活性中心的结合位点,降低酶对底物的结合能力,从而影响到酶的催化活性。有时还可能引起酶分子某些侧链重排。

3. 有机溶剂对酶分子表面结合水的影响

亲水性有机溶剂可以夺走酶分子表面的必需水,破坏维持酶蛋白结构的氢键、疏水作用、离子键等次级键,降低了酶的活性和稳定性。

有机溶剂的极性越强,越易于夺取酶分子表面的结合水,对酶的活性的影响就越大。例如：正已烷能夺取酶分子 0.5% 的结合水,甲醇则可以夺取酶分子 60% 的结合水。

4. 有机溶剂对酶作用底物和产物的影响

某些有机溶剂可以直接与底物、产物分子进行反应,或者可以通过底物和产物在水相和有机相的分配,从而影响其在酶分子表面的水层中浓度来改变酶的活性。

酶在有机介质中进行催化反应时,酶的作用底物首先必须进入酶的水化层,然后才能进入酶的活性中心进行催化反应。反应后生成的产物也首先要分布在酶的水化层中,然后才能从必需水层转移到有机溶剂中,产物必须移出必需水层,酶促反应才可能继续进行下去。故传质速率比在水溶液中低。

有机溶剂能够改变酶分子必需水层中底物和产物的浓度。如果有机溶剂的 $\lg P$ 大于 5,即极性很弱,疏水性太强,则疏水性底物难以从有机溶剂中进入必需水层,导致与酶分子活性中心结合的底物浓度较低,从而降低了酶的催化反应速率。如果有机溶剂的 $\lg P$ 小于 2,即极性过大,亲水性太强,则疏水性底物在有机溶剂中的溶解度低,底物浓度降低,也会使催化速率减慢。

5. 有机溶剂的选择

一般选用的有机溶剂符合下列条件：$2 \leqslant \lg P \leqslant 5$。同时也要考虑到如下三个问题：

(1) 有机溶剂与底物的相容性,如酶催化糖类的修饰反应,需在亲水的与水互溶的溶剂(如二甲基甲酰胺)中进行。若使用疏水性太强的溶剂,则底物不易溶解。

(2) 选择的溶剂对主要反应必须是惰性的,即不能参与主反应。例如,醇与酯之间发生的酯基转移反应生成新醇和新酯,就不能用醇也不能用酯作为溶剂。

(3) 其他因素,如有机溶剂的密度、黏度、表面张力及废物处理和成本等。

三、酶的应用形态(式)

在有机介质中使用的酶的主要形态有冻干粉、固定化酶、化学修饰酶和分子印迹酶等。

1. 干酶粉和酶晶体

干酶粉是目前大多数研究酶在有机溶剂中反应的学者所采用的最简单的形态。因为一个典型的非水介质反应体系中,水只占0.01%,因此,所使用的酶粉,是将酶进行沉淀分离后,经冷冻干燥,制得的酶干粉。将酶干粉悬浮于有机介质中进行催化反应。酶在冷冻干燥或其他方法脱水过程中,其活性中心的构象往往受到破坏,加入蔗糖、甘露糖等,可以保护酶,减少活力损失。近年发现,水解酶与高浓度盐(如氯化钾等)共同冷冻干燥,可使酶在有机溶剂中的催化反应活力异常地提高,提供了新的保护思路。

酶粉在有机介质体系的反应过程中,往往会聚集,降低反应速度,为避免此现象,应将酶粉尽量研细,反应中适当加大搅拌速度。

最近的研究表明,结晶酶在有机溶剂中很稳定,酶结构更接近水相中的特点,催化效率高于酶干粉和固定化酶,这将会成为新的研究热点。

2. 固定化酶

在有机溶剂中使用固定化酶,与在水相中的反应相比,突出的优点是提高了酶在有机溶剂中的扩散效率;有利于调节和控制酶的活性和选择性。用于有机溶剂中的固定化酶,常用的固定化方法有:载体吸附法、载体表面共价结合法与凝胶包埋法。交联酶晶体(CLEC)作为一种固定化酶,已成功地用于有机溶剂中的手性化合物的拆分。最近Scouten建立了一种定向固定化法,有学者称其为理想的固定化方法。

用于有机溶剂中的固定化酶,在固定化载体和固定化方法选择上,与用于水相的固定化酶有所不同。主要区别在于选择载体时,必须考虑反应体系中,水在载体和有机溶剂间的分配,应能满足酶在有机溶剂中反应所需要的最适微水环境,应有利于酶的稳定,有利于底物在反应体系中的扩散。研究表明,在有机溶剂中,酶的催化活性与载体的亲水性呈反相关,亲水性强的载体可能夺取酶的必需水。对于疏水性底物,选择疏水性载体,在反应体系中底物所受的扩散阻力小,反应速率快一些。

3. 化学修饰酶

酶在有机溶剂中比在水溶液中的催化反应速率通常要低几个数量级,这与酶在有机溶剂中不溶有关。对酶进行化学修饰,制备成可溶性的酶,可以提高酶的催化效率。一些研究者采用的修饰途径,主要有两种:

(1) 双亲分子共价结合修饰法

例如,聚乙二醇(PEG)是一种双亲化合物,常用单甲氧基聚乙二醇(MPEG-4000-8000),经氢脲酰氯活化后,很容易与酶分子表面的赖氨酸侧链上的氨基反应,使PEG共价结合于酶分子表面,从而增强其在有机溶剂中的可溶性。牛肝过氧化氢酶、胰凝乳蛋白酶和辣根过氧化物酶,都曾制得这种修饰酶,用于有机溶剂中的催化反应。

(2) 酶—脂质复合物制备法

例如,将具有疏水性长链二烷基的糖脂制成乳浊液,与酶的水溶液在冰冷的条件下混合,搅拌过夜,离心分离,收集沉淀,冷冻干燥,即可得到酶—糖脂复合物粉末。脂质在酶分子表面形成1~2分子层的膜。脂肪酶、枯草杆菌蛋白酶、胰凝乳蛋白酶等,都曾制得这种修饰酶,用于有机溶剂中的催化反应。

4. 印迹酶和pH"记忆"

(1) 印迹酶

利用酶与配体的相互作用,诱导改变酶的构象,制备具有结合配体和其类似物能力的"新酶"，即印迹酶。可用于非水相催化。

克利巴诺夫（Klibanov）等根据酶在有机溶剂中具有"刚性"结构的特点，巧妙地发展了印迹技术，将枯草杆菌蛋白酶从含有配体 N-Ac-Tyr-NH$_2$（酶的一种竞争性抑制剂）的缓冲溶液中沉淀，除去配体后，在微水有机溶剂中反应，发现其催化活性比无配体存在下的冻干酶粉高出 100 倍。而印迹酶在水溶液中的催化活性与未印迹的酶相同。他认为，酶在含有其配体的缓冲溶液中，肽链与配体间的氢键等相互作用使酶构象发生改变，这种新的构象在除去配体后，在有机溶剂中仍可保持，并通过氢键能特异地结合配体。

印迹酶在使用过程中必须控制好反应系统的含水量，不可超过一定限量，否则将会失去印迹时所获得的催化活性。控制水量，还可调节酶的活性和对底物的立体选择性。

（2）pH"记忆"

在有机介质反应体系中，酶所处的 pH 环境与其在冻干或吸附到载体之前所用的缓冲溶液 pH 相同，这种现象称为 pH"记忆"（或 pH"印迹"，pH-imprinting）。因为酶在冻干或吸附到载体时，其所处的缓冲溶液的 pH 决定了酶活性中心可离解基团的离解状态，当其从水溶液转到有机溶剂时，酶分子仍保留了原有的 pH"印迹"，原有的离解状态不变。可以说，这是一种特殊的分子印迹现象。因而，通过调节原有缓冲溶液的 pH，可以调节酶在有机溶剂中的反应 pH。

5. 反相胶束

自从 1997 年发现反相胶束中的酶具有催化活性以来，已报道 40 多种酶在反相胶束中都能保持活性。反相胶束既是一种反应体系，也是一种酶的使用形态。反相胶束中的酶活性，与体系的组成、pH、离子强度等多种因素有关，以体系的含水量至关重要。研究发现，当反相胶束中水与表面活性剂的物质的量比（ω_0）为 5 左右时，因为黏度较大，许多酶的活力低于在水中酶的活力数倍；ω_0 为 10 时，因为酶在微滴中的性质，与在水中接近，酶活力达到甚至超过在水中的酶活力。反相胶束中的酶比较耐热，提高反应温度，使反应加快，是常用的方法。反相胶束中的底物浓度，应小于在水中的使用浓度。与底物或与产物亲和力强的酶，容易发生抑制作用，不适宜用于反相胶束系统。

四、其他因素

1. 温度

许多酶在有机溶剂中的热稳定性，比在水中的稳定性好。例如，胰凝乳蛋白酶在无水辛烷中于 20℃保存 5 个月仍然可保持活性，而在水溶液中，其半衰期只有几天。因而，催化反应中适当提高反应温度，可以提高反应速度，提高产率。

酶在有机溶剂中热稳定性增强的原因是，有机介质中缺少引起酶分子热变性的水分子。因为水分子会引起酶分子中天门冬氨酰胺（Asn）和谷氨酰胺（Gln）的脱氨基作用，还可能会引起天门冬氨酸（Asp）肽键的水解，半胱氨酸（Cys）的氧化，二硫键的破坏等。

酶有机介质中的热稳定性，与介质中的水含量有关。一般来说，随着介质中水含量的增加，酶的热稳定性降低。如细胞色素氧化酶，在甲苯中的水含量从 1.3% 降到 0.3% 时，半衰期从 1.7 min 增到 4 h。核糖核酸酶在有机溶剂中的水含量，从 0.06 g·g^{-1}（pr.）增到 0.20 g·g^{-1}（pr.）时，酶的半衰期从 120 min 降到 45 min。

温度不仅影响酶在有机溶剂中的活力，还影响酶的立体选择性。温度低，选择性强。

但当酶、底物、有机溶剂、水量等因素匹配得当时,在较高温度下也可得到较好的选择性。

2. 溶剂的 pH 和离子强度

如前所述,有机溶剂中的酶,具有 pH"记忆"现象。原因是在有机溶剂中,要由酶分子表面的必需水维持其活性构象,换言之,在必需水存在条件下,酶活性中心的可离解基团,才能处于显示活性的最佳离解状态。因此,酶必须是从最佳 pH 和离子强度的缓冲溶液中冻干或沉淀出来,才能用于有机溶剂中的催化反应。离子强度也会影响酶分子的离解基团的离解状态。所以,酶在有机溶剂中反应的最适 pH 与在水相反应的最适 pH 一致。

由于一些酶反应(如水解或氨解反应)过程,会改变反应体系的 pH 环境,因此,对有机溶剂中的酶反应,常采用在有机相缓冲液中进行酶反应,以维持反应体系的 pH。某些高疏水性酸和它的钠盐组成的缓冲对,如三苯基乙酸和其盐,或是高疏水性碱和它的盐酸盐组成的缓冲对,如三异辛基胺和盐酸三异辛基胺,能有效地维持有机溶剂体系反应的 pH。缓冲液也有利于维持稳定的离子强度。

综上所述,可见影响酶在有机介质中催化反应的因素很多,如反应体系有机溶剂的种类和极性、水的含量、酶的形态、固定化酶的载体的性质、底物的种类和浓度、反应温度、pH 和离子强度等。根据酶催化反应的性质,选择适当的反应体系,对各种因素加以控制,使它们相互匹配,才能获得良好的效果。

第三节　有机溶剂中酶催化的反应及应用举例

酶在有机溶剂中可以催化的反应很多,主要有氧化还原反应、异构反应、合成反应、转移反应、氨解反应、醇解反应、裂合反应等。因此,在医药、食品、化工、环保等领域应用极为广泛。

一、有机溶剂中酶催化反应的类型

1. 酯合成反应

在水溶液中催化水解反应的酶,在有机溶剂中,由于体系中的水含量很少,一些催化水解反应的酶,如酯酶、蛋白酶等,往往能够很好地催化酯合成。例如:

$$R_1—COOH + R_2—OH \xrightarrow{\text{酯酶或脂肪酶}} R_1COOR_2 + H_2O$$

　　　有机酸　　　　醇　　　　　　　　　　酯　　　　水

2. 肽合成反应

蛋白酶在有机溶剂中可以催化氨基酸进行肽合成:

$$
\begin{array}{ccc}
NH_2 & & NH_2 \\
| & & | \\
R_1—CH—COOH & + & R_2—CH—COOH \xrightarrow{\text{蛋白酶}} \\
\text{氨基酸1} & & \text{氨基酸2}
\end{array}
$$

$$
\begin{array}{cc}
R_1 & R_2 \\
| & | \\
H_2N—CH—CO—NH—CHCOOH & + H_2O \\
\text{肽} & \text{水}
\end{array}
$$

3. 酰胺化反应

一些酶在有机介质中可以催化酯类氨解，产物为酰胺和醇。例如，脂肪酶在叔丁醇介质中，催化外消旋苯丙氨酸甲酯氨解，将 R-酯酰胺化，生成 R-苯丙胺酰胺和甲醇：

$$\text{苯}-CH_2-\underset{NH_2}{CH}-\underset{O}{C}-O-CH_3 + NH_3 \xrightarrow{\text{脂肪酶}}$$

R-苯丙氨酸甲酯　　　　　　　氨

$$\text{苯}-CH_2-\underset{NH_2}{CH}-\underset{O}{C}-NH_2 + CH_3OH$$

R-苯丙胺酰胺　　　　　甲醇

4. 氧化反应和还原反应

氧化还原酶类可以在一定的有机溶剂中催化氧化反应和还原反应。例如：

（1）单加氧酶催化二甲基苯酚和氧分子反应，产物为二甲基二羟基苯。

$$H_3C-\text{苯}(CH_3)-OH + O_2 \xrightarrow{\text{单加氧酶}} H_3C-\text{苯}(CH_3)(OH)-OH$$

二甲基苯酚　　　氧　　　　　　　　　　二甲基二羟基苯

（2）一些脱氢酶类在有机溶剂中可以催化醛类或酮类还原，生成相应的醇类。

$$R-CHO + NADH + H^+ \xrightarrow{\text{醇脱氢酶}} R-CH_2-OH + NAD^+$$

醛　　　　　　　　　　　　　　　　　　醇

5. 一些异构酶在有机溶剂中可以催化异构化反应

$$\text{尿二磷-}D\text{-葡萄糖} \xrightarrow{\text{UDPG 差向异构酶}} \text{尿二磷-}L\text{-葡萄糖}$$

6. 卤化反应

在有机溶液中，酶还可以催化卤化反应。例如，过氧化物酶可以催化烯烃、炔烃和卤化芳香族化合物的卤化：

（1）烯烃卤化

$$H_3C-CH=CH_2 + I^- + H_2O_2 \xrightarrow{\text{过氧化物酶}}$$

$$H_3C-\underset{OH}{CH}-CH_3 + H_3C-\underset{I}{CH}-CH_3$$

（2）炔烃卤化

$$\text{苯}-C\equiv CH + Br^- + H_2O_2 \xrightarrow{\text{过氧化物酶}}$$

$$\text{苯}-\underset{O}{C}-CH_3 + \text{苯}-\underset{O}{C}-\underset{Br}{CH_2}$$

（3）芳香族化合物

$$H_2N-\!\!\!\!\bigcirc\!\!\!\!-Cl \xrightarrow[Br^-, H_2O_2]{过氧化物酶} H_2N-\!\!\!\!\bigcirc\!\!\!\!-Cl$$

二、外消旋体的光学拆分

很多生物分子都是手性分子,如组成蛋白质的氨基酸,除少数细菌蛋白质外,都是由 L-氨基酸组成,多糖和核酸中的糖都是 D-构型。目前世界上的全合成药物约 40% 是手性分子,两种对映体的化学组成相同,但药理作用不同,药效也有很大差异(表 7-1)。例如:① 一种对映体有显著疗效,而另一种的疗效很弱或没有疗效,甚至有不良反应;② 两种对映体的疗效相反;③ 两种对映体有不同的药效等。因此,手性药物已受到各国药物管理部门的高度关注,美国 1992 年已有一些相关规定。可见,手性分子的光学拆分具有十分重要的意义。化学法拆分成本高还可能造成环境污染,在有机溶剂中酶催化拆分,高效无污染,受到生物化工界的高度重视。

表 7-1 手性药物两种对映体的不同药理作用

药物名称	有效对映体的构型和作用	另一对映体的构型与作用
普萘洛尔(Propranolol)	S-构型,治疗心脏病,β-受体阻断剂	R-构型,钠通道阻滞剂
萘普生(Naproxen)	S-构型,消炎、解热、镇痛	R-构型,疗效很弱
青霉素胺(Penicillarnine)	S-构型,抗关节炎	R-构型,突变剂
羟基苯哌嗪(Dropropizine)	S-构型,镇咳	R-构型,有神经毒性
反应停(Thalidomide)	S-构型,镇静剂	R-构型,致畸胎
酮基布洛芬(Ketoprofen)	S-构型,消炎	R-构型,防治牙周病
喘速宁(Trtoquinol)	S-构型,扩张支气管	R-构型,抑制血小板凝集
乙胺丁醇(Ethambutol)	S,S-构型,抗结核病	R,R-构型,致失明
奈必洛尔(Nebivolol)	右旋体,治疗高血压,β-受体阻断剂	左旋体,舒张血管

手性化合物拆分应用举例如下:

1. β-阻断剂类手性药物

（1）普萘洛尔的酶法拆分

Beningatti 等在有机溶剂中,利用 PSL(假单胞菌脂肪酶)对外消旋的萘氧氯丙醇酯进行水解,得到了 (R)-酯的 ee 大于 95%;而利用 PSL 对消旋 3 的萘氧氯丙醇进行选择性酰化,也得到了 ee 大于 95% 的光学活性的 (R)-醇。

（2）环氧丙醇的拆分

在 β-受体阻断剂类药物合成中,环氧丙醇是一个非常重要的 3 个碳的手性中间体,它结构简单，除了可以合成 β-受体阻断剂类药物外，还可以合成治疗艾滋病的 HIV 蛋白酶抑制剂、抗病毒 S-HMPA 和许多具有生物活性的手性甘油磷脂，是一种用途广泛的多功能手性中间体。Vantol 等对 2,3-环氧丙醇的丁酸酯在有机溶剂中与两相体系中用 PPL（猪胰脂肪酶）进行了酶促拆分。

* —手性碳的位置

2. 非甾体抗炎剂类手性药物

此类药物被广泛用于人联结组织的疾病如关节炎等。其活性成分是 2-芳基丙酸的衍生物（$CH_3CHArCOOH$），如萘普生、布洛芬、酮基布洛芬等。

我国台湾地区的 Tsai 对有机溶剂中脂肪酶（CCL）催化的酯化反应进行了研究，实验证实在 80% 的异辛烷与 20% 的甲苯组成的有机溶剂中，酶促反应可大大提高 (S)-布洛芬的产率。

S 型　　　　　　　R 型

3. 5-羟色胺拮抗物和摄取抑制剂类手性药物

5-羟色胺（5-HT）是一种涉及各种精神病、神经系统紊乱，如焦虑、精神分裂症和抑郁症的一种重要神经递质。

现有一些药物的毒性就在于它不能选择性地与 5-HT 受体反应（已发现至少 7 种 5-HT 受体）。事实上，那些具有立体化学结构的药物在很大程度上能影响其与受体结合的亲和力和选择性，其中一种新的 5-HT 拮抗物 MDL 就极好地显示了这一特性。(R)-MDL 在体内的活力是 (S)-MDL 的 100 倍以上，是以前 5-HT 拮抗物酮色林活力的 150 倍，更为重要的是 (R)-MDL 对 5-HT2 显示了极高的选择性。

在制备 MDL 的过程中，第一次成功地在酶法拆分时实施了同位素标记。其中一个主要中间体的拆分如下：

R,R 型　　　　　　　S,S 型

三、糖和甾体的选择性酰化

糖类是一种多羟基化合物,对其羟基进行选择性酰化制备的糖酯,是高效无毒非离子型表面活性剂,在医药、食品等领域广泛应用,如二丙酮缩葡萄糖丁酸酯等具有抑制肿瘤细胞生长的功效。糖类的特殊结构,还可合成聚糖酯等化工材料。但糖羟基多,选择性酰化(酯化)是有机化学中的难题之一,利用生物催化剂的高效选择性反应,可以解决此类问题。糖的亲水性,使其只能在少数亲水性有机溶剂,如吡啶、二甲基甲酰胺中进行反应。1986 年,克利巴诺夫(Klibanov)首次进行有机介质中酶催化合成糖酯的研究,他们利用枯草杆菌蛋白酶在吡啶介质中将糖和酯类聚合,得到 6-O-酰基葡萄糖酯。此后,采用不同的糖为羟基供体,以各种有机酸酯为酰基供体,以蛋白酶、脂肪酶等为催化剂,在有机介质中反应,获得各种糖酯。例如,蛋白酶在吡啶介质中催化蔗糖与三氯乙醇丁二酸酯聚合生成聚糖酯等。

甾体是多环化合物,不同位点上的羟基酰化也是很困难的。应用粘质色杆菌脂肪酶和枯草杆菌蛋白酶可以分别使 3-位和 17-位羟基进行选择性酰化。

四、肽合成

多肽是一些药物、毒物、甜味剂的成分或前体。用化学方法合成很复杂,酶法合成较简便,特别是有机溶剂中水解酶可以催化逆反应,使其更具有实用价值。酶催化肽合成有 3 种方法:水解逆反应、转肽反应和酯氨解反应。现已有一些应用实例。

1. 阿斯巴甜的合成

阿斯巴甜(aspartame)是一种甜味二肽,甜度为蔗糖的 150 倍~200 倍,低热值,在人体内代谢不需胰岛素参与,特别适宜糖尿病人和肥胖患者使用。用嗜热杆菌蛋白酶在有机溶剂中,利用水解逆反应,以 L-天冬氨酸(L-Asp)和 L-苯丙氨甲酯(L-Phe-Ome)为底物,可合成此二肽。

$$\text{Z-Asp} + 2\text{Phe-Ome} \xrightarrow{\text{嗜热菌蛋白酶}} \text{Z-Asp-Phe-Ome} * \text{Phe-Ome}$$

$$\text{Asp-Phe-Ome} \xleftarrow{\text{脱保护基}} \text{Z-Asp-Phe-Ome} \xleftarrow{\text{纯化}}$$

分子中,Z=Ph-CH$_2$-O-CO-(即是苄氧羰基),为氨基酸氨基端的保护剂。

2. 青霉素前体肽的合成

青霉素和头孢霉素分子结构的核心部分,是由 δ-(L-α-氨基己酰)-L-半胱氨酰-D-缬氨酸三肽合成的。用脂肪酶在有机溶剂中可以催化此三肽合成。三肽作为青霉素等发酵生产的前体物质,可以提高这类抗生素的产率。

有机溶剂中酶催化反应应用极为广泛,已渐成为研究热点。酶在低水溶剂体系中应用的还有一些实例列入表 7-2。

表 7-2　酶在低水溶剂体系中的应用

应　　用		例　　子	所用酶（或细胞）
有机合成	氧化	甾族化合物的氧化	细胞
		环氧化	细胞
		脂肪族的羟基化	细胞
		芳香族的羟基化	多酚氧化酶
	光学活性物质的合成	醇、酮	乙醇脱氢酶
		羧酸及其酯	脂肪酶
		氰醇	苯乙醇氰裂解酶
	油和脂肪的精制	棕榈油转化为可可油	脂肪酶
	生物表面活性剂的合成	脂肪水解	脂肪酶
	肽的合成	青霉素 G 前体肽的合成	蛋白酶
		阿斯巴甜二肽的合成	蛋白酶
		肽链中插入 D-氨基酸	枯草杆菌蛋白酶
		由 X-Ala-Phe-Ome 和 Leu-NH$_2$ 在己烷中（反应物、产物均不溶）合成肽	糜蛋白酶
	其他的专一性合成	甘醇的酰基化	脂肪酶
		糖在无水 DMF 中的酰基化	枯草杆菌蛋白酶
		醇、甘油衍生物、糖和有机金属化合物的合成	脂肪酶
	化学分析	胆固醇的测定	胆固醇氧化酶—过氧化物酶
		酚的测定	多酚氧化酶（酶电极）
	聚合	酚的聚合	过氧化物酶
		二酯和二醇的选择性聚合	脂肪酶
	解聚	木质素解聚	过氧化物酶
	外消旋混合物的分离	酸的外消旋混合物	脂肪酶
		醇的外消旋混合物	羧酸酯酶、脂肪酶
		胺的外消旋混合物	枯草杆菌蛋白酶

本 章 要 点

　　本章内容属非水酶学，重点介绍了酶在微水有机介质中的催化特性及应用。有机溶剂体系分为四类：水—水溶性有机溶剂单相体系；水—水不溶性有机溶剂双相体系，含微量水的有机体系和反向胶束体系。其中第三个体系应用最为广泛。影响有机溶剂中酶催化作用的因素主要有结合水（水含量）、有机溶剂的种类和极性、反应温度、pH 和离子强度等。酶在有机溶剂中的应用形式主要有酶干粉、固定化酶、修饰酶和印迹酶等。有机溶剂中酶催化反应的类型主要有酯合成反应、（多）肽合成反应、异构化反应、氧化还原反应、卤化反应等。主要应用于手性药物的拆分，多肽的合成，糖、甾体的选择性酰化、酚树脂的合成，发光有机聚合物的合成等。

复习思考题

1. 可用于酶催化的非水介质体系包括哪几类？酶催化的有机介质有哪几种体系？
2. 酶在有机介质中发挥催化作用的必需条件是什么？
3. 为什么酶在有机溶剂中的稳定性高于在水溶液中的稳定性？
4. 现在用于有机溶剂的酶有哪几种形态？
5. 何谓 $\lg P$，微水有机溶剂中酶催化反应选择的有机溶剂的 $\lg P$ 范围是多少？为什么？
6. 解释术语：必需水、水活度。

第七章 有机溶剂中的酶催化作用

第八章 酶定向进化

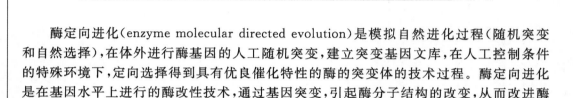

✱ **学习提要**

1.了解酶定向进化的意义；
2.掌握酶定向进化的原理、过程及方法；
3.了解酶定向进化的应用。

酶定向进化（enzyme molecular directed evolution）是模拟自然进化过程（随机突变和自然选择），在体外进行酶基因的人工随机突变，建立突变基因文库，在人工控制条件的特殊环境下，定向选择得到具有优良催化特性的酶的突变体的技术过程。酶定向进化是在基因水平上进行的酶改性技术，通过基因突变，引起酶分子结构的改变，从而改进酶的催化特性。

天然酶的进化是一个极其漫长的过程，在突变与达尔文选择的动态平衡中经过成千上万年，虽然经历如此长的岁月，但是仍有其潜在的进化能力。主要原因在于：生物体内的天然酶存在的环境与酶的实际应用环境有所不同；生物体内侧重于各种生物分子间的协同作用，强调以整体来适应环境，而实际应用中则希望酶的催化活性越高越好，这就为体外进化留下巨大的空间。

酶定向进化属于酶分子的非理性设计，与传统的定点突变等理性设计相比（理性和非理性的蛋白质设计策略见表 8-1），不用事先了解酶的结构、活性位点、催化机制等各种因素，只需人为控制进化条件，以希望模拟天然进化机制来达到在体外对酶基因进行改造，产生基因多样性，并通过定向筛选（或选择）技术获取定向选择（筛选）的具有特定性质的突变酶的目的。定向进化的基本原则是"获取你所筛选的突变体"，简言之，定向进化＝随机突变＋选择。与自然进化不同，前者是人为引发的，针对突变后的群体进行选择，起着选择某一方向的进化而排除其他方向突变的作用，整个进化过程完全是在人为控制下进行的，是酶分子朝向人们期望的特定目标进化。所以，该机制不需要了解蛋白质的特征、空间结构以及结构与功能的关系等各方面信息，并适合一切蛋白质的改造，从而大大拓宽了蛋白质工程学的研究和应用范围，是蛋白质工程技术发展的一大飞跃。

表 8-1 理性和非理性蛋白质设计策略的区别

项目名称	理性蛋白质设计	非理性蛋白质设计
蛋白质三级结构	需了解	不需了解
有关酶机制的知识	需了解	不需了解
点突变的偏爱性	无	偏向于转换
二级结构工程	适合	不适合
结构域工程	适合	不适合
敏感的酶实验	需要	不适合
选择策略	不需要	需要

酶定向进化是最近十几年来迅速发展起来的新技术,具有适应面广、目的性强、效果显著等特点。通过酶定向进化,可以显著提高酶活性、增加酶的稳定性、改变酶的底物特异性等,它已成为一种快速高效地改进酶催化特性的手段。

酶定向进化的基本过程包括随机突变、构建突变基因文库、定向选择等步骤(图 8-1)。

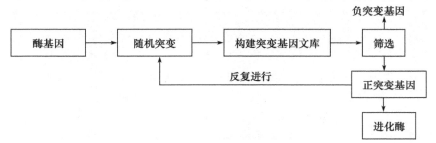

图 8-1 酶定向进化的基本过程

酶定向进化的第一步是在体外人为地进行基因的随机突变,以获得丰富多样的突变基因。体外随机突变的技术多种多样,主要有易错 PCR(error-prone PCR)技术、DNA 重排(DNA shuffling)技术、基因家族重排(gene family shuffling)技术等。

要从众多的突变基因中获得人们所需的突变基因,需要将各种突变基因与适当的载体重组,组建突变基因文库,然后在特定的环境条件下,采用高通量的筛选方法,定向选择得到具有优良特性的酶突变体。

定向选择所采用的高通量筛选方法主要有平板筛选法、噬菌体表面展示法、细胞表面展示法、核糖体表面展示法和荧光筛选法等。

第一节 酶基因的随机突变

作为酶定向进化的第一步,对酶基因进行体外随机突变,其目的是获得丰富多样的突变基因,为后续的定向选择打下基础。

酶基因的体外随机突变首先要获得酶基因,然后才能在体外进行随机突变。体外随机突变,常用方法包括易错 PCR 技术、DNA 重排技术、基因家族重排技术等。这些突变方法的目的都是获得丰富多样的突变基因,但是各自所采用的进化策略和侧重点有所不同(表 8-2)。这些随机突变方法可以单独使用,也可以联合使用,交叉进行,通过多次试验,反复筛选,以完成对酶的定向进化。

表 8-2 常用基因随机突变方法及其特点

随机突变方法	特 点
易错 PCR 技术	从酶的单一基因出发,通过改变聚合酶链式反应的条件,如改变底物和镁离子浓度等,在这样特定的反应条件下进行 PCR 扩增,使碱基配对出现错误而引起基因突变
DNA 重排技术	从两条以上的同源正突变基因出发,经过酶切和不加引物的 PCR 扩增,使 DNA 碱基序列重新排布而引起基因突变
基因家族重排技术	从基因家族的若干同源基因出发,经过酶切和不加引物的 PCR 扩增,使 DNA 碱基序列重新排布而引起基因突变

一、易错 PCR 技术

用 DNA 聚合酶链式反应（PCR）扩增目的基因时，通过使用低保真度的 Taq DNA 聚合酶或改变 PCR 常规的反应条件，如调整反应体系中 dNTP 的浓度、增加 Mg^{2+} 的浓度、添加 Mn^{2+} 等，引起碱基以某一频率进行随机错配而引入多点突变，构建突变库，然后选择或筛选出所需的突变体。通常经一次突变的基因很难获得满意的结果，由此发展出连续易错 PCR（Sequential Error-prone PCR）策略，即将一次 PCR 扩增得到的有用突变基因作为下一次 PCR 扩增的模板，连续反复地进行随机诱变，使每一次获得的小突变累积而产生重要的有益突变（图 8-2）。Chen 和 Arnold 用此策略在非水相溶液中，定向进化枯草杆菌蛋白酶 E 的活力获得成功。所得突变体 PC3 在 60％ 和 85％ 的二甲基酰胺（DMF）中，催化效率 k_{cat}/K_m 分别是天然酶的 256 和 131 倍，比活力提高了 157 倍。将 PC3 再进行两个循环的定向进化，产生的突变体 13M 的 k_{cat}/K_m 比 PC3 高 3 倍（在 60％ DMF 中），比天然酶高 471 倍。在该方法中，遗传变化只发生在单一分子内部，所以易错 PCR 属于无性进化（asexual evolution）。

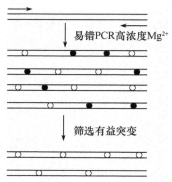

图 8-2　目的酶基因的易错 PCR 产生突变基因

○表示正突变　●表示负突变

在采用易错 PCR 技术进行基因的体外突变时，要控制好适当的基因突变率，如果突变率过低，所获得的突变基因数量太少，难于从中筛选得到正向突变的突变体；如果突变率过高，则突变基因数量太多，突变基因文库过于庞大，而其中大多数突变是属于负突变或者中型突变，这就必然使筛选正向突变体的工作量大大增加，并影响进化效果。通常每一个目的基因通过易错 PCR 技术引起的错配碱基数目应控制在 2 个～5 个。

易错 PCR 技术具有操作简便、随机突变丰富的特点，已经在酶定向进化方面得到广泛应用，取得显著成果。但是其正突变的概率低，突变基因文库较大，文库筛选的工作量大，一般适用于较小（<800 bp）的基因片段的定向进化。

二、DNA 重排技术

DNA 重排技术又称为 DNA 改组技术。在前述易错 PCR 过程中，一个具有正向突变的基因在下一轮易错 PCR 过程中继续引入的突变是随机的，而这些后引入的突变仍然是正向突变的概率是很小的。因此人们开发出 DNA 重排等基因重组策略，将已经获得的存在于不同基因中的正突变结合在一起，形成新的突变基因库。DNA 重排技术的基本操作过程是从正突变基因库中分离出来的 DNA 片段用脱氧核糖核酸酶 I（DNase I）随机切割，得到的随机片段经过不加引物的多次 PCR 循环，在 PCR 循环过程中，随机片段之间互为模板和引物进行扩增，直到获得全长的基因，这导致来自不同基因片段之间的重组（图 8-3）。例如，头孢菌素酶的定向进化是将来自 4 个不同菌种的头孢菌素酶基因视为一个基因库，单独进化的 4 个基因中每个酶基因对拉氧头孢抗生素的抗性均提高了 8 倍左右，而 4 个基因在一个体系中同时参与重排后，抗性提高了 270 倍~540 倍，进化速率提高了约 50 倍。最佳突变体含有 4 个基因中 3 个基因的 8 个基因片段，33 个突变位点。

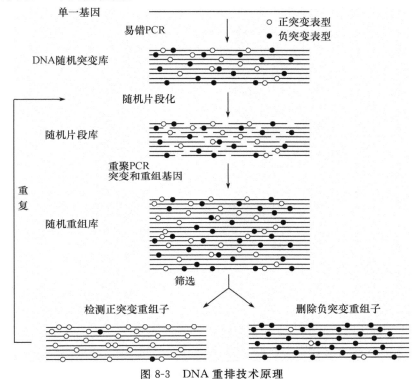

图 8-3　DNA 重排技术原理

　　DNA 重排技术将存在于两种或多种不同基因中的正突变结合在一起，通过 DNA 碱基序列的重新排布，形成新的突变基因，属于有性进化（sexual evolution）。DNA 重排技术将亲本基因群中的正突变尽可能地组合在一起，最终是酶分子某一性质的进一步进化，或者是两个或更多的已优化性质的结合。所以在理论和实践上，它都优于连续易错 PCR 技术。

　　DNA 重排技术在原有正突变的基础上进行，具有正突变的概率较高、进化速度较快的特点，但是在操作过程中，需要利用 DNase I 随机切割，获得 DNA 随机片段，在进行无引物 PCR 获得全长突变基因之前，必须将 DNase I 去除干净，以免突变基因再被切割。为了省去 DNA 重排技术中 DNase I 切割这一步骤，Arnold 等人提出了交错延伸 PCR、随机引物体外重组等技术对 DNA 重排技术进行改进。

　　1. 交错延伸 PCR 技术

　　1997 年，Arnold 等人巧妙地设计了 PCR 程序，对 DNA 重排技术进一步改进提高，他们创造性地提出了交错延伸 PCR(stagger extension process PCR，StEP)。如图 8-4 所示,在一个反应体系中以两个或多个相关的 DNA 片段为模板进行 PCR 反应,把 PCR 反应中常规的退火和延伸合并为一步,并且大大缩短反应时间(55 ℃,5 s)。在反应过程中,引物先与一个模板结合,进行延伸,随之进行多次变性和短时的退火—延伸反应循环,在每个循环中,不同长度的延伸片段在变性时与原先的模板分开,退火时与另一个模板结合,再进行延伸。通过在不同的模板上交替延伸,所合成的 DNA 片段中包含有不同模板上的信息,直到获得全长的突变基因。

交错延伸 PCR 技术省去了用 DNase Ⅰ 切割这一步,因而简化了 DNA 重排技术。

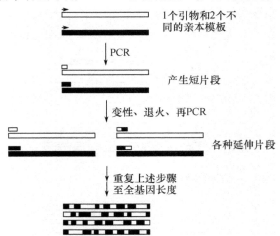

图 8-4　交错延伸 PCR 过程示意图

2. 随机引物体外重组技术

随机引物体外重组技术(random-priming in vitro recombination，RPR)是 Arnold 等人于 1998 年提出的。它不需要 DNase Ⅰ 来切割 DNA 序列,只需以单链 DNA 为模板,配合一套随机序列引物,就可产生大量和模板不同位点互补的短片段,即 DNA 随机片段库。而且由于碱基的错配和错误引发,这些短的 DNA 片段中也会有少量的点突变,在随后的 PCR 反应中,它们之间互为模板和引物进行扩增,通过碱基序列的重新排布而获得全长突变基因。如果需要,还可反复进行上述过程,直到获得满意的进化酶性质。随机引物体外重组技术的原理见图 8-5。

采用随机引物体外重组技术,DNA 小片段是通过随机引物引导的 PCR 反应而产生,可以用较少的 DNA 模板获得较多的 DNA 小片段,同时省去 DNA 重排技术中 DNase Ⅰ 切割这一步骤,操作简便、快捷。

三、基因家族重排技术

基因家族重排又称为基因家族改组,是从基因家族的若干同源基因出发,用酶(DNase Ⅰ)切割成随机片段,经过不加引物的多次 PCR 循环,使 DNA 的碱基序列重新排布而引起基因突变的技术过程。

基因家族重排技术是 1998 年由 Crameri 等人首次提出,他们从来自不同菌株编码头孢菌素 C 酶的 4 个同源基因出发,经过随机切割、无引物 PCR 等步骤,获得头孢菌素 C

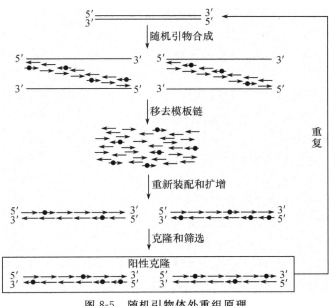

图 8-5　随机引物体外重组原理

酶的突变基因,使头孢菌素 C 酶的催化效率显著提高,经过几个循环,获得对头孢菌素 C 具有高抗性的突变菌株。

　　基因家族重排技术与 DNA 重排技术的基本过程大致相同,都要经过基因的随机切割、无引物 PCR 等步骤以获得突变基因,然后经过构建突变基因文库,采用高通量筛选技术筛选获得正突变基因。基因家族重排技术与 DNA 重排技术的主要不同点在于前者从基因家族的若干同源基因出发进行 DNA 序列的重新排布,而后者采用易错 PCR 等技术获得的两个以上的正突变基因出发进行 DNA 序列的重新排布。

　　经过一次基因家族重排获得的突变基因往往未能达到人们的要求,为此需要经过构建突变基因文库和筛选,获得的正突变基因再反复经过上述步骤,直到获得所需的突变基因。由于自然界中每一种天然酶的基因都经过长时间的自然进化,形成了既具有同源性又有所差别的基因家族,通过基因家族重排技术获得的突变基因既体现了基因的多样性,又最大限度地排除了那些不必要的突变,大大加速了基因体外进化的速度。例如,2004 年,Aharoni 等人用基因家族重排技术进行定向进化,使大肠杆菌磷酸酶对有机磷酸酯的特异性提高 2 000 倍,同时使该酶对有机磷酸酯的催化活性提高 40 倍。

　　采用基因家族重排技术进行定向进化,由于基因之间的同源性较高,所以形成杂合体的频率较低。

第二节　酶突变基因的定向选择

　　通过上述易错 PCR、DNA 重排或基因家族重排等技术对酶基因进行体外随机突变,可以获得丰富多样的突变基因。然而由于采用随机突变,所获得的大多数是无效突变(负突变或中性突变),只有少数是有效突变(正突变),为此需要在特定的环境下进行定向选择,以便排除众多的无效突变,把正突变基因筛选出来。

酶突变基因的定向选择是在人工控制条件的特殊环境下，按照人们所设定的进化方向对突变基因进行选择，以获得具有优良催化特性的酶的突变体的过程。

要从众多的突变基因中将人们所需的正突变基因筛选出来，首先要通过 DNA 重组技术将随机突变获得的各种突变基因与适宜的载体进行重组，获得重组 DNA；再通过细胞转化等方法将重组载体转入适宜的细胞或进行体外包装成为有感染活性的重组 λ 噬菌体，组装形成突变基因文库；然后采用各种高通量的筛选技术，在人工控制条件的特定环境中对突变基因进行筛选，从突变基因文库中筛选得到目的基因，进而获得所需的进化酶。酶突变基因定向选择的基本过程如图 8-6 所示。

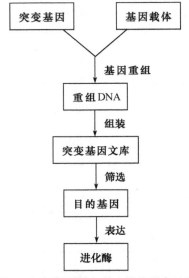

图 8-6　突变基因定向选择的基本过程

一、突变基因文库的构建

突变基因文库的构建是将众多不同的突变基因与载体重组，再转入适宜的细胞或包装成重组 λ 噬菌体的技术过程，主要包括载体的选择、基因重组、形成基因文库等。

1. 载体的选择

突变基因文库的构建，要通过 DNA 连接酶的作用，将突变基因与适当的载体（vector）重组，所以首先要根据目的基因的特性、载体的特点和重组 DNA 的筛选方法等选择适宜的载体。

构建突变基因文库时通常采用的载体有质粒载体、噬菌体 DNA 载体、黏粒载体、噬菌粒载体等。

（1）质粒载体

质粒（plasmid）是存在于微生物细胞内染色体外的遗传单位，是一种闭合环状双链 DNA 分子。

质粒载体是由天然质粒经过人工改造而成的一种常用的基因克隆载体，如 pBR322 质粒、pUC 质粒等。质粒载体的特点包括有自主的复制起点、有两种以上易于检测的选择性标记、有多种限制性内切酶的单一位点等，适合较小片段 DNA 的重组，重组质粒通常采用转化方法转入受体细胞而形成突变基因文库，然后通过遗传标记进行筛选而获得所需的突变基因。

（2）噬菌体 DNA 载体

由噬菌体 DNA 改造而成的具有自我复制能力的载体称为噬菌体 DNA 载体。

天然存在的噬菌体 DNA 由于其毒性和侵染力强，必须经过改造才能用作基因载体。常用的噬菌体 DNA 载体主要有 λDNA 噬菌体载体、M13 噬菌体载体等。

重组噬菌体 DNA 载体，即用噬菌体外壳蛋白进行包装后成为有感染活性的重组噬菌体，从而形成基因文库。

（3）黏粒载体

黏粒（cosmid）是一类人工构建的含有 λDNA 黏端（cos 序列）和质粒复制子的质粒载体，又称为柯斯质粒。

黏粒载体具有质粒载体的特性，在受体细胞内可以进行自主复制，并带有抗药性标记；同时黏粒载体具有 λ 噬菌体的某些特性，可以由 λ 噬菌体的外壳包装高效地转入大肠杆菌细胞。黏粒载体能够组装很大的外源 DNA 片段，插入的 DNA 片段长度可以高达 35 kb～45 kb。常用的黏粒载体有 pHC79 黏粒载体、pJB8 黏粒载体、c2RB 黏粒载体、pcosEMBL 黏粒载体等。

（4）嗜菌粒载体

嗜菌粒（phagemid）载体是一类人工构建的由 M13 噬菌体单链 DNA 的基因间隔区与质粒载体结合而成的基因载体。

嗜菌粒具有 M13 噬菌体 DNA 的复制起点，同时具有质粒载体的特性。嗜菌粒载体可以组装比载体长度长几倍的外源 DNA 片段。常用的嗜菌粒载体有 pUC118 嗜菌粒载体、pUC119 嗜菌粒载体等。

2．基因重组

基因重组（gene recombination）是在体外通过 DNA 连接酶的作用，将基因与载体 DNA 连接在一起形成重组 DNA 的技术过程。

利用连接酶将外源 DNA 分子连接到载体上组成重组子，目前根据所连接 DNA 片段的类型大致有三种方法：① 用 DNA 连接酶连接具有黏性末端的 DNA 片段；② 用 T4 DNA 连接酶直接将平齐末端的 DNA 片段连接起来，或是用末端转移酶给平齐末端 DNA 片段加尾，再用 DNA 连接酶将其连接起来；③ 先在 DNA 片段末端加上衔接物或接头，使之形成黏性末端之后，再用 DNA 连接酶将其连接起来。

（1）黏性末端的连接

采用一种在载体 DNA 上只具有唯一识别位点的限制性内切酶，对载体进行特异性切割。在实际工作中所采用的载体，一般都具有一个包含多个不同酶切位点区域，可以根据载体图谱上的酶切位点选择所需的限制性内切酶，然后将外源 DNA 也用限制性内切酶消化，形成同样的黏性末端。把这些经过酶切消化的载体 DNA 和外源 DNA 按一定比例混合起来，并加入 DNA 连接酶。由于它们具有相同的黏性末端，所以末端间的碱基可以互补配对。单链切口经 DNA 连接酶封闭后，就能够产生稳定的重组 DNA 分子。

（2）平齐末端的连接

有些限制性内切核酸酶（如 $Hpa\,I$，$Sma\,I$）作用于 DNA 分子后形成的末端是平齐末端。具有平齐末端的质粒载体 DNA 和外源 DNA 分子，可以在 T4 DNA 连接酶作用下，形成重组 DNA 分子。虽然 T4 DNA 连接酶具有催化平齐末端 DNA 片段相互连接的能力，但是平齐末端的连接效率相比于黏性末端要低得多。

（3）修饰末端连接

当载体 DNA 和外源 DNA 的末端不相匹配时，T4 DNA 连接酶无法进行连接，所以在进行连接之前，必须对两个末端或其中一个末端进行修饰处理，使两种 DNA 的末端互相匹配，以便于连接，形成重组 DNA，主要的修饰方法是引进附加末端。附加末端可以是单链 DNA，也可以是双链 DNA，可以在一个末端附加，也可以在两个末端都附加。

3. 组装突变基因文库

突变基因文库的组装是将重组 DNA 转入受体细胞或包装成有感染活性的重组噬菌体的过程。

不同的重组载体组装基因文库的方法有所不同。对于重组质粒载体可以通过细胞转化等方法将重组 DNA 装入受体细胞，形成突变基因文库。转化是将带有外源基因的重组质粒 DNA 转入受体细胞的技术过程。在转化过程中，首先用钙离子处理，制备得到感受态细胞，然后将重组质粒 DNA 与感受态细胞混合，在一定温度条件下保温一段时间，将重组质粒 DNA 转入受体细胞。例如，转化大肠杆菌细胞时，首先用 $0.1\ mol \cdot L^{-1}$ $CaCl_2$ 溶液处理受体细胞，制成感受态细胞，然后与重组质粒 DNA 混合，在 42 ℃ 保温 90 s，立即冰浴降温，使重组质粒 DNA 进入受体细胞，然后加入适宜的培养基，在一定条件下培养 12 h～24 h，获得重组细胞。该法具有简单、快速、重复性好的特点，应用广泛。

对于重组噬菌体 DNA 载体，需要用噬菌体外壳蛋白将重组 DNA 进行包装，成为具有感染活性的重组噬菌体，形成基因文库。包装的过程是将含有外源 DNA 的重组噬菌体 DNA 与含有包装所需的各种蛋白质成分的包装液混合，在一定的温度下保温一段时间，包装成具有感染能力的病毒。

二、突变基因的筛选

想要提高定向进化的速率除了构建高效的突变文库之外，另一关键步骤即建立高效的文库筛选方法，并以此从变异文库中选出希望的目标变异。这便要求实验者所选择的筛选方法能够在短时间内处理大量变异，并且保证筛选结果的准确和灵敏。

从构建好的基因文库中筛选出目的基因，有两种基本的策略。一种策略是根据已知基因编码产物的特定活性进行筛选。这种依据功能性原理的筛选方案的主要优点是可以很直观、快速地检出有效突变基因。但是，这种方案需要有比较直观和明显的生物学检定性状的出现，如宿主菌的生长与不生长、培养基颜色变化、特定反应的出现等，否则就会导致工作量巨大而不一定有成效。另一种策略是不需要附加任何先决条件，而是通过检测在特定条件下来源于两个文库的基因编码产物之间发生相互作用的情况，从而确定出这两个文库中所有可能在生理上发生相互作用的基因对，描绘出某一特定类型细胞内表达出的基因之间发生的基因相互作用的联络图。

1. 平板筛选法

平板筛选是将含有随机突变基因的重组细胞，涂布在平板培养基上，在一定条件下培养，依据重组菌细胞的表型鉴定出有效基因的筛选方法。平板筛选具有简便、快速、直观、容易控制和调整环境条件等特点，是一种常用的高通量筛选方法，在酶定向进化中广泛应用。

平板筛选法所依据的重组细胞的表型包括细胞生长情况、颜色变化情况、透明圈情况等。

（1）依据细胞生长情况筛选突变基因

在平板筛选方法中，依据细胞生长情况筛选突变基因，是一种常用的快速高效的筛选方法,在提高酶的热稳定性、抗生素耐受性、pH 稳定性和对其他极端环境条件的耐受能力等方面应用广泛。

(2) 依据颜色变化筛选突变基因

依据颜色变化情况筛选突变基因也是一种常用的筛选方法,通过颜色变化可以简单地排除无效重组细胞,选择得到高活力的酶突变体。

(3) 依据透明圈情况筛选突变基因

依据透明圈情况筛选突变基因是在平板培养基中加入目的酶的作用底物,然后接种重组细胞,在一定条件下进行培养,培养一段时间后,在一些重组细胞的菌落周围会出现较大的透明圈,说明这些重组细胞表达出的目的酶活性较高,另一些重组细胞周围透明圈较小或没有透明圈,则表明这些重组细胞表达出的目的酶活性较低或根本不产目的酶。从产生大透明圈的重组细胞中可以获得高活性酶的突变基因,经过多次突变—筛选循环,可以筛选得到高活性的酶突变体。例如,在平板培养基中加入淀粉制成淀粉平板培养基,用于筛选高活性的淀粉酶;在平板培养基中加入果胶制成果胶平板培养基,用以筛选出高活性的果胶酶突变体等。

2. 噬菌体表面展示法

噬菌体展示(phage display)技术原理是将编码外源肽或抗体的可变区 DNA 片段整合到噬菌体或噬菌粒的基因组中,以融合形式与噬菌体的表面蛋白共同表达于噬菌体表面,以利于配体的识别和结合,插入的 DNA 片段对噬菌体的生物学特性无大的影响,经过"吸附→洗脱→扩增"过程筛选,富集外源肽或特异性抗体,从而筛选出人们所需的目的片段。最常用的是 M13 噬菌体展示系统,插入 M13 噬菌体 fd 基因中进行噬菌体展示的最大酶是青霉素酰化酶(86×10^3),每个噬菌体上有 1 个拷贝;而较小的 DNA 片段($\leqslant 30 \times 10^3$)在一个噬菌体上可以有 3 或 4 个拷贝,目前报道的大部分酶都用甘油醛 3-磷酸(g3p)进行。

利用噬菌体展示库所固有的基因型和表现型之间的直接关联,可以方便检测。如抗原抗体反应、生物素结合反应等,根据反应的性质进行分离,从中筛选出人们所需的突变蛋白质。噬菌体展示技术是第一个真正用于体外高通量筛选的方法。

亲和作用是噬菌体展示技术筛选的主要原理,蛋白质展示在丝状噬菌体的表面,建立了目的基因和它表达的蛋白质之间的物理连接,该方法最明显的优点是展示的蛋白质能够到达噬菌体的表面环境,与位于表面的底物或其他的目标分子作用。将筛选的靶蛋白偶联到固相支持物(磁珠或酶联板)上,加入噬菌体,作用一段时间后,去掉与靶蛋白不结合的噬菌体,将有特异结合活性的噬菌体侵染细菌,几轮筛选后就富集到了与靶细胞高亲和力的噬菌体克隆。

3. 细胞表面展示法

细胞表面展示法是通过可以锚定在细胞表面的特定蛋白质与某些外源蛋白质或多肽形成稳定的复合物,使这些外源蛋白质或多肽富集在细胞表面的一种分子展示技术。细胞表面展示法主要包括酵母细胞表面展示法和细菌细胞表面展示法等。

(1) 酵母细胞表面展示法

酵母细胞表面展示法是通过可以锚定在酵母细胞表面的特定蛋白质(凝集素蛋白、

絮凝素蛋白等）与某些外源蛋白或多肽形成稳定的复合物，使这些外源蛋白质或多肽富集在酵母表面的一种分子展示技术，是 20 世纪 90 年代发展起来的一种基因文库筛选方法。

凝集素（或者絮凝素）蛋白与外源蛋白的结合，可以通过基因重组技术，构建凝集素基因与外源蛋白基因的融合基因，通过表达生成凝集素（或者絮凝素）蛋白与外源蛋白的融合蛋白，再通过凝集素（或絮凝素）蛋白的锚定作用而展示在酵母细胞表面。

酵母细胞表面展示法可以用来筛选在突变基因文库中能够与凝集素（或者絮凝素）蛋白形成融合蛋白的目标蛋白基因，而将大量的无效基因排除。

（2）细菌细胞表面展示法

细菌细胞表面展示分为革兰氏阴性菌表面展示和革兰氏阳性菌表面展示两大类。革兰氏阴性菌的外膜蛋白可以与细胞外膜结合，将外源基因与革兰氏阴性菌（大肠杆菌等）外膜蛋白 Lam B、Omp A 和 Pho E 的基因融合，融合基因表达的融合蛋白可以与细菌外膜结合，展示在细胞表面。某些抗原蛋白或表面受体蛋白具有锚定到革兰氏阳性菌表面的特性，将外源基因与某些抗原蛋白或表面受体蛋白的基因融合后，其表达的融合蛋白可以展示于细胞表面。

4. 核糖体表面展示法

核糖体表面展示法是一种在体外筛选和展示功能蛋白的方法。核糖体表面展示法将编码目的蛋白的 DNA 在体外进行转录和翻译，由于对 DNA 进行了加工与修饰，使转录得到的 mRNA 的 3′-末端缺失终止密码子，当多肽链翻译到 mRNA 末端时，由于缺乏终止密码子，阻止 mRNA 和多肽从核糖体中释放，因而形成目的蛋白—核糖体—mRNA 三聚体，展示在核糖体表面。

核糖体表面展示法具有通量大、筛选效率高，目的蛋白基因在体外进行转录和翻译，有效基因通过核糖体表面展示进行富集等特点，但需要对目的基因进行加工与修饰，使其体外翻译时能够形成目的蛋白—核糖体—mRNA 三聚体。

5. 荧光筛选法

荧光筛选法是通过荧光产生与否以及荧光的强度情况进行突变基因筛选的方法。荧光筛选法通常是将具有荧光激发特性物质的基因作为报告基因，与突变基因一起克隆到载体中，形成重组细胞，在突变基因表达的同时报告基因也进行表达，由于报告基因的表达产物可以激发荧光，所以通过检测荧光的产生情况，就可以获得能够在重组细胞中表达的突变基因，而将不能表达的无效突变基因排除。

例如，可以将绿色荧光蛋白的基因作为报告基因，该基因能够表达具有荧光激发特性的绿色荧光蛋白，因此，可以根据绿色荧光的激发情况及其强度进行筛选。再如，可以将辣根过氧化物酶（HRP）的基因与单加氧酶的基因融合一起作为报告基因，当此报告基因表达时，在有萘存在的条件下可以激发出荧光。这是由于表达出的单加氧酶能催化萘氧化生成萘酚，萘酚在过氧化物酶的催化作用下，生成具有荧光激发特性的醌类物质，根据荧光的激发情况可以筛选出能够表达的突变基因。

荧光筛选法具有直观、明确、容易判断等特点，但是需要利用具有荧光激发特性物质的基因作为报告基因。

第三节　酶定向进化的应用

酶分子定向进化是根据应用过程中酶呈现出的催化效率较低、稳定性较差等弱点，经过基因体外随机突变，在人工控制条件的特殊环境下进行定向选择而获得所需的进化酶，进化方向明确，具有很强的目的性。例如，针对某种酶的热稳定性较差的弱点，就把提高该酶的热稳定性作为目标，在经过随机突变、构建突变基因文库的基础上，通过逐步提高培养温度的定向选择方法，经过若干轮进化试验，筛选得到稳定性大幅度提高的新酶。

通过酶分子定向进化，能够提高酶的催化效率，可以在几年、几个月甚至更短的时间内完成自然界需要几万年、几十万年甚至几百万年才能完成的进化历程。

定向进化技术现已广泛用于酶分子的改造，在提高酶分子的催化活性、酶分子的稳定性以及对环境的适应能力等方面取得了显著成效（表 8-3）。

表 8-3　某些酶的定向进化结果

酶	定向进化结果
枯草杆菌蛋白酶 E	在 60% DMF 中酶的催化效率提高 157 倍，增强热稳定性，最适作用温度提高 17 ℃，65 ℃时的半衰期（$t_{1/2}$）延长 50 倍～200 倍
β-内酰胺酶	酶催化效率提高 32 000 倍，增强对 β-内酰胺类抗生素的耐受能力
α-淀粉酶	增强热稳定性，在 90 ℃的半衰期（$t_{1/2}$）延长 9 倍～10 倍
对硝基苄基酯酶	在 30% DMF 中酶催化效率提高 100 倍，改变底物特异性
β-半乳糖苷酶	改变底物特异性，呈现糖基转移酶的催化活性
四膜虫 RNA 剪切酶	改变底物特异性，对 DNA 剪切作用的催化效率提高 100 倍
RNA 剪切酶	改变底物特异性，可以催化 RNA 的 5′端与多肽的氨基端结合，形成稳定的磷酰胺键，将 RNA 和多肽拼接在一起
天冬氨酸酶	增强热稳定性和 pH 稳定性
大肠杆菌磷酸酶	对有机磷酸酯的特异性提高 2 000 倍
β-糖苷酶	改变底物特异性，成为糖苷转移酶
谷胱甘肽转移酶	底物特异性提高 100 倍
卡拉霉素磷酸转移酶	酶催化效率提高 64 倍，增强耐药性
羧甲基纤维素酶	酶催化效率提高 2.2 倍～5 倍
儿茶酚-2,3-双加氧酶	50 ℃时的热稳定性提高 13 倍～26 倍
3-异丙基苹果酸脱氢酶	在 70 ℃时的热稳定性提高 3.4 倍
头孢菌素	酶催化效率提高 270 倍～540 倍
卡拉霉素核苷酰转移酶	提高热稳定性，在 60 ℃～65 ℃时的半衰期延长 200 倍
真菌过氧化物酶	热稳定性提高 174 倍，氧化稳定性提高 100 倍

一、提高酶的催化活力

这是对酶分子进行改造的最基本的愿望之一，大多实验都涉及对目的酶催化活力的提高。例如，吉林大学分子酶学工程教育部重点实验室张今教授课题组对 L-天冬氨酸酶进行定向进化研究。L-天冬氨酸酶是一种重要的工业用酶,可催化富马酸和氨生成 L-天冬氨酸。L-天冬氨酸在医药、食品、化工等领域具有非常广泛的用途。由于天冬氨酸酶的活性部位尚未完全确定,催化机理也需要进一步证实,在这种条件下通过酶的合理化设计来进一步提高酶活力具有一定困难。为此,拟采用定向进化的方法对酶基因进行改造,以期获得较高活力的酶。根据定向进化的基本思想,确定了"易错 PCR 筛选→(优势突变重组→筛选)$_n$"的实验路线。共进行了 4 轮易错 PCR,每一轮易错 PCR 约筛选了 3 000 个菌落,最终得到了一株酶活力提高 28 倍的突变体。对天然酶和进化酶的酶学性质进行分析,结果表明进化酶的 pH 稳定性和热稳定性均优于天然酶,因此更适合于工业化生产 L-天冬氨酸。进化酶基因测序结果表明共发生了 7 个碱基突变,其中 3 个点突变引起了氨基酸的改变:Asn217→Lys、Thr233→Arg、Val367→Gly,Thr233 位于亚基间相互作用的界面上,一方面进一步加强了酶与底物的亲和力,另一方面更加稳定了负碳离子中间体,从而引起了该进化酶 K_m 的下降和 K_{cat} 值的提高。Val367 位于结构域 2 第五个 α 螺旋的一端,其突变成 Gly 后破坏了这一部分的 α 螺旋,形成了转角结构,但 5 个长 α 螺旋的基本结构没有被破坏。L-天冬氨酸酶活性位点的重要催化残基(如 Lys327、Ser143、Arg29)没有改变,暗示该进化酶的催化机理与天然酶相同。

二、增强酶的稳定性

提高酶分子的稳定性是根据不同酶的实际应用情况,从不同的方面提高其稳定性。例如,工业用酶中,需提高酶分子的热稳定性;洗涤用酶中,需提高酶在低温下的酶活;有机相反应中,需提高酶分子对环境的适应能力等。所有这些,都可以利用定向进化技术来实现。

在一般工业生产过程中,高温可以提高底物的溶解度,降低反应基质的黏度,减少微生物污染以及提高伴随发生的非酶促反应的速率。因此,在微生物酶进化研究中,大量的研究目标是提高酶的热稳定性。一般而言,单一位点上的有益突变可以将酶分子的解链温度(T_m)提高 1 ℃~2 ℃。据报道,通过随机突变,向 T4 噬菌体溶菌酶中引入了 11 点突变,其热稳定性提高 0.8 ℃~1.4 ℃;向大肠杆菌核酸酶 H1 中引入 7 个点突变后,其 T_m 提高 4.2 ℃,同时发现,对某一氨基酸残基进行点突变后 T_m 提高了 7.8 ℃。同样,通过随机突变将 α-淀粉酶的 T_m 提高了 11 ℃,90 ℃下的半衰期提高了近 10 倍。进一步对其氨基酸残基组成和顺序进行分析发现,改性的 α-淀粉酶中仅发生一个氨基酸残基的改变。

酶在工业中最重要的应用领域是洗涤剂行业,然而,一般酶是在 30 ℃~40 ℃中发挥作用,如果水的温度达不到或超过该温度,则洗涤效果将受到影响。国内和世界上绝大多数地区均使用冷水洗涤,既可以减少能量消耗,也可以减少磨损,使用加入嗜冷酶的洗涤剂就可以达较好的效果。目前 Gerike 小组已经开展了嗜冷酶的研究,并且用于洗涤剂工业中。但是使用低温酶的缺点是它的不稳定性,因此应用 DNA 重排技术改造酶,使其在低温下保持高催化效率的同时,还保持一定的稳定性。另一方面,洗碗机和工业去油污使用的洗涤剂需要在高温下洗涤,因而需要开发高温酶作为添加剂。

利用有机溶剂可以提高底物的溶解度或提高专一反应的速率,而天然酶在有机溶剂中,即使有时能保持天然构象也极易失活,因此在这种酶的应用环境中对酶定向进化就十分必要。例如,前文提及的枯草杆菌蛋白酶在 60% DMF 中的定向进化,提高了酶的活力和稳定性。最近利用定向进化和基因重组,创造了对硝基苄基酯酶在 DMF 中使合成抗生素中间体脱保护,在 30%DMF 中酶活力提高了 100 倍。

天然酶在生物体内不会接触到人工添加的去离子螯合剂,而酶在应用于洗涤剂工业中的时候,就必须在螯合剂存在的环境中保持活力,因此有必要改变大多数应用的蛋白酶依赖金属离子来保护其活力或稳定性的性质。Bryant 及其同事进化了一株在缺少 Ca^{2+} 仍稳定的枯草杆菌蛋白酶。他们随机突变了 10 个氨基酸残基,删除结合 Ca^{2+} 的凸环。在无 Ca^{2+} 的溶液中进化酶的半衰期比野生型枯草杆菌蛋白酶长 12.5 倍。后来的几轮突变与筛选又产生了 7 株更加稳定的不依赖 Ca^{2+} 的进化酶。

三、提高底物专一性和增加对新底物的催化活力

增加底物专一性,可以使酶更加适应工业化生产。大肠杆菌磷酸酶是由大肠杆菌产生的磷酸酶,可以催化磷酸酯水解生成无机磷酸,在化合物的脱磷和基因工程领域广泛应用。2004 年,Aharoni 等人采用基因家族重排技术对大肠杆菌磷酸酶进行分子定向进化研究,使该酶对有机磷酸酯的特异性提高 2 000 倍。

再如,2005 年,冯志勇等人采用易错 PCR 技术对 β-糖苷酶进行定向进化,结果该酶的底物特异性发生改变,失去原有的催化糖苷水解的活性,而呈现糖基转移酶的活性,可以以 β-葡萄糖邻硝基苯苷为糖基供体,以麦芽糖或者纤维二糖为糖基受体,催化糖基转移反应,生成 β-1,3-三糖。

目前,我们对各种生物基因的了解和按合理设计策略改造它们的能力是有限的。因此利用蛋白质体外进化策略可突破这一局限,快速获得所需功能的蛋白质。作为分子进化的一个分支——酶的体外定向进化是非常有效的更接近自然进化的蛋白质工程研究的新策略。它不仅能使酶进化出非天然特性,还能定向进化某一代谢途径,不仅能进化出具有单一优良特性的酶,还可能使已分别优化的酶的两个或多个特性叠加,产生具有多项优化功能的酶,进而发展和丰富酶类资源。定向进化技术为改进生物催化剂或在短时间内创造出新特性的生物催化剂提供了一个工具。实验证明定向进化不仅可以应用于工业化用酶活性、热稳定和耐操作条件性能的显著提高,而且还可以应用到疫苗和制药领域,对疫苗和蛋白质类药物进行改造,在各个应用领域,定向进化都取得了显著成功。这些成就标志着定向进化将来会更大可能地应用于认识蛋白质功能和创造新的生物催化剂及新的蛋白质药物的基础研究中。完全在试管中进行的酶(或蛋白质)的体外定向进化使在自然界需要几百万年的进化过程缩短至几年甚至更短的时间,这无疑是蛋白质工程技术发展的一大飞跃。定向进化为酶从实验室研究走向工业应用提供了强大的手段。目前,对一些酶(或蛋白质)、砷酸盐解毒途径、抗辐射性、生物合成途径、对映体、抗体库以及结合位点定向进化的可喜成果令众多相关领域的科学家为之振奋。可见,进化能发生在自然界,也能发生在试管中,它与合理设计互补,将会使分子生物学家更加得心应手地设计和改造酶或蛋白质分子,将使蛋白质工程学更加显示出强大的威力和诱人前景。

本 章 要 点

在工业生产中，天然酶通常不能满足实际需要，所以需要人们对其进行改造或设计新的酶以满足工业需求。酶定向进化是近些年兴起的改造酶的新策略，已成为一种快速高效地改进酶催化特性的手段。通过酶定向进化，可以显著提高酶活性、增加酶的稳定性、改变酶的底物特异性等。

酶定向进化是模拟自然进化过程（随机突变和自然选择），在体外进行酶基因的人工随机突变，建立突变基因文库，在人工控制条件的特殊环境下，定向选择得到具有优良催化特性的酶的突变体的技术过程。基本过程包括随机突变、构建突变基因文库、定向选择等步骤。

酶定向进化的第一步是对酶基因进行体外随机突变，常用的方法有易错 PCR 技术、DNA 重排技术、基因家族重排技术等。经过体外随机突变获得丰富多样的突变基因后，通过 DNA 重组技术将获得的各种突变基因与适宜的载体进行重组，获得重组 DNA，再构建突变基因文库。利用平板筛选法、噬菌体表面展示法、细胞表面展示法、核糖体表面展示法、荧光筛选法等高通量筛选方法从突变基因文库中将正突变基因筛选出来。

酶定向进化是非常有效的更接近于自然进化的新策略，它不仅能使酶进化出非天然性状，或性状改进的优良酶，还能使两个或多个酶的优良性状组合为一体，进化出具有多项优化性质或功能的进化酶，进而发展和丰富酶类资源。

复习思考题

1. 什么是酶定向进化？
2. 简述酶定向进化的基本过程。
3. 酶基因的体外随机突变方法有哪些？
4. 易错 PCR 与常规 PCR 有何不同？
5. 什么是 DNA 重排技术？
6. 什么是基因家族重排技术？它与 DNA 重排技术有何异同？
7. 简述突变基因定向选择的基本过程。
8. 酶定向进化有哪些方面的应用？

第九章 酶反应器

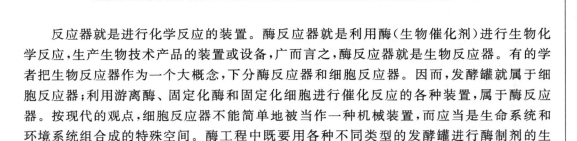

✱ **学习提要**

1. 了解酶反应器的特点；
2. 掌握几种常用酶反应器的结构特点及应用；
3. 掌握酶反应器的选型和操作方式。

　　反应器就是进行化学反应的装置。酶反应器就是利用酶（生物催化剂）进行生物化学反应，生产生物技术产品的装置或设备，广而言之，酶反应器就是生物反应器。有的学者把生物反应器作为一个大概念，下分酶反应器和细胞反应器。因而，发酵罐就属于细胞反应器；利用游离酶、固定化酶和固定化细胞进行催化反应的各种装置，属于酶反应器。按现代的观点，细胞反应器不能简单地被当作一种机械装置，而应当是生命系统和环境系统组合成的特殊空间。酶工程中既要用各种不同类型的发酵罐进行酶制剂的生产，也要用各种不同类型的酶反应器进行酶催化的产品生产。发酵罐的有关知识将在发酵工程中讲述，本章主要讲述酶反应器。

第一节　酶反应器的特点和设计基础知识

一、酶反应器的特点

　　酶反应器是酶（生物催化剂）催化反应装置，酶不仅有高效专一的特性，还有反应条件温和、容易受各种不利因素影响造成催化活性下降等特性，这是在酶反应器设计和操作时都必须重视的。具体地说，酶反应器与一般化学反应器相比，有以下特点：

　　1. 酶反应器对材质的要求一般不高

　　酶反应器一般都在常压或保持适当的正压下运转，不需要特别耐压的构件；在接近中性或 pH 大于 4、小于 10 的条件下操作，不需要特别耐酸碱腐蚀的材料；在较低的温度（很少超过 90 ℃）下反应，不需要特别耐高温的材料。

　　2. 酶反应器的专一性较强

　　无论是细胞或是离体的酶催化剂，所催化的反应系统都因酶的专一性而使产品单一，这有利于产品回收，提高产品质量。

　　3. 酶反应器要尽量保护生物催化剂的催化活性

　　酶催化剂与一般化学催化剂不同，引起催化效率下降或是失活的因素很多，例如，酶的流失、搅拌或液体高流速剪切力引起的酶变性、反应过程酸碱度变化使反应环境 pH 变得不适、反应底物原料中可能带来的蛋白酶对酶催化剂的降解或是酶的抑制剂（如重

167

金属离子)对酶的抑制、底物抑制、产物抑制等等,在反应器设计时都要考虑周到,要求尽量保护酶的催化活性,维持反应器运行过程中催化活性稳定。

4. 酶反应器反应条件调控设施较为复杂

酶反应器,尤其是以活细胞为催化剂的反应器,常伴随有细胞的增殖,因而必须有调节诸如温度、pH、离子强度、底物浓度、溶氧等等反应条件的系统,这就不像化学反应那么单一。

5. 酶反应器必须考虑便于清洗和消毒灭菌

酶反应器催化的反应系统很容易受微生物污染,因此反应器内部结构应尽量简单,少有死角;尽量少用法兰(flange),多用焊接连接;取样口等用蒸气封口;保持器内一定的正压;外部设施亦应方便清洗,整个系统常要设置灭菌系统等等。

二、酶反应器的分类

酶反应器通常按化学反应工程的分类方法,从不同的角度进行分类:

1. 按反应器操作方式分

分批式或间歇式反应器:一次投料,反应结束后将酶灭活或是分离,一次收获产物,清洗反应器,再做下一批。

连续式反应器:连续流加料,连续流出产物,物料在反应器中的流动可有两种理想状态:呈全混式流动或呈平推式流动。

半连续式反应器:通常是分批投料,等整个反应结束后一次收取产物。

2. 按反应器几何构型和结构特征分

罐式反应器:主要特征是外形为圆柱体,高度和直径之比(简称高径比,常用 H/D 表示)大约在 $1\sim3$。

管式反应器:与罐式相比,相对细长,长和直径之比(L/D)大于 30。

塔式反应器:外形不限于圆柱体,竖立高和直径之比大于 10。

膜式反应器:主要特点是,反应器内部有各种不同类型的薄板或滤膜构成的膜件。

3. 按反应器中的物相分

均相反应器:通常用溶液酶为催化剂,底物也是溶液态的反应器,反应系统只有均一的液相。

非均相反应器:通常以固定化酶或固定化细胞为催化剂的酶反应器,即使底物是溶液态,也有固、液两相。

还有其他的分类,如微生物反应器、植物细胞反应器、动物细胞反应器是按培养对象来分类的。

三、酶反应器设计的主要内容

酶反应器的设计,首先要根据生产任务,可能采用的原料,采用的酶催化剂等,充分占有有关原料的性状和催化剂的底物动力学,固定化酶的反应动力学以及反应温度、pH、离子强度、抑制剂和激活剂等对反应速度的影响的资料,了解现时有关反应器的发展情况,然后着手设计。设计的主要内容包括下列三点:

1. 选择反应器类型

根据生产任务和所持上述基本资料,确定反应器的操作方式、结构类型以及流体流动方式、能量传递方式等。必须十分审慎地决策,它将为设计定下基调。

2. 设计反应器的结构,确定各种结构参数

当反应器类型确定后,就可以在这个框架内进一步确定反应器几何尺寸、内部结构、搅拌器及搅拌桨的结构、大小尺寸、搅拌转速及其控制方式,换热方式和换热面积等。例如,根据所采用的固定化酶不同,确定不同的搅拌速度;为了尽量减少搅拌对固定化酶的剪切破碎作用,采用将固定化酶固定在搅拌轴上的方式等。

3. 确定工艺参数及其控制方式

工艺参数包括底物浓度、酶浓度、反应的温度、pH、离子强度、激活剂浓度、物料的流量流速、反应器的压力等。主要根据所采用的酶的反应动力学特征、底物性状、固定化酶所用的固定化方法和载体特性等,来确定这些参数及控制各种工艺参数的方式。底物和酶的控制无疑是最重要的。底物浓度通常以能达到最大反应速度为度,若存在底物抑制又当别论。这种情况下,底物浓度应在产生抑制作用的浓度以下,底物流量流速控制亦应与此相对应。酶浓度控制要根据不同的生物催化剂特性和反应类型确定。

四、酶反应器设计计算基础知识

反应器运行过程,通常包括所谓"三传",即传质、传热和传能,传质是指物质的传递。酶反应器设计计算,主要是物料、热和能的平衡计算(简称衡算)等。衡算是工程学中的概念之一。酶反应器设计时,要根据能量守恒原理进行反应器的热量衡算;根据质量守恒定律进行物料衡算。这里介绍物料衡算。

1. 反应器的生产能力和生产率的计算

反应器是根据生产任务来设计的,是物料衡算的基础。生产任务也叫生产能力,用 Q 表示,是指反应器在单位时间(天或小时)内生成的产物量(千克/天或克/小时,$kg \cdot d^{-1}$ 或 $g \cdot h^{-1}$);生产率也叫生产强度(q),是指单位时间单位反应器容积(升,L)所生成的产物量($g \cdot h^{-1} \cdot L^{-1}$ 或 $kg \cdot h^{-1} \cdot L^{-1}$)。显然生产能力是生产率和反应器有效体积($V_R$,L)的乘积:

$$Q = qV_R \tag{9-1}$$

从酶学角度看,生产率 q 可以看做是酶促反应的最大反应速度($V_{max} = k[E_0]$),故有:

$$Q = V_{max} \cdot V_R = k[E_0] \cdot V_R \tag{9-2}$$

反应速度用单位时间内产物浓度的增加计算(计量单位:$kg \cdot L^{-1} \cdot h^{-1}$),于是对于分批式反应器:

$$q = \frac{p}{T} \tag{9-3}$$

式中:p 为产物浓度,即是单位反应器容积的产物量($g \cdot L^{-1}$);T 为生产周期(h),是底物转化为产物所需时间 t 和辅助时间(进料、出料、清洗、灭菌等)t' 之和(即 $T = t + t'$)。

对于连续式反应器:

$$q = \frac{p_c V_R}{F} \tag{9-4}$$

式中：p_c 为反应器出口处流出液中产物的浓度（$g \cdot L^{-1}$）；F 为反应器流体的流量（$L \cdot h^{-1}$）。

酶反应器生产的年生产量由生产能力×实际生产天数求得，通常按实际生产 300 天计算。

2. 底物用量、转化率和产物收得率计算

底物用量的多少是反应器设计的重要参数，为了计算底物（原料）用量，就要知道底物转化率和产物收得率。底物转化率（X）是指反应器中底物转化为产物的百分比率，按下式计算：

$$X = \frac{P}{[S]} \text{ 或 } X = \frac{[S_0] - [S]}{[S_0]} \times 100\% \tag{9-5}$$

式中：P 为反应生成物量；$[S]$ 为投入反应器的底物量；$[S_0]$ 为底物进入反应器的初始浓度（单位：$g \cdot L^{-1}$ 或 $mol \cdot L^{-1}$）；$[S]$ 对连续流反应器来说，是反应器出口液中的底物残余浓度（$g \cdot L^{-1}$）；对分批式反应器来说，就是反应结束时反应器中的底物残余浓度。

产物收得率（R）是指从反应生成的产物（P_0 表示）中实际分离收得的产物量（用实收产物 P_r 表示）的比率，按下式计算：

$$R = \frac{P_r}{P_0} \times 100\% \tag{9-6}$$

底物用量用下式计算：

$$[S] = \frac{P}{XR} \text{（单位：kg 或 g）} \tag{9-7}$$

3. 反应器的物料衡算及操作方程

物料衡算是根据质量守恒定律，对进出反应器的物料进行平衡计算，通常是对物料中的某一关键性组分（底物）进行衡算。平衡计算式：

$$进入量 - 排出量 = 反应量 + 积累量 \tag{9-8}$$

式中：进入量是底物投入量；反应量是反应过程底物的消耗量；积累量是通过生化反应生成的产物量，即是上述的生产能力；排出量即是反应器中反应后的残余底物量。

（1）分批式反应器

分批式反应器为了使物料混合均匀，通常都要搅拌，实为分批搅拌罐反应器（简写为 BSTR）。分批式反应器一次性投料，在反应过程中，无物料的加入和排出（两者均为 0），反应量用反应速率 v 和反应器有效容积 V_R 的乘积计算；积累量用反应器内底物浓度 $[S]$ 的瞬时变化量表示。故有：

$$\begin{array}{cccc} 进入量 & - 排出量 & = 反应量 & + 积累量 \\ 0 & 0 & vV_R & \dfrac{\mathrm{d}(V_R[S])}{\mathrm{d}t} \end{array}$$

写成等式即为：$vV_R = -\dfrac{\mathrm{d}(V_R[S])}{\mathrm{d}t}$ $\tag{9-9}$

式中：v 为反应速率（$g \cdot L^{-1} \cdot min^{-1}$ 或 $mol \cdot L^{-1} \cdot min^{-1}$）；$V_R$ 为反应器的有效容积（L）；$[S]$ 为底物浓度（$g \cdot L^{-1}$ 或 $mol \cdot L^{-1}$）；t 为时间（min）。

对于液相反应，V_R 为常数，故：

$$v = -\frac{d[S]}{dt} \tag{9-10}$$

这就是分批式反应器的设计方程。对于酶催化来说，将米氏方程 $v = \frac{kE_0[S]}{K_m + [S]}$ 代入设计方程，得：

$$-\frac{d[S]}{dt} = \frac{kE_0[S]}{K_m + [S]} \tag{9-11}$$

式(9-11)就是酶反应的米氏方程，式中 $kE_0 = V_{max}$（最大反应速度），将上式积分，得：

$$([S_0] - [S]) - K_m \ln \frac{[S]}{[S_0]} = kE_0 t \tag{9-12}$$

式(9-12)就是米氏方程的积分表达式，式中 $[S_0]$ 为投入反应器的底物浓度，$[S]$ 为反应结束时的剩余底物浓度，由式(9-5)变换得：$[S_0] - [S] = X[S_0]$ 和 $[S]/[S_0] = 1 - X$，代入式(9-12)，得：

$$X[S_0] - K_m \ln(1 - X) = kE_0 t \tag{9-13}$$

这就是 BSTR 的操作方程。可见，设计方程是底物浓度表达的反应器的反应速度方程，而操作方程则是由底物转化率表达的反应速度方程。方程中，反应器的动力学参数、米氏常数 K_m 和催化常数 k 的求取：由实验测得的 $t \sim [S]$ 数据，代入设计方程式(9-12)作图，所得直线的斜率 $= k$，截距 $= -K_m$。由此可以用式(9-13)求得达到所需转化率的反应时间 t。当辅助时间 t' 确定后，就可以用式(9-3)求出生产率 q，再根据生产任务 Q，由式(9-1)求出反应器的有效体积 V_R。

（2）活塞流固定床反应器

在连续式反应器中，流体流动有两种理想状态。活塞流是其中之一，又称平推流，是指流体与流动方向垂直的截面上，各粒子的流速和流向完全相同，亦即所有物料粒子在反应器中停留时间完全相同的一种流动状态。在连续流反应器中停留时间不同的物质粒子之间的混合，称为返混，在活塞流状态下，不存在返混。活塞流固定床反应器的高径比大，在流体流速高的条件下，可以用平推流模型近似模拟。固定床也称填充床，通常把固定床反应器就用 PFR（活塞流反应器）表示。

在 PFR 中，由于底物浓度在反应器轴向上是变化的，故作物料衡算时，取某一微小容积 dV 计算（如图9-1）。

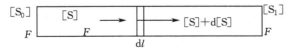

图 9-1 活塞流反应器的物料衡算

$[S_0]$ 为进口处底物浓度；$[S] + d[S]$ 为底物消耗量增量；dl 为流过距离增量

进入量	排出量	反应量	积累量
$F[S]$	$F([S] + d[S])$	$v dV_R$	0

即：

$$-Fd[S] = v dV_R \tag{9-14}$$

式中：V_R 为反应器有效容积(L)；F 为物料流量($L \cdot min^{-1}$)；v 为反应速度；$[S]$ 为底物浓度。

对整个反应器而言，将式(9-14)积分：

$$\int \frac{-\mathrm{d}[S]}{v} = \int_0^V \frac{\mathrm{d}V_R}{F} = \frac{V_R}{F} = \tau \qquad (9-15)$$

式中：τ 为物料在反应器中的停留时间(min)。

式(9-15)即是活塞流反应器的设计方程。将此式与式(9-10)比较，在恒容过程条件下，活塞流反应器的设计方程和分批式反应器的设计方程相同，只是分批式反应器的反应时间 t，换成了活塞流反应器的停留时间 τ，换言之，如果反应要达到相同的程度，那么，底物在活塞流反应器中停留的时间，就相当于底物在分批式反应器中的反应时间，不过在分批式反应器中，底物浓度随时间而变化，在活塞流反应器中，底物浓度随空间位置而变化。所以，τ 称为空间时间，简称空时，其倒数 $1/\tau = F/V_R$[见式(9-15)]，称为空速或稀释率(D)。因此，活塞流反应器的操作方程为：

$$X[S_0] - K_m \ln(1-X) = kE_0\tau = kE_0 V_R/F \qquad (9-16)$$

（3）全混流搅拌罐反应器

全混流是另一种理想流动状态，即流进反应器的物料能在瞬间完全混合，反应器中底物浓度均匀一致，流出液的浓度相同的流动状态。相应的反应器，通常即是连续流搅拌罐反应器（简写为CSTR）。CSTR内的流体流动接近全混流，当搅拌速度快时可以看做是全混流。当反应器处于稳定状态时，CSTR的物料衡算如下：

进入量　－　排出量　＝　反应量　＋　积累量
$F[S_0]$　　　　$F[S]$　　　　vV_R　　　　0

即

$$\frac{[S_0] - [S]}{v} = \frac{V_R}{F} = \tau \qquad (9-17)$$

式(9-17)就是CSTR的设计方程。对酶催化反应，将米氏方程代入式(9-17)得：

$$\tau = \frac{[S_0] - [S]}{kE_0[S]}(K_m + [S]) \qquad (9-18)$$

由式(9-5)：$X[S_0] = [S_0] - [S]$，$[S] = [S_0](1-X)$代入式(9-18)，得：

$$X[S_0] + K_m \frac{X}{1-X} = kE_0\tau = kE_0 \frac{V_R}{F} \qquad (9-19)$$

式(9-19)即是CSTR的操作方程。与PFR一样，反应器中的底物浓度是随液体流动所经的空间而变化的，故反应时间用空时表示。

（4）三种酶反应器操作方程的比较

从形式上看，BSTR和PFR仅是 t 和 τ 的差别；PFR(BSTR)和CSTR的差别在于方程式左边的第二项分别为 $-K_m \ln(1-X)$ 和 $\dfrac{K_m X}{1-X}$。

比较式(9-16)和式(9-19)方程式左边的第二项，可得：

$$\frac{E_{CSTR}}{E_{PFR}} = \frac{X}{(1-X)\ln(1-X)} \qquad (9-20)$$

当 $[S] \ll K_m$ 时，反应趋于一级，在这种条件下，由式(9-20)可见：

① E_{CSTR}/E_{PFR} 的比值随转化率 X 增大而增大，换言之，转化率越高，两者相差越大，在低转化率时相差较小。例如，X 从 0.95 升至 0.99 时，PFR只得增加 30% 的酶量，而CSTR就要增加 2.5 倍的酶量。

② 若要达到相同的高转化率,而采用相同的有效容积,在反应时间相同的情况下,就必须加大 CSTR 的用酶量。例如,[S]＝0.1K_m 要达到 0.99 的转化率,CSTR 的用酶量将是 PFR 的 25 倍。

③ 若用酶量相同,并在相同的时间内达到相同的转化率,CSTR 就必须加大反应器容积。

④ 如果用酶量和反应器容积都相同,CSTR 就必须采用比 PFR 更长的停留时间 τ 才能得到相同的转化率。

由此可见,PFR 优于 CSTR,因而,目前 PFR 是工业上采用较多的酶反应器。这也是用酶量计算的重要依据。

第二节　几种常用的酶反应器

常用酶反应器通常是根据操作方式和结构特点结合进行分类的,一般分为以下几类:分批式搅拌罐反应器、连续流搅拌罐反应器、填充床反应器、流化床反应器、膜型反应器和鼓泡塔(或气、液、固三相)反应器等,近年又有喷射式反应器问世,如表 9-1 所示。下面分别予以介绍。

表 9-1　酶反应器类型

反应器类型	适用的操作方式	适用的酶	特　点
搅拌罐反应器 (STR)	分批式, 连续式	游离酶, 固定化酶	设备简单,操作容易,酶与底物混合较均匀,传质阻力小,反应较完全,反应条件容易调节控制
填充床反应器 (PFR)	连续式	固定化酶	设备简单,操作方便,单位体积反应床的固定化酶密度大,可以提高酶催化反应的速度,在工业生产中普遍使用
流化床反应器 (FBR)	分批式, 连续式	固定化酶	混合均匀,传质和传热效果好,温度和 pH 的调节控制比较容易,不易堵塞,对黏度较大的反应液也可进行催化反应
鼓泡塔式反应器 (BCR)	分批式, 连续式	游离酶, 固定化酶	结构简单,操作容易,剪切力小,混合效果好,传质、传热效率高,适合于有气体参与的反应
膜型反应器 (MR)	连续式	游离酶, 固定化酶	集反应与分离于一体,利于连续化生产,容易发生浓差极化而引起膜孔阻塞,清洗比较困难
喷射式反应器 (PR)	连续式	游离酶	通入高压喷射蒸气,实现酶与底物的混合,进行高温短时催化反应,适用于某些耐高温酶反应

一、分批式反应器(BSTR)

分批式搅拌罐反应器也称间歇式反应器(batch stirred tank reactor,BSTR),常简称分批式反应器(图 9-2a)。其操作特点是:反应器内的底物和酶(无论是固定化酶或是游离酶)都是一次投入,反应完毕,一次取出,并用过滤或超滤法分离酶和产物,固定化酶转入下批使用;游离酶一般不回收,往往用加热或其他方法处理使其变性除去。其优点是:结构简单,造价较低,传质阻力由搅拌克服,反应能迅速达到稳态。缺点是:操作麻烦,酶的使用半衰期较短。其适用于产品品种多，产量少，酶源价廉的小规模生产，主要用于饮料食品加工工业；目前许多发酵工厂的淀粉液化和糖化的酶法水解，也都是用游离酶间歇式搅拌操作。固定化酶较少用此法。

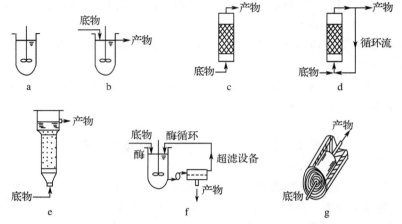

图 9-2　各种不同类型的酶反应器
　　a.间歇式反应器；b.连续流搅拌罐反应器；c.填充床反应器；
　　d.循环流填充床反应器；e.流化床反应器；
　　f.连续流搅拌罐—超滤膜反应器；g.螺旋卷膜式反应器

BSTR 也可以进行半分批式操作，即分次加入底物，反应结束后一次出料，分离产品。适用于存在底物抑制的酶反应。

二、连续流搅拌罐反应器（CSTR）

连续流搅拌罐反应器（continuous stirred tank reactor，CSTR）是 BSTR 的一种发展，其操作特点是：先向反应器内投入固定化酶和底物溶液，搅拌平衡后，再以恒定的流速连续流入底物溶液，同时以同样的流速流出含产物的溶液。液流方向，通常是由反应器下方进、上方出，也有上进下出的（图 9-2b）。CSTR 的优点是：传质阻力低，能处理胶状底物和不溶性底物，固定化酶易于更换。缺点是：酶较易破损流失，用酶量较填充床反应器大，为了克服酶流失的缺点，在出口处安装过滤器，或将固定化酶用尼龙网袋装上，固定在搅拌器轴上；或是做成磁性固定化酶颗粒，在反应器出口处借助于磁吸滞留之。CSTR 适用于存在底物抑制的酶反应。

三、填充床反应器（PFR）

填充床反应器（packed reactor）也称活塞流反应器（plug flow reactor，PFR），两个名称各反映了这种反应器的一个侧面，填充床，表明通常是将固定化酶或固定化细胞装填于反应器的柱管中，而形成反应柱床；活塞流，表明反应器运行过程中，底物液和产物液连续流动是呈平推流即活塞流的状态（图 9-2c）。填充床所用的固定化酶（或细胞），可以是颗粒状或片状或膜状的，分层装填，还可用半透性中空纤维固定化酶，竖直平行装填反应器柱管（图 9-3e）。PFR 液体流动的方式，有下向流、上向流或是循环流（图 9-2d）之分，工业上通常多用上向流，可以避免下向流动的液压对柱床的影响，对反应产生气体的,尤应注意。PFR 的优点是:结构简单,容易操作,效率高,易于实现自动化,对于存在产物抑制的反应较为适宜。因而,目前工业上较为普遍地采用这种反应器。它的缺点是:传质和传热都不太好,温度和 pH 控制较难,更换催化剂相当麻烦,不适宜于不溶性或黏稠性底物应用。

四、流化床反应器(FBR)

流化床反应器(fluidized bed reactor,FBR)和 CSTR 一样,是将适量的粉状或小颗粒状固定化酶(或细胞)悬浮于反应器中,不搅拌,而由向上的底物液流的冲击作用达到混合的目的(图 9-2e)。这种反应器控制好流速是操作的关键,应以能使固定化酶颗粒保持悬浮状态,又不溢出反应器为度,因而,达不到 CSTR 的全混状态,但混合程度高,传质、传热良好,可适用于处理高黏度和粉末状不溶性底物,亦可用于有气体参与反应或反应过程产生气体的酶反应操作。由于流化床液流的冲击作用,固定化酶颗粒容易破损,反应器中的酶浓度不高,运转成本较高,也不适用于存在产物抑制的酶反应,这些都是其缺点。改进的办法,一是使底物进行循环,二是将几个流化床串联成反应器组,三是将反应器做成分区进口底物液的结构,四是设计锥形体反应器。还有从改进固定化酶制备方面着手的办法,如磁性化等。

五、膜型酶反应器

膜型酶反应器(membrane reactor,MR)是由膜状(包括半透性膜)或薄板状固定化酶(细胞)组装的酶反应器的总称。反应器结构有多种形式(图 9-3)。一种简单的利用方式,即是用超滤膜装置与 CSTR 联合,组成连续搅拌罐—超滤膜反应器(CST-UFR,图 9-2f)。超滤膜起到阻留酶的作用,无论游离酶或是固定化酶(或细胞),都可用这种酶反应器生产有用物质。现已用于由纤维素酶、α-淀粉酶、糖化酶生产葡萄糖,由青霉素酰化酶生产 8-氨基青霉烷酸等。

超滤膜的另一类利用方式,是用超滤膜制备固定化酶(或细胞),然后装填于柱形反应器中而成超滤膜反应器(UFR)。又有各种不同的形式,将酶固定化于中空纤维超滤膜的腔内或是外面的基质层上,集束装于管式反应器中,构成中空纤维膜式反应器(图 9-3e)。底物液可以压入中空纤维膜内腔,向膜外流动,与外固定化酶反应后流出(反循环式);也可以从中空纤维外壁压入腔内,与内固定化酶反应后从膜内流出(反冲式);还有在中空纤维上半部由腔内外流,下半部又由外向内流,再流出反应器的。

将酶固定化于膜状惰性支持物上,将其卷成螺旋卷状,填充于柱中,称为螺旋卷膜式反应器(图 9-3b)。

以包埋法为主制备的凝胶成型薄片固定化酶圆盘,叠装在旋转轴上,把整个装置浸泡在底物液中,即成转盘型酶反应器(图 9-3c-1/c-2)。此型反应器,结构较简单,容易放大,但反应器中单位体积的催化剂的有效面积较小。

空心酶管反应器(图 9-3d),是将酶固定化于内径约 1 mm 的细管的内壁组装而成,底物流经管内与酶接触进行反应,这类反应器在自动分析仪中应用较多。

膜型反应器,特别是中空纤维膜反应器,结构复杂,制作麻烦,成本高,传质阻力大,

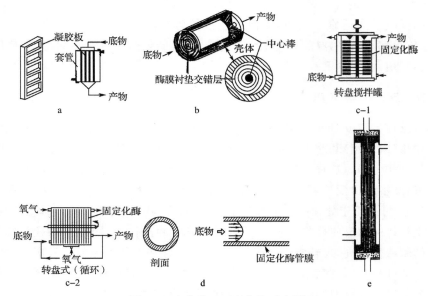

图 9-3　几种膜型固定化酶反应器

a. 立型平板式；b. 螺旋卷式；c. 转盘式；d. 空心管式；e. 中空纤维式

不适宜于黏稠性和不溶性底物应用。但反应器的酶损失小，反应器的清洗、消毒及反应条件控制都较容易，一般不存在酶的底物抑制和产物抑制（转盘型反应器除外），因此，有的已用于工业化生产，如用双酶膜反应器生产 L-丙氨酸等。

六、鼓泡塔式反应器

鼓泡塔式反应器（bubble column reactor，BCR）是一类气、液、固三相反应器，工作原理与流化床反应器相似，外形有柱状的、鼓肚状的、多鼓串接成塔状的（如图 9-4 所示）。用于需氧反应时，一般由塔下方输入加压气体，由于气体进入塔内，在液固相中分散时会鼓泡而得名。这对固定化活细胞是一种有效设备，用于厌氧细胞生产时（如固定化酒精酵母生产乙醇），通入二氧化碳鼓泡。

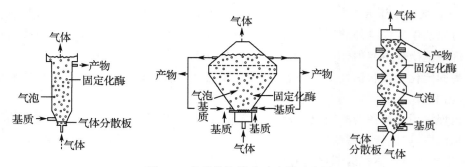

图 9-4　几种鼓泡塔式反应器示意图

鼓泡塔式反应器设计较复杂，但是设备投资和操作费用不高，总计还是比传统生产法低，因此正在发展之中。

七、喷射式反应器

喷射式反应器(projectional reactor，PR)是利用高压蒸气的射流作用原理,当蒸气喷射流经管道狭窄部位时,所生产的负压将酶和底物溶液吸入反应器,在高温下短时(几秒钟)完成反应,并喷出反应器。其结构简单,体积小,转化效率高。这是新近为耐热的高温 α-淀粉酶液化淀粉而设计的一种新型反应器。

八、辅酶再生系统

辅酶再生系统被称为第二代反应器,也即是一类组合式酶反应器,如 NAD，NADP，ATP 的再生系统,有的已用于工业生产。德国学者 Kula 等曾经设计了一种由亮氨酸脱氢酶(LueDH)催化 α-酮异己酸和铵盐生产 L-亮氨酸的酶反应器,该酶需要消耗 NADH,供氢,并被氧化为 NAD^+,为使其再生,他们采用了甲酸脱氢酶(FDH),该酶需 NAD^+,接受由甲酸脱下来的氢,生成 NADH,即 NAD^+ 得到了再生。此项设计,利用液—液双水相技术,获得廉价的甲酸脱氢酶和亮氨脱氢酶,将两种酶和 NADH 一同在 PEG 20000 上进行固定化,再把这个反应系统置于超滤膜反应器内,如图 9-5 所示。此系统连续反应两个月,酶系催化效率不减,辅酶Ⅰ循环 80 000 次,由 LueDH 催化 α-酮异己酸和铵盐生产 L-亮氨酸,日产量达 1 000 g,而甲酸经脱氢产生的二氧化碳也可以利用。

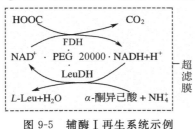

图 9-5　辅酶Ⅰ再生系统示例

第三节　酶反应器的选型和操作

一、酶反应器选型的一般原则

酶反应器多种多样,选择反应器时一般要考虑以下几方面的因素:

1. 酶的应用形式

酶的应用形式不外乎三种：溶液酶、固定化酶和固定化细胞,而固定化酶又有各种不同形态,如颗粒状、粉状、片状、板状、螺旋卷状、微管状、微囊膜状、中空纤维膜状等。固定化细胞主要是颗粒状、块状、板状等。

溶液酶回收一般较为困难,通常只适用于 BSTR,也可用于 CSTR-UFR;不过,酶在超滤时,由于流速的切变作用会使酶活力受到损失,操作半衰期较短。颗粒状、片状、板状固定化酶,对于 CSTR 和 MR 都适用;小颗粒状、粉状、细小块状固定化酶,可选用 FBR,以利于增大有效催化面积,如用填充床反应器,则往往会产生较大的液流压降,或是在运行过程中发生堵塞,床层被压密;微管状、螺旋卷状、膜状、中空纤维膜状固定化酶只适用于 MR 型。有气体参与反应的系统，可用鼓泡塔反应器，也可用流化床反应器。

固定化酶和固定化细胞还有一个机械强度问题，凝胶包埋酶和微囊包埋酶，机械强度较差，在搅拌罐反应器中，会因搅拌桨的剪切作用而遭到破坏；凝胶包埋酶在 PFR 中，若床层太厚，会因其自身的质量而使凝胶压缩变形，以致破损，因而，应选用或设计有分层筛板的填充床。总的来说，搅拌型酶反应器远比其他类型酶反应器更易造成酶的切变损失；而超滤膜型反应器的操作半衰期，比其他类型的酶反应器长。

2. 底物的物理性态

反应器的底物存在的物态，不外乎三种：溶液态、不溶的悬浊液态或乳浊液态、胶体态；在物性上主要是考虑黏稠度不同，会影响反应器的效率。可溶性底物显然可以选择任何类型的反应器；底物颗粒较粗的悬浊性底物或是胶态黏稠的底物，因为底物液容易使床层堵塞，则不适于选用填充床反应器，一般选用 CSTR，FBR 或是循环流反应器（RCR）为宜，这几种类型的反应器，或可采用较高的搅拌速度，或可采用高流速运行，以减少颗粒的集结沉淀和堵塞，使底物处于悬浮状态。但是，高的搅拌速度或是高的流速，都会造成固定化酶的破损流失和酶的切变失活，所以，这又要考虑到固定化酶的固定化方法的选择，例如，选用机械强度高的离子交换树脂吸附的固定化酶，或选用多孔玻璃共价结合的固定化酶。

3. 酶促反应动力学

从酶促反应速度来看，一般来说，搅拌型反应器的反应速度随搅拌速度加快而增大，流加型反应器的反应速度随流速加大而增大。从三种典型反应器的操作方程比较可知，当 $[S] \gg K_m$ 时，三者趋同；当 $[S] \ll K_m$ 时，为了达到相同的转化率，若选用 CSTR 就必须增加用酶量，或是在用酶量相同的条件下，就要加大反应器的体积，这就提示，在这种情况下，似乎选用 PFR 更好一些。如果反应存在产物抑制，由于在相同转化率的前提下，底物在 PFR 内的停留时间比在 CSTR 内的停留时间短，故选用 PFR 更显优越；但存在底物抑制的情况下，由于搅拌可以降低固定化酶的扩散限制，因此选用 BSTR 和 CSTR 受到的影响小于 MR。

4. 操作要求

酶反应器在运行过程中，常需补充底物、调节 pH、补充催化剂或更新催化剂等，有时还要供氧，这些操作对 BSTR 和 CSTR 来说，是不成问题的，其他类型的酶反应器要满足这些操作要求，就必须由特殊的设计来解决，例如，鼓泡塔类型的酶反应器，就提供了需氧或产气反应的一种选择；近年来，MR 也有一些特殊设计，可以解决酶的更新问题。

5. 反应器应用的可塑性和制造、运行成本

一般而言，BSTR 和 CSTR 应用的可塑性较大，而且结构简单，制造成本较低，但这类反应器运行时的用酶量比其他类型反应器多，因此，当酶成本低廉时，不失为一种有益的选择；当存在底物抑制时更是如此。对于溶液酶而言，用 BSTR 更为方便。

二、工业上常用的三类酶反应器选择因素比较

目前工业上常用的酶反应器主要是三类：溶液酶用 BSTR 系统、固定化酶用 CSTR 系统和 PFR 系统。反应器选择的各种因素，归为酶特性、操作特性和成本三方面进行比

较(表 9-2)。表中前 5 项是酶特性(包括酶成本)方面的考虑,后 8 项主要是从操作条件方面考虑进行的比较。此表在选择酶反应器时,具有重要参考价值。

表 9-2　工业上常用的三类酶反应器选择因素比较

比较因素	游离酶 BSTR	固定化酶 CSTR	固定化酶 PFR
酶成本高	昂贵	降低单位操作的酶成本	降低单位操作的酶成本
酶成本低	适宜	不值得考虑	不值得考虑
酶多次使用	不宜	可能	可能
最适反应动力学	低反应速度	低反应速度	高反应速度
存在酶抑制	适宜于底物抑制和扩散限制型	适宜于底物抑制和扩散限制型	适宜于产物抑制型
胶状、黏稠或不溶性底物	适宜	适宜	不宜
反应条件控制	容易	容易	困难,在传热高时,将成为主要问题
产物产率	通常较低	通常较低	较高
产物纯度	低	高	高
投资成本	低	中等	高
劳动成本	较高	中等	低
自动化可能性	高	高	中等
实施自控难度	困难	困难	容易

三、酶反应器的操作

　　酶反应器的操作是由所选择的反应器类型和催化剂特性来确定的。酶反应器操作中的核心问题是,如何维持反应器恒定的生产能力,而生产能力,在反应器体积一定的条件下,是由反应器的生产率决定的。实际上,任何一种酶反应器在运行中,生产率总是会下降的。

　　1. 反应器运行中生产能力下降的原因

　　反应器运行中生产能力下降的原因何在? 分析归纳起来,有表 9-3 所列诸多因素。

表 9-3　酶反应器生产能力下降的原因

生产能力下降情况	原　　因
反应器中酶的损失	固定化酶载体破碎(高速搅拌、高流速或载体本身较脆弱) 固定化酶载体溶解 酶从载体上脱落(酶固定化方法中的吸附法和包埋法,酶与载体结合不牢)
酶与底物接触不良	反应器中液流状态不规则,不稳定 固定化酶被其他物质包裹(底物不纯,夹杂有胶体物质等)
酶活力损失	中毒(底物中夹杂有重金属类物质或酶的其他抑制剂) 酶的衰变(酶反应器在一定温度下运行,总是会有热变性的) 微生物侵袭后,蛋白酶被水解破坏
产物损失	微生物侵袭后,消耗、污染

2. 反应器操作

针对上述原因,在操作上主要从以下几方面进行控制:

(1) 尽可能减少反应器中表观酶活力的损失

酶反应器运行中实测的酶活力,是各种因素造成酶活力下降的结果,称为表观酶活力。克服酶活力下降的办法:

① 对不同方法制备的固定化酶(细胞),控制不同的操作条件。例如,凝胶包埋酶(细胞),控制搅拌转速、流速不要太高,以免载体破碎使酶流失;吸附法制备的固定化酶(细胞),注意底物液的 pH 稳定,离子强度低一些,以免酶从载体上脱落流失;由亲水性载体制备的固定化酶,运行中载体会缓慢溶解,采用金属氧化物包被固定化酶颗粒,是一种解决办法。

② 防止底物带来的不良影响。例如,底物液若可能带来重金属等酶的抑制剂,可用金属螯合剂(如 EDTA)预处理除去重金属;在底物液中加适量的酶的保护剂,防止酶抑制剂的不良影响;除去底物中可能带来的油脂、树脂或多糖类物质,以免其造成对固定化酶颗粒的包裹作用。

③ 防止操作引起的酶变性。高流速或是高速搅拌,是酶反应器运行中引起酶变性的主要原因,控制流速或搅拌转速,特别是搅拌时产生泡沫,更是必须注意的。反应器运行中酶的热变性是不可避免的,因为从理论上讲,酶反应器的操作温度都应在酶的热稳定温度下限,以便得到尽可能高的反应速度,而温度越高,酶变性也越快,这就要考虑酶的成本,综合权衡利弊,确定操作温度。

④ 及时补充或更换催化剂。反应器在运行过程中,无论其他操作多么仔细认真,酶活力总会有自然衰变而下降,所以,必须定时取样检测酶活力的变化情况,及时补充催化剂,或是定期全部更换。

(2) 反应器液流状态的控制

反应液流动型反应器(如 PFR,CSTR),必须控制底物液的流速波动,防止产生沟流和堵塞现象。

① 流速控制:在填充床反应器运行中,若流速过高,会造成固定化酶载体压缩,使柱床压降呈指数下降,使反应器生产率下降,为保持生产率,如果再提高流速,就会恶性循环下去,造成流速大幅波动。为保持相对稳定的流速,控制流速波动范围在 5% 以内是必要的。具体办法,一是采用连续或间歇降低流速的操作;二是采取几个小柱床反应器串联或并联系统,因为小柱床反应器的压缩问题较小,小柱床串联或并联错开各柱的启动时间,控制换柱时间,可以有效地控制流速波动。国外一些生产厂家,采用 6 个小柱床串联或并联的反应器系统生产,用计算机处理反馈控制,使流速保持稳定。实践表明,并联系统比串联系统的操作机动性更大。

② 沟流、堵塞及其防止:填充床反应器在固定化酶装填不均匀的情况下,酶颗粒之间的空隙在反应器运行中将会因液流冲击或底物中的不溶性杂质沉积,而产生沟流(像雨天山坡上见到的那种不规则的水流)或液流堵塞(液流受阻而使局部液位上升的现象),从而使液流流速不规则地波动,当流速过低时,往往在柱床的入口处形成沉积物的紧密薄层或在出口处流速突然加快,都可能造成堵塞现象,使反应器的生产能力不稳定。为防止产生沟流和堵塞,显然首要的措施就是装填固定化酶必须认真细致,采用多层筛

孔板柱也是一种有效的措施;其二,对底物杂质进行限量除去;其三,操作中严格控制进口的流速,不能过高;其四,当堵塞现象严重时,必须暂停运行,对柱床进行反冲或是重新装柱;其五,采用高流速底物液循环,也是克服堵塞的有效办法,但必须添加反应器的附属设施,这不仅要增加设备投资,也会加大运行成本。

CSTR 的进口或出口处的过滤器,也时常出现堵塞现象,定时冲洗过滤器或更换过滤器,是这类反应器操作必须注意的规程之一。

(3) 酶反应器的微生物污染及其防止

酶促反应的底物和产物,往往是微生物的营养物质,故而容易遭受微生物的侵袭、污染。反应器不良的结构或粗糙的加工表面,也容易藏污纳垢,滋生微生物。微生物不仅会消耗底物和/或产物,还会分泌蛋白酶使酶蛋白质降解,造成更为严重的后果。防止措施:

① 严格生产环境的卫生管理。酶反应器运行到一定时间,应当进行一次清洗、消毒,例如,用双氧水或酸性水清洗等,生产车间及周边环境也要保持清洁卫生。

② 在允许的前提下,将底物液进行预先灭菌处理,或在底物液中加适量的抑菌剂;适当提高底物液浓度,形成高渗溶液,也可防止底物染菌。

③ 适当提高反应温度或改变底物液的 pH。例如,45 ℃以上的温度下大多数微生物即不易生长;偏离中性 pH 也使大多数微生物难于滋生。

四、酶反应器操作最优化

最优化方法(optimization method)是现代运筹学(modern operational research)的一个重要分支。它所研究的中心问题是,如何根据系统的特性去选择满足控制规律的参数,使得系统按照要求运转或工作,同时使系统的性能或指标达到最优化。无论酶的发酵或是应用酶催化剂进行生产,总希望反应器处于最佳运行状态,以获得最大的经济效益,这就提出了反应器操作最优化的问题。

在酶的发酵生产一章讲述过发酵动力学,在固定化酶一章讲述过有关固定化酶催化反应中的分配效应的扩散限制,本章讲述了反应器的操作方程,这些内容,实际上都是为反应器操作最优化打基础的。因为目前生物反应过程操作方法,都是沿引化工过程宏观动力学控制方法,所以也是宏观动力学静态控制的操作法。现代生物工程的迅猛发展已使人们认识到,生物反应过程的最优化,应当也有可能向以细胞代谢流的分析和控制为核心的目标发展。从酶的发酵生产、酶的制取、固定化,到催化反应、产品精制以及诸多辅助系统的相互配合,都是有关联的。所以,最优化是一项系统工程。仅就反应器而言,也要从原料、催化剂、产品、反应器的形式、容量、操作方法和控制等多项内容最优化。例如,对固定化酶反应器来说,就要考虑:① 选择最合适的反应器;② 在连续操作的情况下,为维持恒定的转化率,必须考虑催化剂的使用半衰期、更换催化剂的时间,必须采用最合适的反应温度、流速、流量等;③ 当把两种酶固定化在同一载体上进行连锁反应时,为达到最大的转化率,首先要考虑两者的反应条件应当很接近,还必须采用最适合的酶活力比例;若是分别固定化的酶,就要调节两者最合适的混合比,还要考虑原料、能耗、环保、技术经济等等。

酶反应器的最优化,一般按下列程序进行:第一步,必须把系统的设计和控制的各个量,设计变量和操作变量等,以及系统的输入输出量,都用数字表示,建立数学模型;第二步,制定出打算最优化的定量函数(目标函数或评估函数);第三步,运用认为最有效的最优化方法解决前两步的问题,因为要进行大量的计算,必须应用计算机处理。具体的最优化方法有多种,都是一些复杂的数学方法,属于过程系统工程学的范畴,已超出本书的范围,本文仅简介这方面的发展趋势。

第四节　酶反应器的应用

一、酶反应器的发展

1. 含有辅助因子再生的酶反应器

许多酶反应都需要辅因子的协助,如辅酶、辅基、能量供给体等。这些辅因子价格昂贵,需再生循环使用才能降低成本,因而发展了辅因子再生酶反应器。

2. 两相或多相反应器

许多底物不溶于水或微溶于水,如脂肪、类脂肪或极性较低的物质,进行酶反应时有浓度低、反应体积大、分离困难、能耗大的缺点。使用两相或多相酶反应器,使酶反应在有机相中进行,可增加反应物浓度,还可减少底物特别是产物对酶的抑制作用。

3. 固定化多酶反应器

即将多种酶固定化,制成多酶反应器,模拟微生物细胞的多酶系统,进行多种酶的顺序反应,来合成各种产物。目前该技术还处于实验阶段,但发展前景良好。

二、酶反应器的应用

酶作为生物催化剂,在许多化学反应中具有不可低估的作用。酶催化具有高效性、特异性、产品的高效回收和反应体系简单等特点,在工业上用酶反应器尤其是膜型酶反应器能够简化工艺、降低设备投资与生产成本、提高产品的质量与收率、节约原料和能源,以及改善劳动条件、减少环境污染等,所以日益受到人们的重视。酶反应器不仅可在工农业生产中进行应用,也在分析和医药领域发挥着越来越大的作用。

1. 在氨基酸工业上的应用

在固定化酶反应器中通过氨基酰化酶制造 L-氨基酸,从 1954 年起氨基酰化酶就被用于从化学合成的乙酰-DL-氨基酸混合物中进行选择性拆分制备 L-氨基酸,到了 1969 年,人们将它制成了世界上第一个用于工业生产的固定化酶。氨基酰化酶通常以填充床式酶反应器应用。为进行有效的催化应考虑以下因素:底物流注方式、柱面积和压降。底物溶液以上行或下行方式流注对反应速率都无明显影响,但从上行方式加入底物可能带来气泡,以选择下行为佳。通过对相同体积、不同长度的酶柱进行实验比较,除少数情况外,柱面积对反应速率没有大的影响。

2. 在有机酸工业中的应用

在柠檬酸生产方面,使用多重三相流化床型生物反应器,利用固定化黑曲霉菌体连续发酵生产柠檬酸,8 h 的产率为 $1\,g \cdot L^{-1} \cdot h^{-1}$,其活性半衰期为 105 d。乙酸菌发酵生产乙酸,产物的生成与糖类等底物的利用直接相关。因此,有必要利用固定化增殖细胞进行乙酸的发酵生产。固定化乙酸菌发酵生产乙酸的反应器主要有固定床和流化床两种,另外还有膜式反应器。一般在流化床反应器中,由于反应液的流动,促进了氧、底物的供给,传质性能好,但转化率较低;增大填充率,流动性能变差。因此,为保证有较好的流动状态,一般填充率在 0.3 以下为好。与之相反,固定床式反应器的填充率高,转化率也高,但传质效率下降,使菌体增殖速率与产率难以提高。

3. 在食品工业上的应用

果葡糖浆在食品工业中的应用非常广泛。果葡糖浆的制备包括分解淀粉获得葡萄糖、葡萄糖在葡萄糖异构酶的作用下生成含葡萄糖和果糖的混合物。在工业生产中是利用固定化葡萄糖异构酶来催化葡萄糖的异构化反应。果葡糖浆生产过程由淀粉的液化与糖化、一次精制、异构化和二次精制四部分组成。一般来说,异构化反应需要连续进行,固定化酶制成球形或圆柱状填充于塔内,底物以一定流速连续供给,温度保持在 60 ℃～65 ℃,反应时间以葡萄糖的转化率达到 42%～45% 为准。另外,美国 Standard Bruns 公司采用分批式反应,将固定化酶制成直径与厚度比值为 10～1 000 的薄板状,然后装配成厚度为 3 cm～5 cm 的饼状,将几台或几十台这种形式的反应器连接起来使用。

Rodriguez-Nogales 等使用了游离酶膜式反应器来进行果汁和葡萄酒的澄清,降解果胶。果胶酶固定在超滤膜上,该膜的排阻分子质量限制为 10 000。该游离酶膜反应器 15 d 达到最优催化效率。酶反应器的发展也为食品监测带来了便利,如 Okuma 等使用安培电流感应器检测鸡肉的腐败。

4. 在环境保护、废弃物处理中的应用

Halim 等使用填充床反应器处理废弃食用油,通过脂肪酶催化酯交换反应生产脂肪酸甲酯,实现了废弃物的再利用。Lopez 等使用酶膜反应器处理异质生物质。

5. 在医药和分析领域中的应用

酶反应器在分析上可能发挥两方面的作用:一是固定化酶反应器用于酶法分析,这主要是在酶电极、酶柱以及酶联免疫分析中的应用;二是酶自动分析体系的建立。酶反应器特别是微反应器在医药领域的应用也包括两个方面:一是药物酶的固定与改造,以利于克服免疫反应、延长半衰期和增大疗效;二是"人工脏器"的建立。

本 章 要 点

酶反应器是利用酶进行生物化学反应,生产生物技术产品的装置和设备。与一般化学反应器相比,其主要特点是,对设备的材质要求不高,但专用性较强,要求严防微生物污染,保护酶催化剂,以维持反应器稳定的生产能力,还往往因控温、调 pH、供气或排气、补充催化剂等需求,而使设备相当复杂。

酶反应器可以从不同角度分类综合考虑,一般把常用的酶反应器分为下列几种类型:BSTR,CSTR,PFR,FBR,UFR 和其他膜型反应器、鼓泡塔式反应器、喷射式反应器等,它们各有不同的特点,可供选用。

酶反应器设计,一般来说,要经过选择反应器类型,设计酶反应器的结构,确定各种结构参数,确定工艺参数及反应器操作方式等步骤,必须进行一些基本计算。对于操作人员来说,像反应器的生产能力、生产强度、底物转化率等,也是必须掌握的操作知识。本章简要介绍了工业上常用的 BSTR,CSTR,PFR 三种酶反应器的设计方程和操作方程。简单地说,设计方程是从物料衡算出发，所建立的用底物浓度（$[S_0]$）表示的方程；操作方程是用转化率（X）或/和反应器有效容积（V_R）、物料液流速（F）表示的方程。BSTR 和 PFR 的操作方程形式基本相同，BSTR 的底物浓度随时间（t）而变，PFR 的底物浓度随空间而变，故有空时（τ）的概念；CSTR 与前两者在操作方程上的差别，就在于方程式左边的第二项。因而，在一级反应条件下，得出选择反应器值得注意的四种不同情况。

  酶反应器选择时，主要是从原料特性、酶催化剂特点（包括动力学特性）出发，考虑不同反应器的操作要求、生产成本等因素来决定的。表 9-1 值得认真了解。

  酶反应器操作的核心问题是，如何保持反应器的生产能力稳定。因而必须谙熟酶反应器运行中生产能力下降的原因，才能更好地理解操作中应采取的一些基本措施。

复习思考题

1. 何谓酶反应器？酶反应器沿引化工反应器分类法有哪几种分类？与一般化学反应器相比，酶反应器有哪些特点？
2. 酶反应器设计分哪些基本步骤？物料衡算的依据是什么？如何进行 CSTR，PFR，BSTR 的物料衡算？
3. 酶反应器运行中，液体流动有哪两种理想流动状态？代表性的酶反应器是哪两种？
4. 设计方程和操作方程有何关联和区别？CSTR，PFR 和 BSTR 的操作方程有何异同？
5. 本章讲述了哪几类常见的酶反应器？各类型酶反应器的基本特点是什么？
6. 选择酶反应器应考虑哪些因素？如何根据酶的应用形式和底物特性选择酶反应器？
7. 酶反应器在运行过程中为什么生产能力会下降？如何尽量减少反应器中酶表观活力损失？
8. 反应液流动型酶反应器在操作中如何控制液体流速波动？如何防止产生沟流和堵塞？
9. 解释术语：

  物料衡算，生产能力，生产率，生产周期，底物转化率，活塞流，返混。

10. 计算：

  (1) 用 PFR 装填固定化大肠杆菌生产天门冬氨酸，底物反丁烯二酸铵溶液进口处浓度为 $116\,g \cdot L^{-1}$，出口处底物浓度为 $23\,g \cdot L^{-1}$，求底物转化率是多少？

  (2) 在题(1)条件下，若反应器有效容积是 50 L，平均流量是 $8\,L \cdot h^{-1}$，此反应器的生产能力和生产率各是多少？30 d 可生产 L-Asp 多少千克？

  (3) 用 DEAE-Sephadex 吸附固定化氨基酰化酶装 PFR 柱，连续生产 L-甲硫酸，柱的有效体积为 1 000 L，进口处底物乙酰-DL-甲硫酸铵浓度为 $0.2\,mol \cdot L^{-1}$，出口处其浓度为 $0.018\,mol \cdot L^{-1}$，X 为多少？出口处的 L-Met 浓度为多少？设计要求生产能力为 20 mol $\cdot h^{-1}$，生产率 q 为多少？应设计底物液的流速 F 为多少？

第十章　几种工业酶制剂

> ✳ **学习提要**
> 了解几种典型工业酶制剂的性质、生产工艺及用途。

中国发酵工业协会酶制剂分会起草的《工业酶制剂的命名和分类规定》（建议稿）中收录了 32 种酶制剂，分为 4 大类：碳水化合物酶、蛋白酶、酯酶和其他酶。本章主要按这个分类，分别对几种大宗酶的性质、生产、用途加以介绍。

第一节　碳水化合物酶（一）

碳水化合物酶在上述工业酶制剂命名和分类表中，收列了 13 种，它们分别是：α-淀粉酶、糖化酶、支链淀粉酶、异淀粉酶、纤维素酶、半纤维素酶、蜜二糖酶、乳糖酶、蔗糖酶、β-葡聚糖酶、果胶酶、β-淀粉酶和胰酶。本节叙述几种以淀粉为底物的碳水化合物酶，以往统称为淀粉酶。

淀粉酶属于水解酶类，是催化淀粉（包括糖原、糊精）中糖苷键水解的一类酶的统称。此类酶广泛存在于动、植物和微生物中，几乎所有的植物、动物和微生物都含有淀粉酶。它是研究较多、生产最早、产量最大和应用最广泛的一类酶，特别是 20 世纪 60 年代以来，由于淀粉酶在淀粉糖工业生产及食品工业中的大规模应用，它的需要量与日俱增，到目前为止，其产量几乎占到整个酶制剂的 50% 以上，销售金额占到 55%～60%。

根据对淀粉水解作用的方式不同，淀粉酶可分为四种主要类型：① α-淀粉酶；② β-淀粉酶；③ 葡萄糖淀粉酶；④ 脱枝酶或异淀粉酶。它们的水解作用位点如图 10-1 所示。

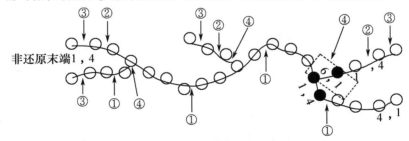

图 10-1　不同淀粉酶对淀粉的水解位点
① α-淀粉酶；② β-淀粉酶；③ 糖化酶；④ 脱枝酶

一、α-淀粉酶

（一）α-淀粉酶的性能
α-淀粉酶又称为液化型淀粉酶，学名为 1,4-α-D-葡聚糖葡聚糖水解酶（EC 3.2.1.1）。

它能催化淀粉水解，即从底物分子内部随机地切开 α-1,4 糖苷键（如图 10-1），水解产物为糊精和还原糖，产物的末端葡萄糖残基 C_1 碳原子为 α-构型，故称 α-淀粉酶。

α-淀粉酶一般在 pH 5.5～8 时稳定，pH 4 以下时易失活，最适 pH5～6。但不同来源的 α-淀粉酶其最适 pH 差别很大。温度对酶活性有很大的影响，纯化的 α-淀粉酶在 50 ℃易失活，但在 Ca^{2+} 存在或在高浓度的淀粉液中酶对热的稳定性增强。α-淀粉酶是一种金属酶，每分子酶至少含有一个 Ca^{2+}，可使酶分子保持相当稳定的活性构象。

α-淀粉酶品种很多，在上述分类中规定，最适反应温度 60 ℃以上的，命名为中温型 α-淀粉酶；最适反应温度 90 ℃以上的，命名为高温型 α-淀粉酶；最适反应 pH≤5 的，为酸性 α-淀粉酶；最适反应 pH≥9 的，为碱性 α-淀粉酶。

（二）α-淀粉酶的工业生产

生产 α-淀粉酶所用的菌种有细菌和霉菌，霉菌大多采用固态法生产，以米曲霉 602 为代表。而细菌则以液态深层发酵法为主，以枯草杆菌 BF 7658 为代表。

1. 固态发酵法

我国现用的菌种属于米曲霉群的曲霉 602 与 2120，经鉴定认为不生产黄曲霉素，制酶法如下（图 10-2）：

```
斜面菌种─→三角瓶种子
                │
                ↓
              种曲
                │
                ↓                ┌─→烘干 ─→ 粗制品
扬凉─→接种─→发酵 ─┤
                │                └─→抽提 ─→ 过滤 ─→ 沉淀 ─→ 过滤 ─→ 烘干 ─→ 精制品
原料─→蒸煮
```

图 10-2　米曲霉群的曲霉 602 固态法生产 α-淀粉酶

厚层通风制曲：原料麸皮和谷壳以 100∶5 的比例混合，加 75％～80％稀盐酸（浓度 0.1％），拌匀后，常压汽蒸 1h，扬凉后接入种曲 0.5％，置曲箱中保持前期品温 30 ℃左右，每 2 h 通风 20min，当品温升到 35 ℃以上，则连续通风，保持品温在 34 ℃～36 ℃，约 28h，品温开始下降，通冷风使品温降至 20 ℃左右后出箱。麸曲在低温下烘干，就可作为酿造工业上使用的粗酶制剂。也可把麸曲用水或稀食盐水抽提，酒精沉淀或硫酸铵盐析，酶泥滤出后低温烘干，粉碎后加乳糖为填料，制成供作助消化药用或酿造等用的酶制剂。

2. 液态深层发酵法

枯草芽孢杆菌 BF 7658 α-淀粉酶是我国产量最大、用途最广的一种液化型 α-淀粉酶，其产酶工艺流程如图 10-3。

（1）扩大培养和发酵

将试管斜面菌种转接到三角瓶马铃薯培养液中，37 ℃培养 3d，然后接入到 500 L 种子罐通风搅拌培养 12h～14h。当菌体生长进入对数生长期时转入 10 吨发酵罐中，于温度为 37 ℃下发酵培养 40h～48h。菌种培养 3d，种子罐培养 12h～14h，发酵 40h～48h，pH 6.3～6.8。中途从 12h 起补料，每小时一次，也有从发酵前期就开始补料的，补料与基础料体积之比为 1∶3。经取样分析酶活力不再升高时就结束发酵。

试管斜面和三角瓶马铃薯培养液的组成成分如下：

淀粉蛋白胨培养基：可溶性淀粉 2％、蛋白胨 1％、NaCl 0.5％、琼脂 2％、pH 6.7～7.0。

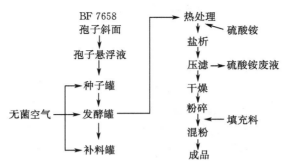

图 10-3　枯草芽孢杆菌 BF 7658 生产 α-淀粉酶流程图

马铃薯琼脂培养基:取 200 g 去皮马铃薯,加水煮沸 1 h,过滤定量至 1 000 mL 加 $MgSO_4$ 5 mg,琼脂 20 g,调 pH 6.7~7.0,37 ℃培养 28 h。可用 4 ℃冰箱或砂土管等方法保存。两种培养基可交替使用。

种子和发酵培养基组成如表 10-1。

表 10-1　培养基组成

组成	种子/%	发酵		
		基础料/%	补料/%	总量
豆饼粉	4	5.6	5.3	5.5
玉米粉	3	7.2	22.3	11
Na_2HPO_4	0.8	0.8	0.8	0.8
$(NH_4)_2SO_4$	0.4	0.4	0.4	0.4
$CaCl_2$	—	0.13	0.4	0.2
NH_4Cl	0.15	0.13	0.2	0.15
豆油	0.15	—	—	—
α-淀粉酶/U	—	100 万	30 万	—
体积/L	200	4 500	1 500	6 000

(2) 提取和制剂

① 工业级酶制剂

在发酵液中加 $CaCl_2$ 和 Na_2HPO_4 各 0.8%~1% 进行絮凝作用,并加热到 55 ℃~66 ℃,处理 0.5 h,加硫酸铵 55% 进行盐析沉淀,静置 10 h,过滤,在 50 ℃以下干燥,收得率为 70%。发酵液也可直接喷雾干燥,收得率可达 90%,但制品中含杂质较多,且有臭味,妨碍应用。

② 食品级酶制剂

对发酵液经预处理和压滤后得到的酶液,用超滤法浓缩至 35%~40% 浓度,加入与其干物质等量的淀粉,在缓慢搅拌下,加入 2 倍量 10 ℃~15 ℃的酒精,至终浓度达 60%,静置数小时,离心分离,沉淀在 50 ℃干燥,粉碎即得成品,酶的收得率约 60%。

(三) α-淀粉酶的用途

目前 α-淀粉酶的用途越来越广,主要用于酶法水解淀粉质原料,制造葡萄糖、饴糖及发酵工业中对淀粉质原料的液化;在纺织工业中用于棉、丝等织物的退浆;造纸工业中用于降低淀粉液黏度,提高打浆效果;碱性 α-淀粉酶可与蛋白酶、非离子型表面活性剂配合,生产餐具和下水道的洗涤剂;酸性 α-淀粉酶用作助消化剂;用于石油开采,可以提高油井出油率。最近有报道，用于外加酶法酿造低糖啤酒的工艺已获专利。

二、葡萄糖淀粉酶（糖化酶）

（一）糖化酶的基本性能

葡萄糖淀粉酶系统名为 α-1,4-葡聚糖葡萄糖水解酶（EC 3.2.1.3），大量用作淀粉的糖化剂，所以习惯上称之为糖化酶，是我国目前生产量最多的酶产品。糖化酶是一种外切型淀粉酶（如图 10-1），该酶的底物专一性很低。它除了能从淀粉分子的非还原性末端切开 α-1,4 糖苷键以外，也能切开 α-1,3 糖苷键和 α-1,6 糖苷键，只是水解速度不同，产物均为葡萄糖。

糖化酶是一种糖蛋白。其糖化反应的最适温度和 pH 由于来源不同存在差别。如曲霉为 55℃～60℃，pH 3.5～5.0；根霉为 50℃～55℃，pH 5.4～5.5。试验证明，黑曲霉糖化酶在 pH 4.5，于 50℃ 以下放置 2h，是比较稳定的，活性损失在 5% 以下，更低 pH 和60℃ 的温度就表现出不稳定，耐热性糖化酶对淀粉糖浆的生产是极其有用的，最近从嗜热菌 *Thermococcus litoralis* 中分离到一种耐热糖化酶，最适反应温度达 95℃，若投入大量生产，将使淀粉糖化工业起革命性变化。

（二）糖化酶的工业生产

1. 菌种

最初的糖化酶工业生产是用根霉属的固体培养和液体培养方式，也有用拟内孢霉属的液体培养，但是以上菌种培养液里所产酶单位较少，不宜于工业生产。现在工业生产的糖化酶几乎都是由霉菌产生的，其中黑曲霉的液体深层培养法所产的糖化酶是耐酸、耐热的，培养液酶单位含量也高，是我国的主要生产菌。下面以黑曲霉 AS34309 变种UV-11 为例介绍糖化酶的生产工艺。

2. 种子制备

固体孢子培养：在茄形瓶中加 10 g 麸皮和 10 mL 水，拌匀后灭菌 30 min，冷却后接入一环斜面菌种，于 31℃ 培养 6 d～7 d 备用。

种子罐培养：玉米粉 6%，黄豆饼粉 2%，麸皮 2%。于 31℃ 通风培养 32 h。当 pH 下降到 3.8，酶活在 500 U·mL^{-1} 左右，镜检菌丝生长正常，无杂菌污染时即可接入二级种子罐或发酵罐。

3. 发酵

培养基配比为玉米粉 12%，黄豆饼粉 4%，麸皮 1%，α-淀粉酶添加量为 100 U·g^{-1}（淀粉），pH 调至 4.5 以下。于 30℃～32℃ 下通风培养 90 h～110 h。培养 84 h 后每隔 8 h测定 pH、还原糖、酶活性，并镜检菌体形态，当 pH 降至 3.4，还原糖降至 1.8% 以下，酶活力上升至 13 600 U·mL^{-1} 以上时，即可放罐。

4. 提取和制剂

按硫酸铵盐析工艺提取糖化酶制剂。硫酸铵加量为 55%（m/V），盐析，静止 12 h，过滤，湿酶泥在 40℃ 以下烘干称重，测定糖化酶活力，调至成品规定活力。调制时加入适量膨润土，吸附夹杂的糖基转移酶，可提高产品质量。

液体酶制剂是将发酵液加入苯甲酸钠作防腐剂而成，或是经超滤浓缩 1 倍后加防腐剂、稳定剂（如异抗坏血酸）等而成。液体酶制剂由于减少了提取工艺，成本降低，故其价格便宜,受到越来越多用户的欢迎,因而液体酶的使用近几年逐渐增加。但如何能长时间保存液体酶制剂的活力还是一个有待进一步研究的课题。

（三）糖化酶的用途

糖化酶是一种重要的酶,目前年产约 7 万吨(其中有近 2 万吨发酵液和浓缩液),是国内产量最大的酶品种。该酶主要用途是作为淀粉糖化剂,另外还与 α-淀粉酶一起广泛应用在酒精、谷氨酸、柠檬酸和抗生素等发酵工业生产中用于对淀粉质原料的糖化。用天然糖化酶和固定化葡萄糖异构酶两步法生产果葡糖浆,应用广泛。

三、β-淀粉酶

（一）β-淀粉酶的基本性能

β-淀粉酶(EC 3.2.1.2)是淀粉酶类中的一种,又称淀粉 1,4-麦芽糖苷酶。β-淀粉酶为单成分酶,对淀粉底物水解作用时,从 α-1,4 糖苷键的非还原性末端顺次切下麦芽糖单位(如图 10-1),同时麦芽糖还原性末端 C_1 上羟基构型发生转位反应,变成 β-麦芽糖。β-淀粉酶不能水解淀粉分支处 α-1,6 糖苷键,因此,当水解支链淀粉时,直链部分生成麦芽糖,而分支点附近及内侧因不能水解而残留下来,其水解产物为麦芽糖及 β-极限糊精。Ca^{2+} 对 β-淀粉酶有降低稳定性的作用,这与对 α-淀粉酶有提高稳定性的效果相反,利用这一差别,可在 70℃、pH6～7、有 Ca^{2+} 存在时,使 β-淀粉酶失活,以纯化 α-淀粉酶。一些植物 β-淀粉酶作用的最适 pH 为 5.0～6.0;微生物酶为 6.0～7.0,但 pH 稳定范围较宽(4.0～9.0),热稳定性也因生源而异,一些植物酶在 60℃～65℃很快失活;微生物酶耐热性更差,通常 β-淀粉酶在 40℃～50℃反应为宜。

（二）β-淀粉酶的生产

对 β-淀粉酶的研究还不及 α-淀粉酶那样深入。β-淀粉酶广泛存在于大麦、小麦、甘薯、豆类以及一些蔬菜中,以前从植物中提取的 β-淀粉酶较多。自 1974 年发现微生物能产生 β-淀粉酶以来,研究微生物来源的 β-淀粉酶也比较活跃,并且在工业生产中得到应用。

1. 植物 β-淀粉酶的提取

我国麦麸、甘薯产量很高,价格低廉,可以从中提取 β-淀粉酶代替麦芽用于饴糖制造及啤酒外加酶。但是,如果提取方法不当成本就高,尤其是干酶制剂成本更高。

（1）从甘薯中提取 β-淀粉酶

将甘薯磨浆提取淀粉后的新鲜废水,调节 pH 为 3.7～4.5,可沉淀 80% β-淀粉酶。β-淀粉酶也可以用活性白陶土吸附而廉价回收,也可以向滤去淀粉的废水中加入硫酸铵到饱和度 50%～60%,盐析物经透析加填料烘干后的收得率为 50%。但在浓度低的情况下,上述办法是不经济的。

（2）麸皮中提取 β-淀粉酶

将麸皮加水 1:(5～7),在 pH 6,45℃浸泡一定时间后,向过滤液中加硫酸铵至饱和度 50%～55%进行盐析,分级沉淀经透析加填料进行干燥,酶的收得率达 50%。麸皮中的 β-淀粉酶与大麦芽中的酶活力相当,不含 α-淀粉酶,宜于麦芽糖浆生产。

2. 微生物 β-淀粉酶的生产

由于植物 β-淀粉酶的生产成本比较高,微生物来源的 β-淀粉酶就越来越受到广泛的注意。目前对产 β-淀粉酶菌种研究较多的是芽孢杆菌属的多黏芽孢杆菌、巨大芽孢杆菌、蜡状芽孢杆菌、环状芽孢杆菌和链霉菌等。

以链霉菌生产 β-淀粉酶为例，其所采用的菌种为吸水链霉菌 FR1602 或 ATCC21772，将其接种于 9L 种子培养基中。种子培养基的组分为玉米粉 2%、小麦胚芽 1% 以及少量其他物质，培养基 pH 为 7.0。于 28℃ 通气和搅拌培养 24h，接入发酵罐培养。发酵培养基组分为玉米淀粉 3%、脱脂乳 1%、磷酸二氢钾 0.2%、硫酸镁 0.05%、硫酸锰 0.01%，并加入少量消泡剂。在 600L 发酵罐中加入 300L 发酵培养基，于 121℃ 灭菌 30min，然后使其冷却接种子罐培养的种子，于 28℃ 通气和搅拌培养 85h。发酵终了，将发酵液在 40℃ 减压过滤，使其体积为原来的 1/5。然后加入 2 倍体积冷乙醇到浓缩液中，使 β-淀粉酶沉淀。干燥沉淀物，得 431g 粗酶制剂，酶活性为 43 800U·g^{-1}。

（三）β-淀粉酶的用途

β-淀粉酶在食品工业中作为糖化剂用于麦芽糖浆、啤酒、面包等制造。在医药工业上 β-淀粉酶的一个重要用途是制造麦芽糖，麦芽糖的吸收不依赖胰岛素，故即使糖尿病人也可适量摄食。在医学上 β-淀粉酶还可和 α-淀粉酶一起作为助消化剂。当其与脱枝酶共同作用时，可以使淀粉几乎完全水解；与 α-淀粉酶、脱枝酶一起，可以生产高麦芽糖浆（含麦芽糖 G$_2$65%）和超高麦芽糖浆（含麦芽糖 G$_2$83%）。

四、脱枝酶（支链淀粉酶）

（一）脱枝酶的类型和性能

脱枝酶系统名为支链淀粉-1,6-葡聚糖水解酶（EC 3.2.1.9），只对支链淀粉、糖原等分支点的 α-1,6 糖苷键有专一性（如图 10-1）。脱枝酶的分类法，一种是把水解支链淀粉和糖原的 α-1,6 糖苷键的酶统称为脱枝酶，它包括异淀粉酶和普鲁兰酶。另一种是根据来源不同，分为酵母异淀粉酶、高等植物异淀粉酶（又称 R 酶）和细菌异淀粉酶；还有根据作用方式，分为直接脱枝和间接脱枝，前述几种酶都是直接脱枝，间接脱枝是由寡-1,4→1,4-葡聚糖转移酶将支链转移为只剩下 1 个 1,6-葡萄糖的直链淀粉，再由淀粉-1,6-葡萄糖苷酶切除 1,6-苷键键合的葡萄糖。

一般来说，脱枝酶热稳定性差（<50℃），最适 pH 高（pH6 左右），故不能与 β-淀粉酶或糖化酶共同对淀粉作用。丹麦 NOVO 公司开发了由酸性普鲁兰芽孢杆菌（*B. acidopullulyticus*）生产的脱枝酶（商品名 Promozyme 200），具有耐热、耐酸特点，故更适合于淀粉糖化作用。该酶的酶活测定，通常是用水解普鲁兰糖（一种以麦芽三糖通过 α-1,6 键结合的多糖）所生成的还原糖量表示，也可用支链淀粉为底物，测定酶水解时对碘反应蓝色的增加来表示。

（二）脱枝酶的用途

应用脱枝酶由支链淀粉制取直链淀粉时，可以使普通淀粉原料所含约 80% 的支链淀粉转为直链淀粉，避免资源浪费。因为食品工业中常用直链淀粉作为强韧的食品包装薄膜、生产淀粉软糖和用作果酱增稠剂。国外已经采用脱枝酶改变淀粉结构，据报道，收得率可达 100%。

饴糖是含麦芽糖比率较高的淀粉糖产品，广泛应用于糖果、糕点食品加工中。过去一直沿用"麦芽法"进行生产。现在以细菌 α-淀粉酶进行淀粉轻度液化,加热灭活后再以麦芽或麸皮中的 β-淀粉酶进行糖化。如在糖化时添加脱枝酶,使它与麦芽或麸皮中的 β-淀粉酶相继作用或同时作用,能降低 β-淀粉糊精含量,提高麦芽糖含量,制成高或超麦芽糖浆,广泛用于食品工业和营养品。

此外,脱枝酶还可用于啤酒外加酶法糖化,提高麦芽淀粉的利用率,改善啤酒质量。用支链淀粉或直链淀粉,比率高的淀粉质原料(如甘薯)制糖时,加入脱枝酶,不仅能提高原料转化率,而且有利于后续工艺过程。

第二节　碳水化合物酶(二)

一、纤维素酶

纤维素是葡萄糖分子以 β-1,4 糖苷键结合的直链高分子化合物,是目前世界上唯一产量巨大而未得到充分利用的可再生资源。纤维素酶是降解纤维素生成葡萄糖的一组酶的总称,它不是单种酶,而是起协同作用的多组分酶系。

(一)纤维素酶的酶类和性质

1. 纤维素酶的酶类

目前有一种分类,认为纤维素酶至少包括以下三类作用方式不同的酶。

(1) C_1 酶

C_1 酶是纤维素酶系中的重要组分,对纤维素亲和力很高,能催化纤维素结晶的键裂开,离散纤维素链,为 Cx 作用"开道"。其作用机制尚不清楚。

(2) Cx 酶

Cx 酶包括:① 内切 β-1,4 葡聚糖水解酶(EC 3.2.1.4),随机内切纤维素大分子中的 β-1,4 糖苷键,产物为纤维糊精、纤维寡糖。② 外切 β-1,4 葡聚糖水解酶(EC 3.2.1.91),有两种:一是 β-1,4 葡聚糖葡萄糖水解酶——作用于纤维素分子非还原性末端的 β-1,4 键,产物为葡萄糖;二是 β-1,4 葡聚糖纤维二糖水解酶——作用于纤维素分子非还原性末端的 β-1,4 键,产物为纤维二糖。

(3) Cb 酶

β-1,4 葡萄糖苷酶(EC 3.2.1.21),水解纤维二糖,纤维寡糖的 β-1,4 键,产物为葡萄糖。

2. 纤维素酶的性质

由不同纤维酶生产菌所产的纤维素酶在酶系的组成、相对分子质量、等电点、最适 pH 和最适温度等方面是不同的,有的甚至相差较大。一般纤维素酶的相对分子质量在 $45\,000 \sim 76\,000$,最适 pH 大多偏酸性(pH 4~6),最适温度为 $40\,℃ \sim 60\,℃$。另外纤维素酶的各组分大多是糖蛋白,含糖比例亦很不相同,糖和蛋白质之间的结合方式亦不同,有的是通过共价键连结,有的是可解离的复合物。大多数纤维素酶被纤维二糖抑制,重金属离子 Cu^{2+},Ag^+,Hg^{2+},Mn^{2+},去污剂等也是酶抑制剂;Mg^{2+},Cd^{2+},NaF,$Ca_3(PO_4)_2$ 和中性盐是酶的激活剂。

（二）纤维素酶的发酵生产

纤维素酶大多是利用真菌进行生产的，一般细菌纤维素酶是胞内酶，霉菌纤维素酶是胞外酶。目前公认的较好的纤维素酶产生菌是真菌木霉属中的绿色木霉、康氏木霉和雷氏木霉等。纤维素酶的生产与淀粉酶和蛋白酶等相比，历史比较短，规模比较小，酶活力也比较低，生产工艺需要进一步研究和完善。其生产方法有固体发酵和液态深层发酵两种。

1. 固体发酵

以拟康氏木霉为生产菌的生产工艺流程如下：

试管斜面→培养皿平板→三角瓶曲种培养→厚层通风培养（拌料、常压蒸麸）→装箱→堆积保温→间歇通风培养→连续通风培养→出箱→打碎晾干→麸曲

试管培养基用含纤维素粉 2% 的麦芽汁培养基或马铃薯培养基。发酵培养基为稻草粉 100 份或 90 份另加 10 份麸皮，含硫酸铵 1% 的水 2.2 倍~2.5 倍于稻草粉重。

麸曲经粉碎加水浸泡→压滤→调节 pH→离心→调 pH→冷却→加乙醇沉淀→离心分离→低温干燥→粉碎包装，即为成品纤维素酶制剂。

2. 液态深层发酵

工艺流程如图 10-4。

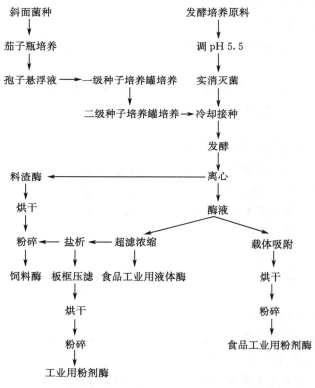

图 10-4 液态发酵法制备纤维素酶制剂的工艺流程

一级种子和二级种子培养分别用 147 L 发酵罐装料液 60 L 和 1500 L 发酵罐装料液 600 L；发酵罐用 5 000 L 罐装料液 2 000 L。种子培养时间约 40 h 左右，发酵培养周期为 86 h~96 h。

（三）纤维素酶的用途

纤维素酶用途很广，目前食品工业是纤维素酶应用最广泛的一个行业，利用纤维素酶处理植物原料，可提高细胞内含物（蛋白质、淀粉、油脂、糖等）的提取收得率，改善食品的质量，简化生产工艺。在发酵工业中，利用纤维素酶可以提高原料利用率，缩短生产周期，提高产量。

饲料工业中推广的饲料复合酶，即是以纤维素酶为主，另加蛋白酶、果胶酶、半纤维素酶、淀粉酶、植酸酶等，可提高饲料的营养价值与利用程度。

在环境保护方面，利用纤维素酶可清除下水道污物；把纤维素酶加入清洗剂中，可增加清洗剂的洗涤效果；在医药工业中，可与其他酶（淀粉酶、蛋白酶等）一起作助消化剂；在造纸工业中，用纤维素酶处理纸浆，可缩短打浆时间，节省设备动力，提高纸浆质量等；在遗传工程方面，利用纤维素酶可溶解植物细胞壁，获得原生质体进行植物细胞融合、水稻杂交育种、植物细胞组织培养等。现在世界各国较为集中的研究目标是利用纤维素酶水解纤维素制糖，生产乙醇，以缓解能源危机。

二、果胶酶

（一）果胶酶的酶类和性能

果胶质广泛存在于高等植物中，它是植物细胞胞间层和初生壁的重要组成部分，在植物细胞中起"黏合"的作用，一旦植物中的果胶质分解，便会引起细胞的离散。果胶质是一类胶体化合物的总称，是水溶性、无色、无味的物质，其中化学结构以 D-半乳糖醛酸和 D-半乳糖醛酸酯为单位，经 $α$-1,4 糖苷键连接而成的直链状聚合物，还有结构尚不完全清楚的原果胶。

果胶酶是分解果胶质的一群酶的总称，至少包括 7 个组分：果胶水解酶（3 种）、裂解酶（3 种）和果胶酯酶（1 种），分别对果胶质起水解、裂解和解酯作用，生成半乳糖醛酸、寡聚半乳糖醛酸和不饱和半乳糖醛酸等。不同来源的果胶酶的热稳定性差别较大，多数果胶酶作用的最适温度为 45℃～50℃，低于此温度时，作用时间要相应延长。pH 稳定范围也因来源而异，多数酶作用的最适 pH 为 3.5～5.5。

（二）果胶酶的生产

虽然能够产生果胶酶的微生物很多，但是在工业生产中采用的真菌主要是曲霉、青霉、核盘菌和盾壳霉，此外还有灰绿葡萄孢菌和串珠镰孢菌等；细菌中有枯草杆菌和欧氏杆菌等。我国用于水果加工的果胶酶来源于黑曲霉。

1. 固体培养臭曲霉生产果胶酶

固体培养基组成以甜菜渣：麸皮：硫酸铵＝25％～5％：74％～50％：1％比例混合后，加水制成含水分 60％的培养基，接种种曲量为 0.05％，曲层厚 4 cm，35℃～37℃培养至 40h 后，降温（26℃～28℃）培养至 48h 左右，产酶达到高峰。培养结束后，用水抽提，向提抽液中加入乙醇（乙醇浓度达到 80％左右）沉淀果胶酶，干燥粉碎即得成品，收得率可达 80％～88％。

2. 利用生产柠檬酸的黑曲霉菌丝体生产果胶酶

从黑曲霉生产柠檬酸的菌丝体中提取果胶酶，最常用的方法是先漂洗菌丝体 1 h

（45℃），除去残留于菌丝体中的柠檬酸，并使菌丝体自溶，然后用水抽提，再向抽提液中加入乙醇，其最终浓度可达70%～80%，使酶沉淀。亦可将抽提液经喷雾干燥法制成粉末状酶制剂或用$(NH_4)_2SO_4$沉淀和透析后，再加乙醇沉淀，得纯度较高的酶制剂。此外，也可利用菌体残渣，经烘干、磨粉作为粗酶制剂。

（三）果胶酶的用途

果胶酶主要应用于食品工业，特别是水果加工业。例如，在果汁加工中，由于果汁黏度高，难于过滤，应用果胶酶制剂处理有助于压榨和提取汁液；在进行沉降、过滤和离心时，能促进凝聚沉淀物的分离，使果汁得以澄清；经酶制剂处理的果汁也比较稳定，不致再发生混浊，如葡萄酒的生产；采用果胶酶分离果胶，可制成高浓度果汁以利于果冻的形成和果粉制备；果胶酶还可以用于橘子脱囊衣，采用酶法脱囊衣，罐头风味好、香气浓、色泽鲜艳，质量比用酸碱法的好，并减轻了对罐壁的腐蚀作用，延长了保存期，降低了成本，提高了劳动生产率。

另外，果胶酶还可用于麻类植物（如亚麻、大麻和黄麻等）纤维制取时的脱胶处理。果胶酶还可用于植物蛋白质提取、木材防腐。在细胞工程中用于破除细胞壁等。

三、溶菌酶

（一）溶菌酶的基本性能

溶菌酶是一种专门作用于微生物细胞壁的水解酶，学名 N-乙酰胞壁质聚糖水解酶（EC3.2.1.17），催化这种聚糖的 β-1,4 糖苷键水解。人们对溶菌酶的研究始于20世纪初，英国细菌学家弗莱明（Fleming）在发现青霉素的前6年（1922年）发现人的唾液、眼泪中存在有溶解细菌细胞壁的酶，因其具有溶菌作用，故命名为溶菌酶。现在已知，从病毒到人都存在溶菌酶。在新鲜鸡卵中含量可达50 mg～75 mg，是制酶常用的原料。各种来源的溶菌酶的氨基酸组成有差异，但同源性极高，如卵清溶菌酶的相对分子质量14 300，由于其中含有较多碱性氨基酸残基，所以其等电高达11左右；且具有耐热性，它在酸性条件下能经受较长时间的高温处理而不丧失酶活性；高 pH 条件下加热易失活。微量 Mn^{2+} 可增强溶菌酶在中性和碱性条件下的耐热性。

（二）溶菌酶的生产

工业上生产的溶菌酶主要来源于鸡卵清和微生物。

我国蛋厂常用蛋壳上残留的蛋清为原料，在 pH 6.5 用弱酸性阳离子交换树脂732吸附后，再用硫酸铵洗脱，经过透析再冷冻干燥而成，收率为蛋清的0.1%。

用微生物生产溶菌酶的发酵条件举例见表10-2。培养基中氮源以胨等有机氮为佳，无机氮则不适用，有些菌株尚适用牛肉膏、酵母膏。葡萄糖对枯草杆菌 YT-25 的产酶有抑制。糊精、淀粉是球二孢链霉菌的最佳碳源。添加对象菌细胞例如用变异球菌可以促进球二孢链霉菌的产酶，但向枯草杆菌、放线菌培养基中添加绿脓杆菌、溶壁小球菌等的菌体，却并不刺激产酶。

深层培养下经 1 d～3 d，酶的活性可达最大值。一般当菌体生长达到最大值的稳定期时，酶活性最高，但金黄色葡萄球菌 M-18 或灰色链霉菌 S-35 却生长达稳定期之前为最高。一般在酶活达到高峰后会迅速下降。

表 10-2　溶菌酶的发酵生产条件

菌种	培养基组成(％)	培养条件
Chalaropsis sp.	葡萄糖 4.0，胨 1.0，自来水	30℃通气培养 3 d
白色链霉素 G	胨 1.0，$NaNO_3$ 0.2，K_2HPO_4 0.1，$MgSO_4 \cdot 7H_2O$ 0.1，KCl 0.5	28℃～30℃通气搅拌培养 3 d
灰色链霉菌 S-35	大豆浸出物 7.5，糊精 2，K_2HPO_4 6.0，KCl 0.02，$MgSO_4 \cdot 7H_2O$ 0.002	37℃通气搅拌 22 h
球孢链霉菌 1829	大豆乳 0.5，聚胨 0.2，糊精 2，$NaHPO_4 \cdot 12H_2O$ 0.5，$MgSO_4 \cdot 7H_2O$ 0.1，$CaCl_2$ 0.02，NaCl 0.1，pH 7.5	30℃通气搅拌培养 3 d
枯草杆菌 K-77	大豆抽提液 7，葡萄糖 2.5，$(NH_4)_2SO_4$ 1	30℃通气培养 26 h
枯草杆菌 YT-25	胨 2，肉膏 1，NaCl 0.3，pH 6.0(自动调节)	30℃通气搅拌 30 h
灰色链霉菌 H402	酪蛋白水解物 0.5，葡萄糖 0.5，NaCl 0.5，KH_2PO_4 0.2，$MgSO_4 \cdot 7H_2O$ 0.1，$CaCl_2$ 0.005，$FeSO_4 \cdot 7H_2O$ 0.002，pH 7.0	

（三）溶菌酶的用途

溶菌酶作为一种存在于人体正常体液及组织中的非特异性免疫因素，可在血液中与病菌或病毒结合，阻止流感、腺病毒增殖，具有消炎、抗病毒作用。它还可以同凝血因子结合起止血作用。因它能分解粘多糖，故可使脓汁、痰液降粘而易于排出。已制成肠溶片、口含片，用以治疗急性咽喉炎、副鼻窦炎、鼻炎、扁平苔癣、扁平疣等。

溶菌酶是一种无毒、无副作用的蛋白质，又具有一定的溶菌作用，因此可用作食品防腐剂。现已广泛应用于水产品、肉食品、蛋糕、清酒、料酒及饮料中的防腐；溶菌酶—环糊精和溶菌酶—半乳甘露聚糖等修饰酶，不仅抗菌活性稳定，而且具有良好的乳化功能，应用于发酵饮料中防腐效果较好。溶菌酶还可以添入乳粉中，以抑制肠道中腐败微生物的生存，同时直接或间接地促进肠道中双歧杆菌的增殖。细胞工程中用于去细胞壁，制备原生质体；基因工程中用于加快转导、转化。此外，粗酶制剂可用作饲料添加剂。

四、乳糖酶

（一）乳糖酶的基本性能

乳糖酶学名为 β-D-半乳糖苷水解酶(EC 3.2.1.23)，常用名为 β-半乳糖苷酶，这种酶能将乳糖水解成为 β-半乳糖与葡萄糖，不能水解乳糖之外的 β-半乳糖苷键。

乳糖酶存在于植物、细菌、真菌以及放线菌、动物肠道。不同来源的乳糖酶，最适反应 pH 不同，目前食品工业中使用的乳糖酶，主要是酵母和霉菌生产，酵母酶的最适反应 pH 为 6.0，霉菌酶为 5.0。最适反应温度，酵母酶为 37℃，30℃～37℃下的相对活力相差不明显，米曲霉乳糖酶以 50℃为宜。乳糖酶也是巯基酶类，半胱氨酸、谷胱甘肽等利于保持酶活性稳定；汞、铅、有机磷等是其抑制剂。

（二）乳糖酶的生产

生产菌，酵母 *K. fragillis* 株，产酶率高，发酵 pH 稳定，乳糖诱导时间短。工业发酵以糖蜜为培养基，经酸水解、中和、过滤、稀释后，加 KH_2PO_4，pH 调至 6.6～6.8，打入种子罐消毒，接摇瓶种子，30℃培养 16 h～18 h，打入发酵罐，培养 8 h 后，由含诱导物的补料罐开始补料，诱导培养 6 h，发酵温度 27℃～28℃，罐压 4.9MPa，通风量 1：0.8，搅拌转速 300 r·min^{-1}。

发酵收获的酵母菌体，经细胞破碎处理后，用乙酸乙酯或丙醇抽提酶，抽提液经超滤浓缩后，冷冻干燥而得粉状固体酶。医用酶以 1：4 的比例加可溶淀粉，混匀，低温研磨，过 65 目筛，以细粉制成肠溶微囊，以免酶被胃液破坏。

（三）乳糖酶的用途

因为哺乳动物乳汁是人类重要的营养来源，而乳汁中含有乳糖，如牛乳含 4.8%～5.0%。人类（少数除外）乳糖酶基因在幼儿断乳后就关闭了。因而，食乳较多时，乳糖在肠道微生物作用下，常引起肠鸣、腹胀乃至腹泻。又由于乳糖溶解度低，在冷冻乳制品中易析出颗粒状结构物，影响产品质量。因此，用乳糖酶加工乳制品，已成高档乳制品必备工艺。医用酶对儿童和老年人也是常备药物。

五、转化酶（蔗糖酶）

蔗糖酶又称转化酶，学名 β-D-呋喃果糖苷果糖水解酶（EC 3.2.1.26）。蔗糖在这种酶的作用下，水解为 D-葡萄糖与 D-果糖，还原力增强，又由于生成果糖，甜度增加。按照水解蔗糖的方式，蔗糖酶可分为从果糖末端 C_2—O 处切开蔗糖的呋喃果糖苷酶（EC 3.2.1.26）和从葡萄糖末端 C_1—O 处切开蔗糖的 α-葡萄糖苷酶（EC 3.2.1.20）。前者存在于酵母中，后者存在于霉菌中。

工业上制取蔗糖酶主要从啤酒酵母或卡斯伯格酵母中提取。将压榨的酵母细胞悬浮于含 0.02% $NH_4 H_2 PO_4$，0.005% KNO_3，0.005% $Mg(NO_3)_2$ 的培养液中，连续添加 20% 蔗糖溶液，在 pH 4.5～5.0，27℃～30℃ 下通风培养 15 h～20 h。因酵母蔗糖酶系胞内酶，提取时需将菌体自溶 24h，除去细胞碎片后，可用有机溶剂沉淀酶，收得率达到 70%～80%，也可将酶液直接真空浓缩，回收率达到 85%～95%。用离子交换树脂或 DEAE-纤维素可得纯度颇高的样品，但高纯度酶很不稳定，大多商品酶为粗酶溶解于甘油的液状制品。

蔗糖酶在食品工业中，用以转化蔗糖增加甜味，制造人造蜂蜜，防止高浓度糖浆中的蔗糖析出，还用来制造果糖和巧克力的软糖心等。近来由于异构糖浆的发展，转化糖浆有逐渐被取代之势。

第三节　蛋白酶

一、蛋白酶的分类

蛋白酶种类很多，现已制成结晶或高纯度的酶。根据 EC 建议，除特殊外肽酶外，所有蛋白酶均纳入肽类水解酶（EC 3.4.1.1～EC 3.4.2.7）。通常所称蛋白酶是指水解蛋白质的内肽酶（EC 3.4.2.1～EC 3.4.2.7）的各种酶。蛋白酶能催化蛋白质和多肽肽键水解，广泛存在于动物内脏、植物茎叶、果实和微生物中。目前全国蛋白酶的总产量达 5 万吨，已占酶制剂总产量的 20%（原来只占 11%），其中碱性蛋白酶占 80%。

按蛋白酶的来源分为动物蛋白酶、植物蛋白酶和微生物蛋白酶。在工业酶制剂分类中,把酶作用的最适 pH≤5 的称为酸性蛋白酶;pH≥9 的称为碱性蛋白酶;pH 为 5～9 的称为中性蛋白酶。为方便起见,微生物蛋白酶常用这种分类方法。根据蛋白酶活性中心的化学性质和反应 pH 范围等又可分为丝氨酸蛋白酶(如胰蛋白酶)、巯基蛋白酶(如菠萝蛋白酶)、金属蛋白酶(如羧肽酶 A)和酸性蛋白酶(如胃蛋白酶)4 种。

二、蛋白酶的性质

1. 酸性蛋白酶

酸性蛋白酶广泛存在于霉菌、酵母菌和担子菌中,在细菌中极少发现,其最适 pH 为 2～4,在 pH 2～6 范围稳定。最适作用温度为 40℃左右,一般在 50℃以上不稳定,相对分子质量为 30 000～40 000,等电点低(pH 3～5)。酸性蛋白酶主要是一种羧基蛋白酶,大多数在其活性中心含有两个天冬氨酸残基。酶蛋白中酸性氨基酸含量高,而碱性氨基酸含量低。例如,胃蛋白酶、多种霉菌酸性蛋白酶(包括青霉菌的蛋白酶)。

2. 中性蛋白酶

大多数微生物中性蛋白酶是金属酶,一部分酶蛋白中含有一锌原子,有的则含 Mg,Mn,Co,Cd 等原子。其相对分子质量 35 000～40 000,等电点 pH 为 8～9。酶的最适温度取决于反应时间,在反应时间 10 min～30 min 内,最适温度是45℃～50℃。由于一般中性蛋白酶的热稳定性较差,是微生物蛋白酶中最不稳定的酶,很易自溶,即使在低温下冰冻干燥,也会造成相对分子质量的明显减小。钙离子可以增加酶的稳定性,并减少酶自溶,故中性蛋白酶的提纯过程的每一步都需有钙离子的存在。合成底物实验表明,中性蛋白酶只水解由亮氨酸、苯丙氨酸、酪氨酸等疏水大分子氨基酸提供氨基的肽键。例如,羧肽酶 A、羧肽酶 B、多种蛇毒蛋白酶、枯草杆菌耐热蛋白酶等。

3. 碱性蛋白酶

多数微生物碱性蛋白酶在 pH 7～11 范围有活性。在以酪蛋白为底物时的最适 pH 以 9.5～10.5 为多,相对分子质量为 20 000～34 000,比中性蛋白酶小。多数微生物碱性蛋白酶不耐热,若在 50℃～60℃加热 10 min～15 min,几乎其中一半酶的活性下降 50%。我国生产的几种碱性蛋白酶的耐热性亦在 60℃以下。碱土金属特别是钙对碱性蛋白酶有明显的热稳定作用。这种酶除水解肽键外,还具有水解酯键、酰胺键和转酯及转肽的能力。例如,胰蛋白酶、透明质酸酶、凝血酶、枯草杆菌蛋白酶是丝氨酸蛋白酶,木瓜蛋白酶、菠萝蛋白酶是巯基酶。

三、微生物蛋白酶的工业生产

由于碱性蛋白酶在我国蛋白酶总产量中所占比例最大,故以其为例介绍蛋白酶的生产工艺。工业酶制剂的蛋白酶生产菌,主要是枯草杆菌变种、黑曲霉变种、米曲霉变种和地衣芽孢杆菌变种。丹麦 NOVO 公司以两株枯草杆菌作生产菌种,我国也以枯草杆菌变种和地衣芽孢杆菌生产碱性蛋白酶,现以地衣芽孢杆菌 2709 突变株 A-57 的碱性蛋白酶的生产为例,介绍生产工艺。

1. 菌种培养

用牛肉膏 1%、胨 1%、NaCl 0.5%、琼脂 2%、pH 7.2～7.5 的茄子瓶斜面培养基,37℃培养 48 h。

2．种子培养

1 m³ 发酵罐装 500 L 培养基,其成分为豆饼粉 3％、山芋粉 2％、麸皮 3％、Na₂HPO₄ 0.2％、pH 6.5,灭菌冷却后接种于 37℃通风搅拌培养 10 h～14 h。

3．发酵

25 m³ 发酵罐装料 16 m³。培养基配方为豆饼粉 2.5％、山芋粉 4％、麸皮 5％、Na₂HPO₄ 0.2％、pH 6.5,灭菌冷却后将种子接入发酵罐,于 37℃通风搅拌培养 32 h。当酶活力达到高峰 12 000 U·mL⁻¹ 时停止发酵。

4．提取和制剂

将成熟发酵液泵入絮凝罐中,加入 Na₂HPO₄ 0.5％、CaCl₂ 1.5％,调 pH 至 6.4,连续搅拌 2 h 后静止絮凝。然后经压滤机过滤获得浓缩液加入 55％ (NH₄)₂SO₄ 盐析 8 h～10 h,再用压滤机进行压滤收集酶泥,经成型后干燥即得成品。

四、木瓜蛋白酶

木瓜蛋白酶是工业中应用得较多的一种植物来源的蛋白酶,是一种蛋白酶的混合物。纯酶是相对分子质量为 23 400 的单链蛋白质,pI 为 8.75。在啤酒生产中,可用木瓜蛋白酶水解原料蛋白,为酵母(酒母)增殖提供充足的氨基氮,能缩短发酵时间,提高产乙醇量,使酒质醇和不辣喉;使原料组织结构崩解,更易于糖化。还可用于消除啤酒的蛋白质混浊,肉类加工的肉类嫩化,等等。其作用的最适 pH 范围为 5～7,在 pH 3～9 内稳定存在。最适作用温度为 60℃～75℃,在 10℃～90℃ 的温度范围内稳定性好。

木瓜蛋白酶的制取方法:取丰满未成熟的番木瓜洗净,切一些口子,流出浆汁,于玻璃板上晒干或烘干取得粗制干粉。按每千克干粉加水 6 L 溶解后,加约 60 mL pH 5.6 的磷酸缓冲液磨成匀浆,静置,倾出上清液,滤去不溶渣。抽提液用 NaOH 调至 pH 9.0,滤去沉淀,清液加硫酸铵粉末至 0.4 S,4℃下放置 1 h,离心,弃上清液,沉淀用 0.4 S 硫酸铵溶液洗 1 次,沉淀溶于 3.5 L 水,加 350 g NaCl,4℃存放几小时,离心收集沉淀,干燥,粉碎得成品。

五、蛋白酶的用途

到目前为止国外商品蛋白酶约 100 多种,我国也已经生产了 9 种。蛋白酶用途很广,大体上可归纳为 6 个方面:① 制造蛋白质水解物;② 用作除蛋白剂;③ 用于轻化工产品生产工艺革新,提高质量;④ 用作医药;⑤ 用作饲料添加剂;⑥ 作为生化试剂。

第四节　脂肪酶

一、脂肪酶的基本性质

1．脂肪酶的油—水界面反应

脂肪酶学名三酰甘油酯水解酶(EC 3.1.1.3),是分解天然油脂的酶。它们只能在异相系统,即在油(或脂)—水的界面上作用,对均匀分散的或水溶底物不作用,即使有作用也极缓慢。因此,底物必须在水中乳化成微小油滴或胶束,脂肪酶以其疏水部分接触于底物的油—水界面上,并识别底物的酯键,催化其水解。底物脂肪溶于有机溶剂,由脂肪酶催化,可以扩大脂肪酶的应用范围。脂肪酶在"界面酶学"和"非水介质酶学"的发展中扮演了重要角色。

2. 脂肪酶的底物特异性及一般理化特性

脂肪酶在一定条件下,能对甘油三酯的酯键水解。其底物三酰甘油酯的醇部分是甘油,而酸部分则是水不溶的 12 个碳原子以上的长链脂肪酸。所以在不同水解阶段可放出脂肪酸、甘油双酯、甘油单酯及甘油。不同来源的酶,具有各种不同脂肪链专一性,立体位置专一性。

脂肪酶在动植物各种组织及许多种微生物中普遍存在,为单链蛋白质,一些微生物酶是糖蛋白,一般认为脂肪酶是丝氨酸酶类。不同来源的脂肪酶性质不同,下面是微生物脂肪酶的性质(表 10-3)。

表 10-3　部分微生物脂肪酶的酶学性质

产酶微生物	相对分子质量(×10³)	等电点(pI)	最适 pH	最适温度(℃)
白地霉	54	4.33	5.0～7.0	40
柱形假丝酵母	100～120		6.5	37
耶尔氏球拟酵母	43	2.59	6.5	45
巢子须霉	26.5	5.9	6～7	37～40
圆弧青霉	27～36	4.2～5.0	7.0	35
荧光假单胞菌	32		8～9	42
黏质色杆菌	27	6.9	6.5	70
绵毛状腐质霉	27.5		8.0	60
莓实假单胞霉			9.5	75

Ca^{2+} 是大多数脂肪酶的激活剂,并能提高酶的热稳定性,重金属盐是脂肪酶的抑制剂。

二、脂肪酶的发酵生产

世界市场上脂肪酶的主要来源:① 小牛、小山羊或小羊羔的前胃组织;② 动物胰腺组织;③ 米曲霉变种;④ 黑曲霉变种;⑤ 毛根霉;⑥ 假丝酵母。由于微生物脂肪酶种类多,具有比动、植物酶广的作用 pH 范围、作用温度范围以及对底物的专一性类型,又便于进行工业生产和获得高纯度制剂。所以在脂肪酶中,微生物来源的酶种类和数量都占主导位置。

我国生产的解脂假丝酵母 AS2.1203 脂肪酶的发酵工艺简介如下:

1. 菌种扩大培养

将保存于麦芽汁斜面上的菌种连续活化 3 次～5 次后,于 28 ℃用摇瓶振荡培养 24 h～30 h,以检验菌种产酶的能力和种子纯度。然后将已活化了的斜面上生长 24 h 的新鲜菌移入茄子瓶,28 ℃培养 24 h～36 h,再用无菌水洗下即可作生产用种子。也可用摇瓶振荡培养 18 h～24 h,酶活力达 30 U·mL^{-1}～50 U·mL^{-1} 后直接上种子罐。

2. 发酵培养

(1) 种子罐培养

培养基基本配方为豆饼粉4%、大米糠2%、硫酸铵0.2%、豆油(或猪油)0.5%(也有加磷酸二氢钾0.1%,硫酸镁0.05%),于28℃通风搅拌发酵18h～22h,pH降到4.5左右,酶活力达60U·mL^{-1}～100U·mL^{-1}时就可转入发酵罐。

（2）发酵罐培养

培养基配比同种子罐,也可使黄豆饼粉和米糠浓度分别加到5%和3%。发酵时间一般为20h～28h,接种量2.5%～5%(V/V)。当酶活力不再上升或上升缓慢,pH已由最低的4.5左右回升到5.4左右或更高些,发酵液变稠,罐温停止上升或上升不明显,菌细胞衰老,空胞增大,出芽少时,即可放罐。

（3）提取和制剂

在发酵液中逐步加入40%硫酸铵,溶解后静置24h,压滤,脱去大部分盐液后即成湿酶,然后掺入湿酶重40%～60%的疏松剂——工业硫酸钠(主要使湿酶疏松,以便于烘干和粉碎,增加溶解度,提高回收率)经绞碎机破碎后,置40℃通风干燥,18h～24h后即可制成粉剂。硫酸铵盐析后,低温下用乙醇或丙酮沉淀,然后冷冻干燥,或用硫酸铵分级沉淀,磷酸钙吸附柱层析等步骤进行精制。

三、脂肪酶的用途

随着有机溶剂中酶促反应的发展,脂肪酶的用途越来越广。大致来说,包括工业原料如皮革等的去脂;食品加工中用于提高产品质量;用于化工原料的各种脂肪酸、甘油单酯等的制造;用于转酯或新型酯或肽的合成;用作医药和试剂;在发酵工业中用于提高细胞透性等等。

第五节 其他酶

一、葡萄糖异构酶

1. 葡萄糖异构酶的基本性能

现在工业上应用的葡萄糖异构酶,大多是木糖异构酶(EC 5.3.1.5),它能将 D-木糖、D-葡萄糖、D-核糖等醛糖可逆地转化为相应的酮糖。由于葡萄糖异构化为果糖具有重要的经济意义,因此工业上习惯把 D-木糖异构酶称为葡萄糖异构酶。巨大芽孢杆菌中存在葡萄糖专一的异构酶。木糖异构酶作用的最适pH因来源而异,大多数在6.5～8.0的范围。最适作用温度很宽,为25℃～75℃;近年在嗜热菌中分离的异构酶,可在100℃下反应。D-木糖异构酶分子量在80 000～190 000,pI 4.9。一般微生物酶需要在培养液中加木糖和Co^{2+},Mg^{2+}诱导;Ca^{2+},Cu^{2+},Zn^{2+},Ni^{2+}对酶有显著的抑制作用,应用时底物葡萄糖必须除去这些抑制剂。

2. 葡萄糖异构酶的生产

商品葡萄糖异构酶的生产菌种有:① 密苏里放线菌;② 凝结芽孢杆菌;③ 橄榄色链霉菌;④ 产橄榄色素链霉菌;⑤ 锈棕色链霉菌;⑥ 新链霉菌;⑦ 乔木黄杆菌。

由于葡萄糖异构酶主要是胞内酶,再加上产酶活性相对较低,催化效率不高。为了提高酶的利用率,降低成本,并有利于异构糖浆的生产,因此一般均将异构酶或菌体细胞制成固定化酶或固定化细胞作为商品,以便反复利用,加上葡萄糖异构酶对热和碱具有良好的稳定性,其底物又是小分子的葡萄糖,所以很适宜制成固定化酶。例如,美国有的生产厂家以乔木黄杆菌为生产菌,以 2%乳糖、1%米浆,加 1% K_2HPO_4,0.5% KH_2PO_4 为培养基,经扩大培养 30 h,发酵培养 40 h,当葡萄糖异构酶活力达 60 U·mL^{-1} 时,在 10℃下分离菌体,体积压缩至 1/5(酶活力270 U·mL^{-1},收得率 90%)。然后在 70℃热处理 15 min,加软水至原体积,添加壳聚糖、聚二烯亚胺、戊二醛进行交联 1 h,酶活力48 U·mL^{-1},回收率 80%。压滤,湿滤饼含固形物 30%,通过挤扎成型为 0.8 mm 颗粒,60℃烘干,至含水 10%以下,活力160 U·g^{-1}。由 38 吨发酵罐,可得 1 000 kg 固定化酶(细胞)。另一种生产方式是将细胞中的酶分离,稍加纯化,再用多孔氧化铝或阴离子交换剂吸附,制得固定化酶。目前该酶制剂占到总产量的 11%,年产量已超过 1 500 吨。

3. 葡萄糖异构酶的用途

葡萄糖异构酶在工业上的主要用途是生产果葡糖浆。固定化异构酶的生产能力非常惊人,一般 1 kg 固定化酶可转化葡萄糖 2 000 kg~4 000 kg。葡萄糖异构酶反应过程中,通常糖浓度越高,异构化率越高。工业上使用 40%~50%(m/m)的葡萄糖液,但在这种浓度下,放线菌细胞易发生自溶,给糖液的精制带来困难,而在 25 %以下细胞自溶量最少。一般固定化葡萄糖异构酶在柱中通入糖液,需要经 24 h~48 h 后才能达到转化高峰。

二、葡萄糖氧化酶

葡萄糖氧化酶系统名称叫 β-D-葡萄糖:氧氧化还原酶(EC 1.1.3.4)。葡萄糖氧化酶具有将葡萄糖在有氧条件下转化为葡萄糖酸及过氧化氢的能力,一般商业化产品并非只含葡萄糖氧化酶单一酶,常还包括触酶(EC 1.11.1.6)及其他的辅酶(如 FAD)。

葡萄糖氧化酶广泛分布于动物、植物及微生物体内。由动、植物体中提取有其一定的局限性,从酶量来说也不丰富。而霉菌在一定条件下产生葡萄糖氧化酶的能力强,也便于大规模生产。当前工业生产中除从黑曲霉菌丝体内和用黑曲霉生产柠檬酸的废菌丝体内或青霉菌废菌丝体内提取外,较多采用青霉属的菌种进行深层通风培养方法制取。

葡萄糖氧化酶广泛应用于食品工业,如蛋品加工中脱糖;果汁、啤酒、油脂、奶粉、食品罐头等的除氧;葡萄糖的定量分析;金属腐蚀和医学上的快速检验等。

三、环状糊精(生成)酶

环状糊精生成酶,学名环麦芽糊精葡萄糖基转移酶(EC 2.4.1.19),作用于淀粉能生成环状糊精(CD),还可水解淀粉为麦芽低聚糖,又可将麦芽低聚糖基转移至其他受体,若受体是蔗糖,则生产偶联糖。

到目前为止,已用于生产环状糊精酶的菌种很多,除芽孢杆菌外,其他细菌也能产生。但该酶最早是在软化芽孢杆菌中发现,因此,早期对此菌研究较多。近年来,对嗜碱性芽孢杆菌研究较热,有嗜碱性芽孢杆菌为供体构建的基因工程菌 BS16-7 产酶活力近 9 000 U·mL^{-1}。现在工业上生产的环状糊精酶,主要催化作用产物以 β-CD 为主。酶相对分子质量为 20 000~88 000,反应最适 pH 范围 4.7~7.0,热稳定温度 50℃~65℃。

环状糊精生成酶主要用于环状糊精(CD)的制备。环状糊精由 6 个~12 个 α-D-吡喃葡萄糖单位连结而成环式化合物（参看图 6-4），环状糊精由于分子结构独特，已在食品、医药、农药、化工等部门得到广泛应用，如可以使不稳定的物质趋于稳定，可防止挥发性物质的挥发，并可保护香料、脂溶性维生素等不为酸和光所分解。此外，还可改变香料、色素等物质的物化性质（溶解度、色、味等）以及作为表面活性剂。

在淀粉乳中加 10%～20% 的蔗糖和环状糊精酶，可生成偶联糖，用于食品有防蛀牙的作用。

四、氨基酸酰化酶（酰化氨基酸水解酶）

酰化氨基酸水解酶简称氨基酸酰化酶（EC 3.5.1.14），存在于动物、植物和微生物中。酰化酶主要用于拆分酰化-DL-氨基酸，生产 L-氨基酸。L-氨基酸在医药、食品工业及农业等方面的应用十分广泛。因此，近年来对 L-氨基酸的需要量激增。

用化学合成法合成的氨基酸是酰化-DL-氨基酸。酰化-L-氨基酸与酰化-D-氨基酸的性质极其相似，很难分离。利用氨基酰化酶只水解酰化-L-氨基酸，不水解酰化-D-氨基酸的立体专一性，用氨基酰化酶不对称地水解酰化 DL-氨基酸，则产生 L-氨基酸和酰化-D-氨基酸。这两种产物的溶解度有很大的差异，因此，很容易用结晶法从混合物中分离得到 L-氨基酸。余下的酰化-D-氨基酸可以用消旋酶转化成酰化-DL-氨基酸，继续拆分，直到几乎全部的酰化-DL-氨基酸变成 L-氨基酸为止。

氨基酸酰化酶有两种类型，Ⅰ型酶主要拆分一羧基氨基酸，Ⅱ型酶主要拆分二羧基氨基酸。Ⅰ型酶一般从猪肾中提取。用米曲霉发酵生产的酶，早已用于工业生产 L-氨基酸。

五、天冬氨酸酶

天冬氨酸酶（EC 4.3.1.1）可以反丁烯二酸和铵盐为底物生产 L-天冬氨酸。来自于大肠杆菌不同菌株的天冬氨酸酶，相对分子质量分别是 170 000 和 193 000，由四个同种亚基组成，是一种酸性蛋白质。反应最适 pH 8～9，有的酶需 Mg^{2+}，Mn^{2+}，Ca^{2+} 激活，被巯基试剂和 EDTA 抑制。

虽然天冬氨酸酶分布于动物、植物和微生物细胞内，但以微生物中含量较高。这些微生物中，用于工业生产 L-天冬氨酸的主要是大肠杆菌的天冬氨酸酶。

将含有天冬氨酸酶的大肠杆菌细胞包埋在聚丙烯酰胺凝胶中，制成固定化细胞，然后，将固定化细胞装进柱反应器，制成酶柱，让含有 $1\mu mol\cdot L^{-1}$ Mg^{2+} 的延胡索酸铵溶液以一定的流速流过 37℃恒温的酶柱，收集含有 L-天冬氨酸的流出液，调节 pH 为 2.8，冷却后，则 L-天冬氨酸结晶析出，收率可达 100%。这种固定化酶很稳定，37℃的半衰期为 120 d，一根 1 000 L 酶柱每天可生产 2 吨 L-天冬氨酸。如果用 κ-角叉菜凝胶包埋上述细胞，则半衰期可达 680 d，生产能力提高 15 倍。

天冬氨酸用途广泛，在化工、食品和医药等方面有多种用途。在化工上是合成树脂的原料；L-天冬氨酸-苯丙氨酸甲酯（阿斯巴甜）作为甜味剂，需求增长很快；该酸在医药上，L-天冬氨酸钾镁盐用于治疗心脏病、肝脏病等。用天冬氨酸制成天冬酰胺可治疗乳腺增生等。

本 章 要 点

我国学者把现在广泛应用的工业酶制剂分为 4 类。主要是碳水化合物酶等水解酶（EC 3.），EC 分类 1,2,4 和 5 大类的几种酶列为其他酶类。本章选择一些代表性的酶,简要介绍它们的主要性质、生产工艺和用途。碳水化合物酶类是一大类工业用途很广的酶类。本章选讲了 4 种淀粉酶；3 种以其他多糖（纤维素、果胶、胞壁聚糖）为底物的酶,2 种二糖酶。蛋白酶制剂种类很多,用途很广。本章选了一种微生物碱性蛋白酶和一种植物蛋白酶。脂肪酶的应用开发在近十年来很热门,微生物脂酶的种类不断有新的发现,应用潜力很大。葡萄糖异构酶是目前用以生产果葡糖浆的大宗酶制剂。环状糊精（生成）酶也主要是以淀粉为底物,催化糖基转移的酶,用以生产 CD 和偶联糖。天冬氨酸酶用以生产 L-天冬氨酸,是裂合酶类的代表。氨基酸酰化酶是用来拆分化学合成的外消旋氨基酸,生产 L-氨基酸的重要酶。

工业酶制剂的生产,主要以我国的生产工艺叙述。枯草杆菌 BF 7658 生产 α-淀粉酶,代表了细菌酶生产的基本工艺,同时也是中间补料工艺的实例。纤维素酶是世界上都在着重研究的酶,主要以绿色木霉等生产,其生产工艺是霉菌酶生产的代表。乳糖酶是乳品生产中的重要用酶,是典型的诱导酶,生产菌为酵母,发酵过程要用含诱导物的补料。蛋白酶的生产,选述了我国大量生产的芽孢杆菌产碱性蛋白酶发酵工艺;木瓜蛋白酶的生产工艺,代表了植物酶生产的一种工艺。

复习思考题

1. α-淀粉酶、糖化酶、β-淀粉酶、脱枝酶催化淀粉水解的作用位点有何不同?
2. 简要叙述 α-淀粉酶的工业生产。
3. α-淀粉酶和糖化酶的反应条件有什么不同?
4. 纤维素酶包括哪几个组分?
5. 果胶酶至少包括哪些组分? 其独特的酶原是什么?
6. 为什么乳制品生产需要加乳糖酶? 该酶生产的突出特点是什么?
7. 蛋白酶如何分类? 工业酶制剂按催化反应最适 pH 分为哪几类? 各类特性如何?
8. 简述脂肪酶进行酶促反应的特殊界面效应。脂肪酶有哪些用途?
9. 商品葡萄糖异构酶生产的重要特点是什么? 为什么采用这种生产方式?
10. 环状糊精生成酶有哪三种催化反应? 主要功能是哪一种? 产物是哪三种?
11. 氨基酸酰化酶的重要用途是什么? 天冬氨酸酶一般有哪种制剂? 有何用途?

第十一章　酶的应用

> ✱ **学习提要**
>
> 　　了解酶制剂在医药、食品加工、轻化工业、生物工程、环境保护及新能源开发等领域中的应用。

　　酶的应用历史久远，但是知酶而用，还是最近百年的事。随着酶工程技术的进步和发展，酶的种类越来越多，酶应用的范围亦在迅速扩大。现在在工业、农业、医药、环境保护、能源开发以及科学研究等方面，酶的应用日益广泛。可以说酶已成为国民经济中不可缺少的一部分，人们的衣、食、住、行几乎都离不开酶。酶的应用领域很多，本章仅做一些简要介绍。

第一节　酶在医药方面的应用

一、酶在疾病诊断方面的应用

1. 酶的诊断

　　人类疾病的治疗效果好坏与否，在很大程度上决定于诊断的准确性。疾病诊断的方法很多，其中酶学诊断发展迅速。由于酶催化的高效性、特异性及作用条件温和等，酶学诊断方法具有可靠、简便又快捷的特点，在临床诊断中已被广泛应用。

　　根据体内原有酶活力的变化来诊断某些疾病，即酶的诊断。现在已用作临床诊断指标的酶大约 50 多种，例如，人血清谷丙转氨酶（GPT）的活力大小可作为人类肝炎活动期的诊断指标，其正常值为 $7\,U\cdot L^{-1}\sim50\,U\cdot L^{-1}$。GPT 主要存在于肝细胞内，患肝病时，肝细胞被破坏，GPT 便从肝细胞释放到血液中，于是，血液中 GPT 活力增高，活力愈高，病情愈重。表 11-1 是一些常用作某些疾病诊断的酶的举例。

表 11-1　一些血清酶活力变化的疾病诊断意义

酶	疾病与酶活力变化
淀粉酶	胰脏患病、肾脏患病时，活力升高；肝患病时，活力下降
胆碱酯酶	肝患病时活力下降
酸性磷酸酶	前列腺癌、肝炎、红细胞病变时，活力升高
碱性磷酸酶	佝偻病、软骨病、骨瘤、甲状旁腺功能亢进时，活力升高；软骨发育不全等时，活力下降
谷丙转氨酶	肝病、心肌梗塞等疾病时，活力升高
谷草转氨酶	肝病、心肌梗塞等疾病时，活力升高

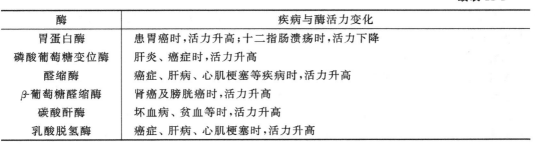

酶	疾病与酶活力变化
胃蛋白酶	患胃癌时,活力升高;十二指肠溃疡时,活力下降
磷酸葡萄糖变位酶	肝炎、癌症时,活力升高
醛缩酶	癌症、肝病、心肌梗塞等疾病时,活力升高
β-葡萄糖醛缩酶	肾癌及膀胱癌时,活力升高
碳酸酐酶	坏血病、贫血等时,活力升高
乳酸脱氢酶	癌症、肝病、心肌梗塞时,活力升高

2. 诊断用酶

利用酶作为试剂来测定体内某些物质的含量,从而诊断某些疾病,称为诊断用酶。例如,利用高纯度的葡萄糖氧化酶制剂测定人体血清中的葡萄糖浓度(血糖浓度)。如果血糖浓度高于正常值($3.9\,\mathrm{mmol \cdot L^{-1}} \sim 5.9\,\mathrm{mmol \cdot L^{-1}}$),即可诊断为糖尿病。血糖浓度越大,表示病情越严重。

临床诊断用酶已多达 30 种以上,表 11-2 列举了一部分在疾病诊断方面应用的酶。诊断用酶对酶的来源及纯度要求相当严格,特别是对催化性质相近的杂酶含量有严格的限制,否则就会影响测定结果。一些诊断用酶已经商品化,并已成功地用于临床诊断。

表 11-2 用酶测定物质的量的变化进行疾病诊断

酶的名称	酶的来源	用 途
脲酶	刀豆	测定血、尿中尿素含量
尿酸酶	牛肾	测定血、尿中尿酸含量
甘油-3-磷酸脱氢酶	兔肌	测定血中甘油三酯含量
肌酸激酶	兔肌	测定肌苷或肌酸含量
葡萄糖氧化酶	*Aspergilius niger*	测定血清、尿液中葡萄糖含量
胆固醇氧化酶	*Nocardia erythropolis*	测血清胆固醇含量
乙醇氧化酶	*Candida boidinii*	测定体内乙醇浓度
磷酸甘油醛脱氢酶	兔肌	测定体内 ATP 含量

二、治疗用酶

酶可以作为药物治疗多种疾病,用于治疗疾病的酶称为药用酶。药用酶具有疗效显著、副作用小的特点,其应用越来越广泛。现在药用酶制品已超过 700 种。一般分为表 11-3 和表 11-4 所列各类。

表 11-3 一些治疗用酶实例

酶的名称	酶的来源	剂 型	给药方式
助消化酶类			
胃蛋白酶	胃黏膜	粉、片、糖浆	口服为主
胰酶	胰脏	肠溶片、多酶片	口服为主
α-淀粉酶	微生物	肠溶片、糖浆	口服为主
胰脂肪酶	胰脏	肠溶片、多酶片	口服为主
凝乳酶	胃黏膜	液剂、粉剂	口服为主
乳糖酶	微生物	粉剂	口服为主

酶的名称	酶的来源	剂　型	给药方式
抗炎、清瘀用酶			
溶菌酶	鸡蛋清	片剂、滴剂、外用膏剂	口服、外用、滴鼻等
菠萝蛋白酶	菠萝皮、茎	肠溶片	口服
链激酶	微生物	油膏剂	局部清瘀
木瓜蛋白酶	木瓜果乳汁	肠溶片	口服
胶原酶	微生物	油膏、注射剂	外用、注射
胰蛋白酶	胰脏	粉剂、注射剂、肠溶片	口服、注射
尿酸酶	牛肾、微生物	注射剂、人工细胞	口服、体外循环
脲酶	刀豆	固定化酶、人工细胞	口服、体外循环
α-糜蛋白酶	胰脏	注射剂、粉剂、肠溶片	口服、注射
超氧化物歧化酶	牛血	注射剂、片剂	口服、注射
心血管疾病用酶			
激肽释放酶	猪胰脏	片剂	口服
弹性蛋白酶	猪胰脏	片剂	口服
促凝血酶原激酶	脑	外用止血剂	外用
细胞色素 C	猪、牛心脏	注射剂	静注
辅酶 Q_{10}	猪心、微生物	注射剂	静注
辅酶 A	猪心、微生物	注射剂	注射
溶栓酶	人血	注射剂	注射
尿激酶	人尿	注射剂	静注
链激酶	微生物	外用膏剂、注射剂	静注、外用
蚯蚓溶纤酶	蚯蚓	粉剂	口服

表 11-4　肿瘤及遗传性缺酶症治疗用酶

酶的名称	适应症	剂　型	给药方式
肿瘤治疗用酶			
L-天门冬酰胺酶	白血病	注射剂	体外循环、酶微囊、PEG 长效酶
谷氨酰胺酶	Ehrlich 肉瘤	注射剂	酶微囊
羧基肽酶	murine 白血病	注射剂	在研究中
L-亮氨酸脱水酶	Ehrlich 腹水癌	注射剂	在研究中
L-精氨酸酶	Walker 肉瘤	注射剂	在研究中
遗传性缺酶症治疗用酶			
氨基己糖酶 A	Tay-Sachs 病	注射剂	载酶脂质体
α-半乳糖苷酶	Fabry 病	注射剂	酶微囊
β-葡萄糖脑苷酶	Gaucher 病	注射剂	载酶红细胞
酸性麦芽糖酶	Pomp's 病	注射剂	载酶脂质体
苯丙氨酸氨基裂解酶	苯丙酮尿症	固定化酶	体外循环装置

三、酶在药物制造方面的应用

酶在药物制造方面的应用是利用酶的催化作用将前体物质转变为药物。这方面的应用日益增多，现已有不少药物包括一些贵重药物都是由酶法生产的。下面略举数例。

1. 青霉素酰化酶生产半合成抗生素

青霉素和头孢霉素及其衍生物因都含 β-内酰胺结构，故统称为 β-内酰胺类抗生素。该类抗生素可以通过青霉素酰化酶的作用，改变其侧链基团而获得具有新的抗菌性及有抗 β-内酰胺酶能力的新型抗生素。

青霉素酰化酶是在半合成抗生素的生产上有重要作用的一种酶。它可催化青霉素或头孢霉素水解生成 6-氨基青霉烷酸(6-APA)或 7-氨基头孢霉烷酸(7-ACA)，又可催化酰基化反应，由 6-APA 合成新型青霉素或由 7-ACA 合成新型头孢霉素，其化学反应式如下：

（青霉素） $+ H_2O \xrightarrow{\text{青霉素酰化酶}}$ （6-APA） $+ R\text{—COOH}$

（头孢菌素） $+ H_2O \xrightarrow{\text{青霉素酰化酶}}$ （7-ACA） $+ R'\text{—COOH}$

β-内酰胺类抗生素生产需要三个基本步骤：第一步，通过微生物发酵生产青霉素 G，V 以及头孢霉素 C。第二步，酶催化水解，生产抗生素母核，如 6-APA，7-ACA。第三步，再在这些关键的中间体（母核）的 6 位或 7 位-NH_2 上接上不同的侧链，从而合成各种具有新抗菌活性和抗菌谱的半合成抗生素。

通过青霉素酰化酶的作用，得到的半合成青霉素有氨苄青霉素、羟氨苄青霉素、羧苄青霉素、磺苄青霉素、氨基环烷青霉素、邻氯青霉素、双氯青霉素、氟氯青霉素等。头孢霉素有头孢利定、头孢金素、头孢氨苄、头孢拉定、头孢力新、头孢甘氨酸、头孢环己二烯等。举例如表 11-5 和表 11-6 所示。

表 11-5 通过青霉素酰化酶作用得到的一些半合成青霉素

半合成青霉素	R	半合成青霉素	R
氨苄青霉素	苯基—CH(NH₂)—	氨基环烷青霉素	环己基—C(NH₂)(CH₃)
羟氨苄青霉素	HO—苯基—CH(NH₂)—	邻氯青霉素	2-氯苯基异噁唑—CH₃
羧苄青霉素	苯基—CH(COOH)—	双氯青霉素	二氯苯基异噁唑
磺苄青霉素	苯基—CH(SO₃H)—	氟氯青霉素	氟-环己基异噁唑（Cl）

表 11-6 通过青霉素酰化酶作用得到的一些半合成头孢菌素

半合成抗生素	R′	R″	半合成抗生素	R′	R″
头孢利定	噻吩—CH₂—	—N⁺（吡啶）	头孢拉定	苯基—CH(NH₂)—	—CH₃
头孢金素	噻吩—CH₂—	—O—COCH₃	头孢甘氨酸	苯基—CH(NH₂)—	—O—COCH₃
头孢力新	苯基—CH(NH₂)—	—H	头孢环己二烯	环己二烯基—CH(NH₂)—	—H

2. 酶法生产手性药物或中间体

分子结构具有手性特征的药物，被称为手性药物，目前世界上的合成药物中大约40％是手性药物。传统化学法合成的手性药物多数以消旋体形式上市，但其起药效的，通常只是其中一种对映体，另一对映体的化学组成相同，但无药效或药效很差，或其药理作用不同，甚至有副作用。1992 年，美国食品和药物管理局（FAD）开始要求手性药物以单一对映体形式上市。单一对映体药物可用手性拆分或手性合成（亦即不对称合成）的方法制备。酶的专一性等优点，在单一对映体手性药物的开发中，备受青睐，已成为研究热点和发展方向。

环氧丙醇是一种非常重要的手性药物合成的中间体，除了可以合成 β-受体阻断剂类药物外，还可以合成治疗艾滋病的 HIV 蛋白酶抑制剂、抗病毒药物等。其消旋体可用酶法进行拆分，获得单一对映体。例如，用猪胰脂肪酶等水解环氧丙醇丁酸酯并进行拆分，可得到单一的对映体环氧丙醇。

非甾体抗炎剂类手性药物是广泛地用于治疗关节炎、风湿病的消炎镇痛药物。其活性成分是 2-芳基丙酸($CH_3CHArCOOH$)的衍生物,如萘普生、布洛芬、酮基布洛芬等。用脂肪酶在有机介质中进行消旋体拆分,可得到 S-构型的活性成分。

3. 其他

多巴是治疗帕金森氏综合征的一种重要药物。已用固定化 β-酪氨酸酶生产。该酶可催化 L-Tyr 或邻苯二酚生成二羟苯丙氨酸(多巴),反应如下:

(1)

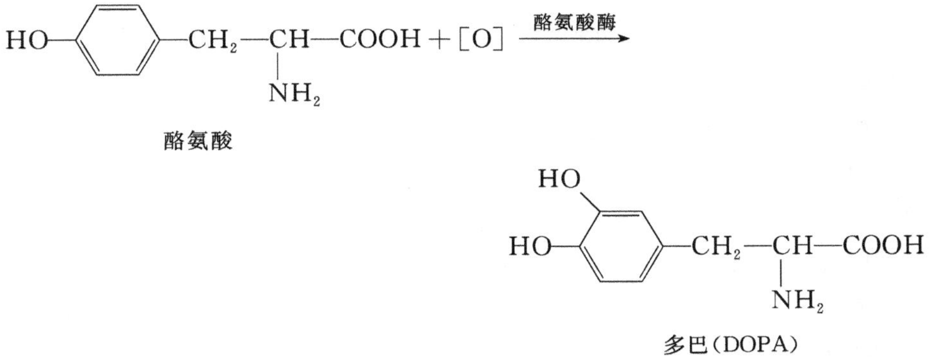

酪氨酸

多巴(DOPA)

(2)

邻苯二酚　　　　　　丙酮酸

多巴(DOPA)

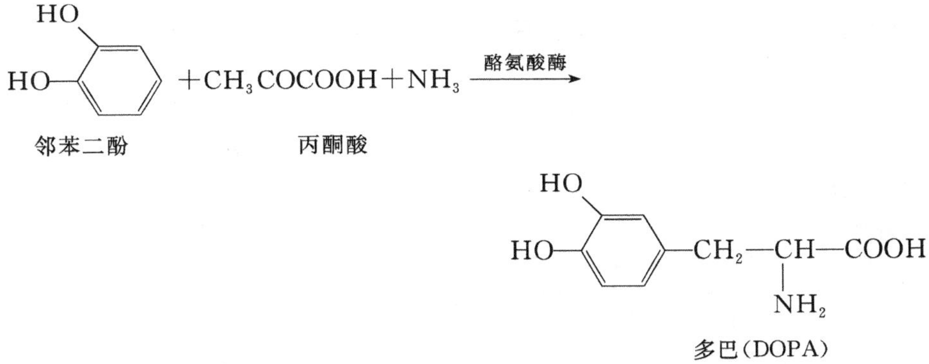

阿(拉伯)糖苷例如阿(拉伯)糖腺(嘌呤核)苷,具有抗癌和抗病毒的作用,引人注目,利用核苷磷酸化酶可以将阿糖苷的碱基置换,制备药理活性高的阿糖苷类药物。胰岛素是治疗糖尿病的重要药物,利用白色杆菌蛋白酶,可以将猪胰岛素 B-链羧基末端的 Ala-30 置换为人胰岛素的 Thr-30,从而增强药效。

第二节　酶在食品和轻化工方面的应用

一、酶在食品工业中的应用

目前国内外酶的应用领域主要是在食品工业部门。国内外大规模工业生产的 α-淀粉酶、β-淀粉酶、异淀粉酶、糖化酶、蛋白酶、果胶酶、脂肪酶、纤维素酶、氨基酰化酶、天冬氨酸酶、磷酸二酯酶、核苷酸磷酸化酶、葡萄糖异构酶、葡萄糖氧化酶等大部分在食品工业中应用(表 11-7)。

表 11-7　酶在食品工业中的应用

酶的名称	酶的来源	主要用途
α-淀粉酶	枯草杆菌、米曲霉、黑曲霉	淀粉液化,制造糊精、葡萄糖、饴糖、果葡糖浆
β-淀粉酶	麦芽、巨大芽孢杆菌、多黏芽孢杆菌	制造麦芽,啤酒酿造
糖化酶	根霉、黑曲霉、红曲霉、内孢霉	淀粉糖化,制造葡萄糖、果葡糖
异淀粉酶	气杆菌、假单胞杆菌	制造直链淀粉、麦芽糖
蛋白酶	胰脏、木瓜、枯草杆菌、霉菌	啤酒澄清,水解蛋白、多肽、氨基酸
右旋糖酐酶	霉菌	果糖生产
果胶酶	霉菌	果汁、果酒的澄清
葡萄糖异构酶	放线菌、细菌	制造果葡糖、果糖
葡萄糖氧化酶	黑曲霉、青霉	蛋白加工、食品保鲜
柚苷酶	黑曲霉	水果加工、去除橘汁苦味
橙皮苷酶	黑曲霉	防止柑橘罐头及橘汁出现混浊
氨基酰化酶	霉菌、细菌	由 DL-氨基酸生产 L-氨基酸
天冬氨酸酶	大肠杆菌、假单胞杆菌	由反丁烯酸制造天冬氨酸
磷酸二酯酶	橘青霉、米曲霉	降解 RNA,生产单核苷酸用作食品增味剂
色氨酸合成酶	细菌	生产色氨酸
核苷磷酸化酶	酵母	生产 ATP
纤维素酶	木霉、青霉	生产葡萄糖
溶菌酶	蛋清、微生物	食品杀菌保鲜

1. 酶法水解淀粉制糖

　　在食品、医药和发酵工业中,广泛应用酶法水解淀粉制糖的生产工艺。淀粉用双酶法可制得葡萄糖。工艺简介如下:30％～50％淀粉乳,调节 pH 至 6.0～6.5,加入一定量的 α-淀粉酶,在 80 ℃～90 ℃ 保温 45 min 左右,若用耐热性 α-淀粉酶,可用喷射式反应器在 120 ℃ 下经 20 s～30 s 内液化,得到葡萄糖当量(DE 值)为 12～18 的液化液,冷却至 60 ℃ 左右,调节 pH 至 4.5 左右,保温 48 h～72 h,得糖化液(DE 95～96)。用活性炭、离子交换剂脱色后,结晶或喷雾干燥为葡萄糖成品。发酵工业中,淀粉质原料由双酶法制得的淀粉糖液,就直接用于发酵。经 α-淀粉酶轻度液化的液化液,用 β-淀粉酶和脱枝酶进一步水解,可制成高或超高麦芽糖浆。

　　图 11-1 是由淀粉乳生产葡萄糖和果葡糖浆的工艺流程。

　　由于葡萄糖异构酶受 Ca^{2+},Cu^{2+},Ni^{2+} 抑制,故由葡萄糖转化为果葡糖浆时,葡萄糖必须精制,应使电阻率达 $2\times10^5\ \Omega\cdot cm$ 以上,10％糖液 $E_{10\ mm}^{275\ nm}=0.1$ 以下。目前工业上生产果葡糖浆一般都用固定化酶。2003 年全世界年产果葡糖浆超过 900 万吨。最大的生产厂,日处理葡萄糖 2 000 吨以上。将果葡糖浆用柱层析法分离出果糖后,将葡萄糖继续异构化,可制成果糖含量高达 90％以上的超高果糖浆。利用脉动燃烧干燥法将糖浆制

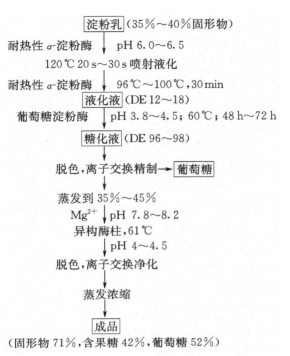

淀粉乳 (35%～40%固形物)

耐热性 α-淀粉酶 ↓ pH 6.0～6.5
120℃ 20 s～30 s 喷射液化

耐热性 α-淀粉酶 ↓ 96℃～100℃,30 min

液化液 (DE 12～18)

葡萄糖淀粉酶 ↓ pH 3.8～4.5;60℃;48 h～72 h

糖化液 (DE 96～98)

↓ 脱色,离子交换精制→ 葡萄糖

蒸发到 35%～45%
Mg^{2+} ↓ pH 7.8～8.2
异构酶柱,61℃
↓ pH 4～4.5

脱色,离子交换净化
↓
蒸发浓缩
↓
成品

(固形物 71%,含果糖 42%,葡萄糖 52%)

图 11-1 果葡糖浆生产工艺流程

成固体产品,使用更方便。

2. 酶法生产蛋白质类食品

蛋白质是食品中的主要营养成分之一。以蛋白质为主要成分或以蛋白质为主要原料加工而成的食品,称为蛋白质类食品,如乳制品、蛋制品、肉制品和鱼制品等。

蛋白酶可用于催化蛋白质完全水解生成 20 种氨基酸,可制成混合氨基酸药物或营养品。

明胶是一种可溶于热水的蛋白质凝胶,在食品工业和制药工业中有广泛的用途。以富含胶原蛋白质的动物的皮或骨等为原料,在蛋白酶作用下,不溶性的天然胶原蛋白质的三股螺旋结构解体为单链,生成可溶性的明胶。

干酪又称奶酪,是乳中的酪蛋白凝固而成的一种营养价值高、容易消化吸收的食品。牛乳的蛋白质中,含有三种酪蛋白,即 α-酪蛋白、β-酪蛋白和 κ-酪蛋白,三者的比例为 3∶2∶1。κ-酪蛋白可保护蛋白质胶体不凝固。干酪的生产,是将牛奶用乳酸菌发酵成酸奶,然后用凝乳蛋白酶将可溶性 κ-酪蛋白水解为不溶性的副 κ-酪蛋白,加入 Ca^{2+} 后,副 κ-酪蛋白可与之结合而凝固。α-酪蛋白和 β-酪蛋白本来对钙离子不稳定,加上失去了 κ-酪蛋白的保护作用,所以一起凝固。再经过切块、加热、压榨、熟化,即成干酪成品。

乳品加工中已广泛使用的酶,还有过氧化氢酶,用于牛奶消毒;半乳糖苷酶,分解乳糖;脂肪酶,使黄油生香;婴儿奶粉中可添加溶菌酶防腐等。

动物的某些组织,特别是老龄动物的肉类,由于胶原蛋白质的交联作用,形成粗糙、坚韧的结缔组织,影响肉的质量和食用。用木瓜蛋白酶或菠萝蛋白酶制剂(如商品嫩肉粉)涂抹肉,或用酶液浸泡肉,可使肉质变软嫩化。在动物屠宰前用蛋白酶液注射肌肉,肉类在贮存和加工过程中,就会嫩化,效果更好。

3. 食品的酶法保鲜

氧气是影响质量的主要因素之一。葡萄糖氧化酶是一种有效的除氧保鲜剂。该酶是催化葡萄糖与氧反应生成葡萄糖酸和双氧水的一种氧化还原酶。可将葡萄糖氧化酶和食品一起置于密闭容器中，葡萄糖与氧反应而除去密闭容器中的氧，防止氧化作用的发生，从而达到食品保鲜的目的。也可直接将葡萄糖氧化酶加到罐装果汁、水果罐头等含有葡萄糖的食品中，起到防止食品氧化变质的效果。

蛋类制品中含有少量葡萄糖，会与蛋白质反应生成小黑点，降低溶解性，从而影响产品质量。应用葡萄糖氧化酶于蛋品加工，可使葡萄糖完全氧化，以保持蛋品的色泽和溶解性。

微生物的污染会引起食品变质、腐败。采用溶菌酶进行食品保鲜，不但效果好，而且还可避免其他加工方法（如加热、添加防腐剂等）带来的不良影响，在干酪、水产品、啤酒、酒精、鲜奶、奶粉、奶油等的生产中得到广泛应用。

4. 酶在果蔬类食品生产中的应用

果蔬类食品是指以各种水果或蔬菜为主要原料加工而成的食品。在加工中如果应用适当的酶制剂，可以提高加工产品的产量和质量。

柑橘果实中含有苦味物质柚苷，应用柚苷酶处理，可以使柚苷水解为无苦味的柚配质-7-葡萄糖苷（普鲁宁）和鼠李糖。柑橘中含有橙皮苷，会使汁液出现白色浑浊，影响产品质量，应用橙皮苷酶，使橙皮苷水解为橙皮素-7-葡萄糖苷和鼠李糖，从而有效地防止柑橘类罐头制品出现白色浑浊。

许多蔬菜含有花青素，在不同的 pH 条件下呈现不同的颜色，在光照或高温下变为褐色，与金属离子反应则呈紫色，对果蔬产品的外观有一定的影响。如果采用一定浓度的花青素酶处理水果、蔬菜，可使花青素水解，以防变色，从而保证产品质量。

水果中含有大量果胶，在果汁和果酒生产过程中会造成压榨困难、出汁率低、果汁浑浊等不良影响。为了达到利于压榨，使果汁澄清的目的，在果汁的生产过程中广泛使用果胶酶，其已成为诸多国家果汁加工中最常用的酶之一。

果胶酶用于葡萄酒生产，除了上述在葡萄汁的压榨过程中应用，以利于压榨和澄清，提高葡萄汁和葡萄酒的产量以外，还可以提高产品质量。例如，使用果胶酶处理后，葡萄中单宁的抽出率降低，使酿制的白葡萄酒风味更佳；在红葡萄酒的酿制过程中，葡萄浆经过果胶酶处理后可以提高色素的抽出率，还有助于葡萄酒的老熟，增加酒香。

5. 酶法生产食品添加剂

食品添加剂是指在食品加工过程中，为改善食品品质和色、香、味，防腐，以及加工需要，而加入食品中的天然或化学合成物质，如酸味剂、甜味剂、增鲜剂、增稠剂、乳化剂、强化剂等。

采用酶法生产的酸味剂有乳酸、苹果酸。酶法生产的甜味剂除果葡糖浆等以外，阿斯巴甜（aspartame，L-天冬氨酰-L-苯丙氨酸甲酯）是现在使用很广的甜味剂。蛋白质的酶水解产物中的 L-谷氨酸一钠盐、L-天冬氨酸，都是鲜味剂；由核酸水解的核苷酸中的鸟苷酸和由腺苷酸脱氨酶作用于腺苷酸制得的肌苷酸，都是强力鲜味剂。L-赖氨酸、L-色氨酸、L-甲硫氨酸是食品营养强化剂。

二、酶在轻化工业中的应用

酶在轻工业和化学工业方面的应用很广,这里从三个方面进行概述:① 原料处理;② 酶法生产轻化工产品;③ 加酶增强轻化工产品的使用效果。

1. 原料处理

许多轻工业原料在生产加工之前都需要进行处理。用酶法处理相关的原料,可以缩短加工时间,提高生产效率和产品质量。

(1) 发酵原料处理

微生物发酵生产的产品很多,如酒精、酒类、抗生素、氨基酸,等等,大多数以淀粉质和饼粕等农副产品为主要原料。一些发酵生产菌不能直接利用这些原料,或需要较长的时间,才能用到原料中的营养成分。故必须对原料进行适当的处理,将原料中淀粉、纤维素等转化为易利用的小分子物质。

目前发酵工业中对淀粉质原料,已普遍采用双酶法进行水解制糖(参看图 11-1)。饼粕类原料含蛋白质丰富,但一般发酵微生物分解蛋白质的能力较强,不另外用蛋白酶处理。含纤维素多的原料,可用纤维素酶处理,使纤维素水解为可发酵的葡萄糖。纤维素酶的研究和应用受到国际上的普遍关注,已取得显著进展,但仍有许多问题有待解决。含戊糖的植物原料,可用各种戊聚糖酶处理,使其水解为各种戊糖后用于发酵。

(2) 纺织工业原料的处理

在棉纺工业中,为了增强纤维的强度和光滑性,便于纺织,需要先行上浆。淀粉是一种主要的上浆原料,采用 α-淀粉酶处理,经适当水解,淀粉黏度降低,就符合上浆的要求。纺织品在漂白、印染之前,还需将附着在其上的浆料除去,否则染色和印花就会不均匀,并且很易褪色。利用 α-淀粉酶使浆料水解,就可使浆料退尽,这称为退浆。有些纺织品上浆使用的是动物胶作胶浆,可用蛋白酶使之退浆。

丝织品原料天然蚕丝的主要成分,是不溶于水的有光泽的丝蛋白,丝蛋白的表面有一层丝胶包裹着,在高级丝绸的制作过程中,必须进行脱胶处理,即将表面上的丝胶除去,以提高丝的质量。采用胰蛋白酶、木瓜蛋白酶或微生物蛋白酶处理,可在比较温和的条件下催化丝胶蛋白水解,进行生丝脱胶。

毛纺原料羊毛表面有鳞状物质,即一些蛋白质聚合体。目前应用枯草杆菌蛋白酶处理后,可以消除鳞状物质,而且还使毛料具有防缩水性,防止羊毛起球,形成毛毡。处理后的毛料很柔软,易于染色。

(3) 皮革的脱毛和软化

脱毛和毛皮软化是制作皮革的重要工序。现在普遍采用酶法脱毛处理,即采用细菌、霉菌、放线菌等微生物产生的碱性或中性蛋白酶,将毛与真皮连接的毛囊中的蛋白质水解除去,从而使毛脱落。此外,脱毛处理后得到的原料皮,还要采用酸性蛋白酶和少量脂肪酶进行皮革软化,以除去原料皮上黏附的油脂和污垢,使皮革松软、光滑,从而提高皮革制品的质量。

(4) 烟草原料的处理

烟草原料处理是烟草加工的一个重要环节,处理效果的好坏直接影响烟草制品的质量。烟草原料的处理主要有:用纤维素酶、半纤维素酶和果胶酶进行烟梗和烟末的处理,可以提高烟草质量,降低生产成本;用一定量的硝酸还原酶和蔗糖转化酶处理烟草,可以增加香气;用一定量的 α-淀粉酶、蛋白酶等进行处理,可以促进烟叶内部有机物的分解与转化,使各组分的比例趋向协调和平衡,具有缩短发酵周期,协调烟草香气,减轻刺激气味,提高香气质量的作用。

(5)造纸原料和纸浆的处理

造纸原料的纤维中含有大量木质素,若不除去则会引起纸变成黄褐色,降低强度,严重影响纸的质量。通常采用碱法制浆除去木质素,因而造成严重的环境污染。用木质素酶(ligninase)处理,可以使木质素水解而除去,不但可提高纸的质量,而且使环境污染程度大为减轻。用脂肪酶处理木屑或纸浆,除去其中的甘油三磷酸酯(沥青),比化学法成本低,还可得到副产品甘油。

纸浆漂白是造纸过程中的重要环节。通常采用二氯化盐进行漂白,一则污染环境,二则影响纸的光泽和强度。采用木聚糖酶(xylanase)、半纤维素酶、木质素过氧化物酶(lignin peroxidase)等进行漂白,不仅减轻了环境污染程度,而且使纸的强度和光泽得以改善。

回收利用的纸张上,油墨等污迹难以完全除去,影响纸的光洁度,通常用化学药剂处理,费用较高,应用纤维素酶对再生纸进行处理,则可显著降低成本。

2.酶法生产轻化工产品

(1)酶法生产 L-氨基酸

L-氨基酸是人体内蛋白质合成的原料,因而 L-氨基酸在医学和食品工业上有很重要的意义。酶在氨基酸工业生产中的应用有两个方面:一是用于酰化-DL-氨基酸的光学拆分;二是用于合成氨基酸。

用化学法合成氨基酸时,常常生成 DL 混合型氨基酸。利用氨基酰化酶只水解酰化-L-氨基酸,不水解酰化-D-氨基酸的立体专一性,用氨基酰化酶不对称地水解酰化-DL-氨基酸,则产生 L-氨基酸和酰化-D-氨基酸。这两种产物的溶解度有很大的差异,因此,很容易用结晶法从混合物中分离得到 L-氨基酸。余下的酰化-D-氨基酸可以用消旋酶消旋(即转化成酰化-DL-氨基酸),然后,继续光学拆分,直到几乎全部的酰化-DL-氨基酸变成 L-氨基酸为止。反应如下:

$$DL\text{-}R\!-\!CHCOOH + H_2O \xrightarrow{\text{氨基酰化酶}} L\text{-}R\!-\!CHCOOH + D\text{-}R\!-\!CHCOOH$$

$$\underset{\text{酰化-}DL\text{-氨基酸}}{\overset{|}{NHCOR'}} \qquad\qquad \underset{L\text{-氨基酸}}{\overset{|}{NH_2}} \qquad \underset{\text{酰化-}D\text{-氨基酸}}{\overset{|}{NHCOR'}}$$

消旋酶 ← 消旋

利用化学法合成结构简单的化合物为氨基酸的前体,采用酶法合成一些发酵法和化学合成法尚难解决的氨基酸,如 L-赖氨酸、L-色氨酸、L-苯丙氨酸、L-丙氨酸、L-天冬氨酸、L-半胱氨酸等。

(2)酶法生产有机酸

酶法与化学法相结合的生产工艺,已经用于苹果酸、酒石酸、长链脂肪酸等有机酸的工业生产。

L-苹果酸在食品工业中为一种优良的酸味剂,在化工、印染、医药生产上也有不少用途。它可以用酶法或发酵法来生产。以延胡索酸为原料,用固定化细胞的延胡索酸酶催化,可以生产 L-苹果酸。

$L(+)$-酒石酸是一种食用酸,在医药化工等方面用途也很广,可从葡萄酒副产物酒石中提取,但产量有限,用化学合成法也可以制造酒石酸,但产物是 DL-型体,水溶性较天然 $L(+)$ 型差,不利于应用。用酶法可以制造光学活性的酒石酸。酶法合成酒石酸首先以顺丁烯二酸在钨酸钠为催化剂下用过氧化氢反应生成环氧琥珀酸,再用微生物环氧琥珀酸水解酶开环而成为 $L(+)$-酒石酸。

长链二羧酸是香料、树脂、合成纤维的原料,可利用微生物加氧酶与脱氢酶氧化 $C_9 \sim C_{18}$ 正烷烃来制造,二羧酸是正烷烃氧化分解(末端氧化与 ω-氧化之后)的中间产物。

(3) 酶法生产核苷酸

核苷酸在食品和医药等方面有重要用途,可利用多种酶进行生产。例如:用橘青霉或产黄青霉生产的 $5'$-磷酸二酯酶水解核糖核酸(RNA),生产各种 $5'$-核苷酸。用腺苷酸脱氨酶水解 AMP 生成 $5'$-鸟苷酸等。用核苷酸磷酸化酶,催化 AMP 生成 ADP 和 ATP 等。

除上述几方面之外,目前已出现酶法生产大宗化学产品的趋势。像杜邦公司等一些国际知名大公司,已斥巨资开发生物催化剂,来生产诸如 1,3-丙二醇、1,4-丁二醇、四氢呋喃等。近年来,有机溶剂中的酶催化反应,已迅速用于有机合成,例如,用过氧化物酶催化酚醛树脂的合成,可以控制相对分子质量分布在较窄的范围,这是酸催化法难以达到的;酶法合成聚酚、聚芳胺类,可控制相对分子质量,得到纳米级产物等。

3. 加酶增强轻化工产品的使用效果

在某些轻化工产品中添加一定量的酶,可以显著地增加产品的使用效果。

衣物的污垢含有蛋白质、油脂及淀粉类物质,在洗涤剂中添加碱性蛋白酶、脂肪酶、淀粉酶,能有效地除去污垢,大大缩短洗涤时间,防止衣物发黄变色,提高洗涤效果。

将适当的酶添加到牙膏、牙粉或漱口水中,可以利用酶的催化作用,增加洁齿效果,减少牙垢并防止龋齿的发生。可添加到洁齿用品中的酶有蛋白酶、淀粉酶、脂肪酶和右旋糖酐酶等。其中右旋糖酐酶对预防龋齿有显著功效。

在家禽、家畜的饲料中添加淀粉酶、蛋白酶、植酸酶、纤维素酶和半纤维素酶等,可以提高动物的消化能力,改善饲料利用率等。幼龄或体弱的家禽、家畜体内蛋白酶、淀粉酶、脂肪酶等活性较弱,必须在饲料中给予适当补充,以提高禽、畜的健康水平。

在各种护肤品及化妆品中添加超氧化物歧化酶(SOD)、溶菌酶、弹性蛋白酶等,可有效地提高护肤效果。

第三节 酶法分析

利用酶催化作用的高度专一性对物质进行检测,是分析化学的一个重要分支,称为酶法分析。所检测的物质,包括酶作用的底物、抑制剂、激活剂等,是以酶的专一性为基础,以酶作用后物质的变化为依据来进行的,一般包括两个步骤:第一步是酶反应,即将酶与样品接触,在适宜的条件下(包括温度、pH、抑制剂和激活剂浓度等)进行催化反应;第二步是检测,即测定反应前后物质的变化情况,可以测定底物的减少、产物的增加或辅酶的变化等。

一、单酶反应定量

利用单一酶与底物反应，然后用各种方法测出反应前后物质的变化情况，从而确定底物的量。这是最简单的酶法检测技术。使用的酶可以是游离酶，也可以是固定化酶或单酶电极等。现举例说明如下：

L-谷氨酸脱羧酶专一地催化 L-谷氨酸脱羧生成 γ-氨基丁酸和二氧化碳，生成的二氧化碳可以用华勃呼吸仪或二氧化碳电极等测定。该酶已经广泛地用于 L-谷氨酸的定量分析。可使用的酶形式有游离酶和酶电极。

脲酶能专一地催化尿素水解生成氨和二氧化碳。通过气体检测或者使用氨电极、二氧化碳电极等，测出氨或二氧化碳的量，从而确定尿素的含量。

利用葡萄糖氧化酶来定量测定葡萄糖的量，用胆固醇氧化酶确定胆固醇的含量，用昆虫荧光素酶结合光量计可快速、简便灵敏地检测 ATP 等。

以上单酶反应定量广泛地用于食品、发酵工业和临床诊断等方面。

二、偶联酶反应定量

当单酶反应的底物和产物都不便于用常规物理化学方法检测时，可以采用偶联酶反应定量。即是利用两种或两种以上酶的联合作用，使底物通过两步或多步反应，转化为易于检测的产物，从而测定被测物质的量。

例如，葡萄糖氧化酶与过氧化物酶偶联，用以检测葡萄糖的含量。使用时先将葡萄糖氧化酶、过氧化物酶与还原型邻联甲苯胺一起用明胶固定在滤纸条上制成酶试纸。测试时将酶试纸与样品溶液接触，在 10 s～60 s 的时间内试纸即显色。从颜色的深浅判定样品液中葡萄糖的含量，其原理是葡萄糖氧化酶催化糖与氧反应生成葡萄糖酸和 H_2O_2，生成的 H_2O_2 在过氧化物酶的作用下，分解为水和氧原子，新生态的氧原子将无色的还原型邻联甲苯胺氧化成甲苯胺蓝色物质。颜色的深浅与样品中葡萄糖浓度成正比。随着样品中葡萄糖浓度的增加，酶试纸的颜色由粉红→紫红→紫色→蓝色，不断加深。其反应过程如下：

$$\text{葡萄糖} + O_2 \xrightarrow{\text{葡萄糖氧化酶}} \text{葡萄糖酸} + H_2O_2$$

$$H_2O_2 \xrightarrow{\text{过氧化物酶}} H_2O + [O]$$

$$[O] + \underset{\text{（无色）}}{\text{还原型邻联甲苯胺}} \longrightarrow \underset{\text{（蓝色）}}{\text{氧化型邻联甲苯胺}}$$

此酶试纸已在临床中用以测定血液或尿液中葡萄糖的含量，从而诊断疾病。

酶偶联定量分析，可以用 β-半乳糖苷酶与葡萄糖氧化酶偶联检测乳糖含量；用蔗糖酶与葡萄糖氧化酶偶联测定麦芽糖含量；用糖化酶与葡萄糖氧化酶偶联测定淀粉含量；用己糖激酶与葡萄糖氧化酶偶联测定 ATP 的含量等。这些方法都是以葡萄糖氧化酶为指示酶的例子。以脱氢酶为指示酶的偶联酶反应，应用更为普遍，例如，β-半乳糖苷酶与 β-半乳糖脱氢酶偶联可以测定乳糖含量；蔗糖酶与葡萄糖-6-磷酸脱氢酶偶联，可以测定蔗糖含量；脲酶与谷氨酸脱氢酶偶联可以测定尿素含量等。

三、酶标免疫法

酶标免疫法首先是将适宜的酶与抗原或抗体结合在一起。若要测定样品中的抗原含量，就将酶与欲测定抗原的对应抗体结合，制成酶标抗体，反之若要测定抗体，则需先制成酶标抗原。然后将酶标抗体（或酶标抗原）与样品液中待测抗原（或抗体）通过抗原与抗体专一结合的免疫反应结合在一起，形成酶—抗体—抗原复合物。通过测定复合物中酶的含量就可以得出被测定的抗原或抗体的量。

常用于酶标免疫测定的酶有碱性磷酸酶和过氧化物酶等。例如，首先制成碱性磷酸酶标记抗体（或碱性磷酸酶标抗原），然后通过免疫反应生成碱性磷酸酶—抗体—抗原复合物。复合物中的碱性磷酸酶能催化硝基酚磷酸（NPP）水解成黄色的硝基酚，黄色的深浅与碱性磷酸酶的含量成正比。可通过分光光度计测定 420 nm 波长下的光吸收（A），就可以测出复合物中磷酸酶的量，从而计算出被测抗原（或抗体）的含量。过氧化氢酶—抗体—抗原复合物的过氧化氢酶，催化过氧化氢生成氧和水，可用氧电极测定生成的氧的量，从而测定过氧化氢酶的量，再计算出被测抗原（或抗体）的含量。

酶联免疫吸附测定（简称 ELISA），已有各种试剂设计的专用分析仪，供临床和各种生化分析应用。

四、酶电极及其应用

酶电极是以固定化酶作为感应器，以基础电极作为换能器的生物传感器。由两部分组成：第一部分是一层具有专一性的固定化酶膜，相当于感应器的受体，有识别底物（即待测物质）的能力，第二部分是一个金属电极，能把酶反应的产物或反应物的变化转换成电信号，相当于一个信号变换器。

酶电极具有酶分子识别和选择催化功能，又有电化学电极响应快、操作简便的特点，能快速测定试液中某一给定化合物的浓度，且需很少量的样品。因此，它已广泛地应用于发酵过程、临床诊断、化学分析以及环境检测等各个方面。不少酶电极已经商品化了，用于测定下列许多物质的含量：葡萄糖、尿素、尿酸、乳酸、己酸、赖氨酸、乙醇、胆碱、乳糖、果糖、蔗糖、过氧化氢等物质。

在发酵过程中，已正式用酶电极检测发酵液中各种物质浓度的变化，用以指导发酵生产，以便对发酵生产过程做出更精确的调控。

在临床诊断中，把固定化诊断用酶制成酶电极，更加体现酶法诊断的精确性，易于进行数据处理和确定病因。

在环境监测中酶电极用于野外检测，具有简便、快速、准确的优越性。

葡萄糖氧化酶电极是研究最早、最成熟的酶电极。它是由葡萄糖氧化酶膜和电化学电极组成的。当葡萄糖溶液与酶膜接触时，葡萄糖与氧反应，生成葡萄糖酸和 H_2O_2。依据反应中消耗的氧、生成的葡萄糖酸及 H_2O_2 的量，可用氧电极或 pH 电极或 H_2O_2 电极来测定葡萄糖的含量。

胆固醇电极是一种能够应用于临床测定血清胆固醇含量的酶电极。血液中胆固醇约有 2/3 以酯型存在，1/3 以游离型存在。在胆固醇酯酶和胆固醇氧化酶作用下产生下列酶促反应：

$$胆固醇酯 + H_2O \xrightarrow{\text{胆固醇酯酶}} 游离胆固醇 + RCOOH$$

$$游离胆固醇 + O_2 \xrightarrow{\text{胆固醇氧化酶}} 胆甾烯酮 + H_2O_2$$

根据反应过程中氧的消耗，将胆固醇氧化酶膜和胆固醇酯酶/胆固醇氧化酶复合酶酶膜的氧电极分别置于反应池中，测定氧电流的下降值，在一定条件下，电流变化量与胆固醇浓度呈线性相关。

尿酶电极可用于尿素的定量分析。临床检查上，定量分析患者的血清和尿液中的尿素，对肾功能诊断是很重要的。另外，对慢性肾功能衰竭的患者进行人工透析时，在确定人工透析次数和透析时间施行有计划的人工透析上，尿素的定量分析也是必不可少的。也可用氨气电极、二氧化碳电极等作为基础电极测定尿素的含量。尿素测定的电极已仪器化和商品化，用于临床全血、血清、尿液等样品中尿素含量的测定及尿素生产线监测分析。

第四节　酶在生物工程方面的应用

一、酶法破除细胞壁

微生物细胞和植物细胞的表层都有细胞壁。细胞壁对微生物和植物维持其细胞的形状和结构起着重要作用，可保护细胞免遭外界因素的破坏。但在生物工程操作中，常常都需要除去细胞壁。

1. 破壁酶

根据不同细胞的结构和细胞壁组分的不同，除去细胞壁时所采用的酶也有所区别。

细菌的细胞壁主要成分是肽多糖。革兰氏阴性菌的细胞壁除了肽多糖以外，还有一层脂多糖。除去革兰氏阳性菌的细胞壁是采用从蛋清中分离得到的溶菌酶。而对于革兰氏阴性菌需由溶菌酶和 EDTA 共同作用才能达到较好地除去细胞壁的效果。

酵母的细胞壁分为两层，外层由磷酸甘露糖和蛋白质组成，内层由 β-葡聚糖构成细胞壁的骨架。β-1,3-葡聚糖酶可使作为细胞壁骨架的 β-葡聚糖水解，而使细胞壁被破坏。由于蜗牛的消化液中含有较多的 β-1,3-葡聚糖酶，故常用于酵母的破壁。此外，若 β-葡聚糖酶与磷酸甘露糖酶及蛋白酶联合作用，则可使细胞壁的内外两层同时破坏，而显著提高破壁效果。

霉菌的细胞壁结构比较复杂，不同种属的霉菌，因其细胞壁结构和组分有较大差别，所选用的酶亦有所不同。毛霉、根霉等藻菌纲霉菌破壁时主要采用放线菌或细菌产生的壳多糖酶、几丁质酶及蛋白酶等多种酶的混合物。米曲霉、黑曲霉和青霉等半知菌纲霉菌破壁时主要使用 β-1,3-葡聚糖酶和几丁质酶的混合物。

植物细胞壁主要由纤维素、半纤维素、木质素和果胶等组成。破除植物细胞壁主要采用纤维素酶、半纤维素酶和果胶酶组成的混合酶。这几种酶大多数是由霉菌发酵生产。

2. 胞内物质的提取

微生物和植物细胞的许多物质，如胞内酶、胰岛素及干扰素等基因工程菌的产物，天然抗氧化剂等植物细胞次级代谢物等都存在于细胞内。为了将这些胞内物质提取出来，都需要将细胞壁破坏或除去。

3. 原生质体制备

除去细胞壁后由细胞膜及胞内物质组成的微球体称为原生质体。原生质体由于解除了细胞壁这一扩散障碍，有利于物质透过细胞膜而进出细胞内外，在生物工程中有重要的应用价值。如原生质体融合技术可使两种不同特性的细胞原生质体交融结合，而获得具有新的遗传特性的细胞；固定化原生质体发酵，可使细胞内产物不断分泌到胞外发酵液中，而且有利于氧气和营养物质的传递吸收，既可提高产率又可连续发酵生产；在基因工程以及植物细胞工程中，将受体细胞制成原生质体，就可提高体外重组 DNA 进入细胞的效率等。

二、基因工程离不开工具酶

1. DNA 的限制性内切

在重组 DNA 技术中，常需要一些基本工具酶进行基因操作，限制性核酸内切酶具有特别的重要意义。限制性核酸内切酶是一类在特定的位点上，催化双链 DNA 水解的磷酸二酯酶。1968 年，由 Meselson 和 Yuan 在大肠杆菌细胞中首次发现。至今为止已发现的限制性核酸内切酶有 3 000 多种，已成为基因工程中必不可缺的常用工具酶。用以从双链 DNA 分子中切取所需的基因，并用同一种酶将待重组的 DNA 切开，以便进行 DNA 的体外重组。在应用时可根据需要选用适宜的限制性核酸内切酶。

2. DNA 的连接

DNA 连接酶是 1967 年发现的能使双链 DNA 的缺口封闭的酶。它催化 DNA 片段的 $5'$-磷酸基与另一 DNA 片段的 $3'$-OH 生成磷酸二酯键。在基因工程中，主要采用的是 T4 DNA 连接酶，该酶是由 T4 噬菌体感染大肠杆菌细胞后产生的，可用于具黏性末端的两个 DNA 片段的连接，也可用于有平整末端的两个 DNA 片段的连接。故此可将由同一种限制性核酸内切酶切出的载体 DNA 和目的基因连接起来，成为重组 DNA。该酶是基因工程中常用的工具酶。

3. DNA 聚合酶

DNA 聚合酶是催化 DNA 合成或修复的酶类，常见的 DNA 聚合酶有大肠杆菌 DNA 聚合酶 I、大肠杆菌 DNA 聚合酶 I 的 Klenow 大片段（Klenow 酶）和 T₄ DNA 聚合酶。DNA 聚合酶 I 具有三种酶活性：$5' \rightarrow 3'$ 聚合反应、$5' \rightarrow 3'$ 外切和 $3' \rightarrow 5'$ 外切酶活性。后两者都无 $5' \rightarrow 3'$ 外切酶活性。近年来在 PCR 技术的发展中，又发现了一些新酶。

PCR(polymerase chain reaction，聚合酶链式反应)是体外酶促合成、扩增特定 DNA 片段的一种方法。PCR 原理在 1985 年就已提出，但直至耐热性 *Taq* DNA 聚合酶发现以后，才使 PCR 扩增特定 DNA 片段的技术迅速发展起来。由于这种酶在特定 DNA 变性的高温下仍保持活性，所以在 PCR 扩增特定 DNA 片段的全过程中，只需一次性加入反应系统中，不必在每次高温变性处理后再添加酶。现已发现几种用于 PCR 技术的 DNA 聚合酶，如 *Taq* DNA 聚合酶、*Pwo* DNA 聚合酶、*Tth* DNA 聚合酶、*C. therm.* DNA 聚合酶。

4. 其他工具酶

DNA 外切酶，是从 DNA 分子末端开始逐个除去末端核苷酸的酶。在基因工程中用于载体或基因片段的切割加工。常用的核酸外切酶有核酸外切酶Ⅲ和核酸外切酶Ⅶ。

碱性磷酸酶，可以除去 DNA 或 RNA 链中的 $5'$-磷酸。在基因工程中主要用于为防止质粒 DNA 的自我环化而除去 $5'$-磷酸，或在用 ^{32}P 对 DNA 或 RNA 进行 $5'$-末端标记之前除去 $5'$-磷酸。

核酸酶 S_1，作用于单链 DNA 或 RNA。在基因工程中，用于从具有单链末端的 DNA 分子中除去单链部分的核苷酸，而变成平整末端的双链 DNA。在以 mRNA 为模板，合成互补 DNA（cDNA）时，往往会发生"发夹环状"，用核酸酶 S_1 就可使这些"发夹环状"除去。

末端脱氧核苷酸转移酶，作用是向 DNA 的 $3'$-OH 末端转移脱氧核苷酸。在基因工程中利用该酶给 DNA 片段加上一段同聚体，形成附加末端。采用 ^{32}P 或者荧光标记的脱氧核苷酸进行 $3'$-末端标记，以便于 DNA 的分离检测。

反转录酶，又称依赖于 RNA 的 DNA 聚合酶，它以 RNA 为模板，以脱氧核苷三磷酸为底物，合成 DNA。该酶在基因工程中广泛应用于从 mRNA 反转录生成互补的 DNA（cDNA），以获得所需的基因。现在利用各种反转录酶进行反转录 PCR，可以简便、快速地获得所需的基因。

自我剪切酶是一类催化本身 RNA 分子进行剪切反应的核酸类酶。RNA 剪切酶是催化其他 RNA 分子进行剪切反应的核酸类酶。

第五节　酶在环境保护及新能源开发方面的应用

一、酶在环境保护方面的应用

人类的生产和生活与自然环境密切相关，地球环境受到各方面因素的影响，正在不断恶化，已经成为举世瞩目的重大问题。如何保护和改善环境是人类面临的重要课题。

随着生物科学和生物工程的迅速发展，生物技术在环境保护领域的研究、开发方面已经显示了巨大的威力。酶在环保方面的应用日益受到关注，呈现出良好的发展前景。

1. 酶在治理污染方面的应用

（1）水净化

酶在水处理中的作用日益被人们所重视，用酶制剂净化工业废水的工作进展很快。人们正在积极研究把固定化酶制成酶布、酶片、酶粒、酶粉和酶柱处理工业废水。

不同的废水，含有各种不同的物质，要根据所含物质的不同，采用不同的酶进行处理。

有的废水中含有淀粉、蛋白质、脂肪等各种有机物质，可以在有氧和无氧的条件下用微生物处理，也可以通过固定化淀粉酶、蛋白酶、脂肪酶等进行处理。如造纸厂废水中含有大量的淀粉和白土混合的胶状物，用固定化 α-淀粉酶可以连续水解这种废水中的胶态悬浮淀粉，使原先悬浮着的纤维很容易沉淀下来，分离除去。制得的固定化 α-淀粉酶，可以用分批法或装柱法连续处理纸厂废水。在纸张漂白过程中加入氯和氯化物，导致环境污染。芬兰技术研究中心及芬兰木浆和纸研究中心共同研究用酶法处理纸浆，使排水管道中含氯的有机化合物数量减少。加拿大应用 *Trichoderma longibranchiatum*

中的木聚糖酶对纸张进行漂白,对芬兰造纸厂每天排放的 1 000 吨废水进行检验,结果表明纸浆用酶处理后,氯的用量减少 25%,废水中含氯有机化合物的含量减少 40%。

冶金工业产生的含酚废水,可以采用固定化酚氧化酶进行处理。如美国采用化学方法将高活性的酚氧化酶结合到玻璃柱上,用于处理冶金工业的含酚废水。

含有硝酸盐、亚硝酸盐的地下水或废水,可以采用固定化硝酸还原酶(nitrase,EC 1.7.99.4)、亚硝酸还原酶(nitrite reductase,EC 1.7.99.3)和一氧化氮还原酶(nitric oxide reductase,EC 1.7.99.2)进行处理,使硝酸根、亚硝酸根逐步还原,最终成为氮气。德国 MoBiTe GmbH 公司和美国 Agrecol 公司利用固定化酶可以除去地下水中的硝酸盐。将酶固定在多聚物基质上,催化硝酸盐还原为亚硝酸盐,在生物反应器中亚硝酸盐可变为无害的氮气。欧美国家对硝酸盐产生的污染问题很重视,饮料中的硝酸盐的浓度每升不超过 40 mg。因而酶法处理地下水是非常有意义的。

溶菌酶是一种能够催化裂解某些细菌细胞壁的酶,这一特性也可被应用于污水处理,日本学者采用固定化溶菌酶技术,成功地处理了废水中生物难降解的黑腐酸以及与黑腐酸结构类似的有机物。

日本国家资源和环境学院已成功应用酪氨酸酶、过氧化物酶和漆酶对废水中的有毒化合物进行了处理。具有潜在危险的化学品经酶氧化后,转化成易与凝结剂形成共沉淀的物质,然后这些沉淀可被厌氧菌降解,从而达到解毒的目的。

(2) 石油和工业废油的处理

每年排入海洋中的 200 万吨石油也是不容忽视的环境问题,如不及时处理不仅会造成鱼类的大量死亡,而且石油中的有害物质也会通过食物链进入人体。人们用含有酶及其他成分的复合制剂处理海中的石油,可以将石油降解成微生物能够利用的营养成分,为浮在石油表面的细菌提供优良的养料,使得这些分解石油的细菌迅速繁殖,以达到快速降解石油的目的。

同样对工业废油的处理也需要酶的参与。如果存在氮化合物,微生物对废油的降解是非常迅速的,加入粗蛋白及蛋白水解酶会加速微生物对废油的生物降解。这是因为此系统会为微生物提供氮源和浓培养液,有利于微生物的生长繁殖。

脂酶生物技术应用于被污染环境的生物修复以及废物处理是一个新的领域。石油开采和炼制过程中产生的油泄漏,脂加工过程中产生的含脂废物以及饮食业产生的废物,都可以用不同来源的脂酶进行有效的处理。例如,脂酶被广泛应用于废水处理。Dauber 和 Boehnke 研究出一种技术,利用酶的混合物(包括脂酶)将脱水污泥转化为沼气。脂酶的另一重要应用是降解聚酯以产生有用物质,特别是用于生产非酯化的脂肪酸和内酯。脂酶在生物修复受污染环境中获得广泛应用。脂酶还用于制造液体肥皂,提高废脂肪的应用价值,净化工厂排放的废气,降解棕榈油生产废水中的污染物等。利用米曲霉产生的脂酶从废毛发生产胱氨酸,更加显示出了脂酶应用的诱人前景。利用亲脂微生物,特别是酵母菌,从工业废水产生单细胞蛋白,显示了脂酶在废物治理应用中的另一诱人前景。

(3) 开发可生物降解材料

目前应用于各个领域的高分子材料,大多数是生物不可降解或不可完全降解的材料。这些高分子材料在使用后,成为固体废弃物,全世界每年大约产生 2 500 万吨这类废弃物,对环境造成严重的污染。研究和开发可生物降解材料,已经成为当今国内外研究的重要课题。其中,利用酶在有机溶剂中的催化作用,合成可生物降解材料,已经成为可生物降解的高分子材料开发的重要途径。

2. 酶在环境监测中的应用

环境监测是了解环境情况,掌握环境质量变化,进行环境保护的一个重要环节。酶在环境监测方面的应用越来越广泛,已经在农药污染的监测、重金属污染的监测、微生物污染的监测等方面取得重要成果。现举例介绍如下。

（1）利用胆碱酯酶监测有机磷农药污染

胆碱酯酶和乙酰胆碱酯酶是催化胆碱酯或乙酰胆碱酯水解生成胆碱或乙酰胆碱和有机酸的水解酶。

有机磷农药是胆碱酯酶和乙酰胆碱酯酶的一种抑制剂,所以可以用胆碱酯酶的活性变化来判定受检对象是否受到有机磷农药的污染。现在用固定化胆碱酯酶的受抑制程度,检测空气、水和食品中微量的有机磷,灵敏度可达 $0.1\ mg\cdot L^{-1}$。乙酰胆碱酯酶电极检测有机磷的灵敏度可达 $0.1\ \mu g\cdot L^{-1}$。

（2）利用乳酸脱氢酶的同工酶监测重金属

乳酸脱氢酶有五种同工酶。它们具有不同的结构和特性。通过检测家鱼血清乳酸同工酶(SLDH)的活性变化,可以检测水中重金属污染的情况及其危害程度。镉和铅的存在可以使 $SLDH_5$ 活性升高;汞污染使 $SLDH_1$ 活性升高;铜的存在则引起 $SLDH_4$ 的活性降低。

（3）通过 β-葡聚糖苷酸酶监测大肠杆菌污染

将 4-甲基香豆素基-β-葡聚糖苷酸掺入选择性培养基中,培养受检样品,如果样品中有大肠杆菌存在,大肠杆菌中的 β-葡聚糖苷酸酶就会将其水解,生成甲基香豆素。甲基香豆素在紫外光的照射下发出荧光,由此可以监测水或者食品中是否有大肠杆菌污染。

（4）利用亚硝酸还原酶监测水中亚硝酸盐浓度

亚硝酸还原酶是催化亚硝酸还原生成 NO 和水的氧化还原酶。利用固定化亚硝酸还原酶制成的酶电极,可以检测水中亚硝酸盐的浓度。

还可以利用固定化多酚氧化酶电极检测环境中酚的含量;利用脱氢酶或硫氰酸酶测定水中氰化物的浓度等。

二、酶在新能源开发中的应用

日常生活中的每一个方面,包括衣、食、住、行都离不开能源。随着生产的发展和人口的增加,人们对能源的需要量越来越多,然而,作为我们生活中主要能源的石油和煤炭是不可再生的,也终将枯竭,因此,寻找新的替代能源将是人类面临的一个重大课题。今天生物技术突飞猛进的发展,可再生生物资源替代石油等矿物资源将成为不可阻挡的历史潮流。

1. 酶在乙醇生产方面的应用

乙醇广泛应用于化学工业、食品工业、日用化工、医药卫生等领域。从目前人类正在探索的能源开发技术和效益来看,乙醇很可能是未来的石油替代物。乙醇汽油(在汽油中添加 10% 燃料乙醇)得到了越来越多的关注。

乙醇一般是通过酵母发酵生产,而酵母菌不能直接利用淀粉和纤维素。淀粉可通过各种淀粉酶(包括 α-淀粉酶、β-淀粉酶、异淀粉酶、糖化酶等)的催化生成酵母可利用的葡萄糖(图 11-2)。

在相当长的一段时间里,用来生产乙醇的原料主要是甘蔗、甜菜、甜高粱等糖料作物和木薯、马铃薯、玉米等淀粉作物。因为这些糖和淀粉也是我们生活所必需的物质,用它们来大量生产乙醇作燃料,显然会影响到人类的食物来源。所以现在人们

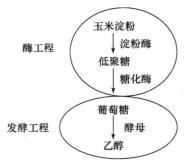

图 11-2　淀粉转化为乙醇的流程

又找到了一种新的原料,这就是纤维素。纤维素是碳水化合物,而且在大自然中大量存在。采用更为廉价的纤维素作为生产乙醇的原材料,可以有效降低乙醇的生产成本。目前,国内外许多生产乙醇的高活性菌株均不能直接利用纤维素作为发酵过程中所需的糖类物质。降解纤维素成为低聚糖和单糖的有效方法是酶水解法。应用纤维素酶可以将一些纤维废弃物如稻草、麦秸、锯木屑等转化为葡萄糖。纤维素酶是几种具有不同酶活性的酶复合物,主要分为外切纤维素酶、内切纤维素酶、β-葡萄糖苷酶等。通过该酶系的协同作用,纤维素被水解为葡萄糖。

2. 酶在氢气生产方面的应用

氢可以与氧反应生成水,同时放出大量热能。故此,氢作为一种无任何污染的能源,引起人们的极大关注。

通过厌氧菌在无氧条件下的生命活动,可以将葡萄糖、糖蜜等原料发酵,转化为氢气。Karube 等人利用聚丙烯酰胺凝胶包埋丁酸梭状芽孢杆菌(*Clostridium butyricum*) IFO$_{3847}$ 菌株,能够连续生产氢。这种固定化细胞通过多酶反应可以利用葡萄糖生成氢气。有报道指出用琼脂固定化细胞,其生成氢气的速度约为前者的 3 倍。利用氢产生菌多酶体系的催化作用,可以利用从工业废水有效地生产氢气,氢气的转化率为 30%。

在细胞发酵产氢的过程中,氢化酶(hydrogenase,EC 1.18.3.1)起着重要的作用,氢化酶极不稳定,例如在氧存在下就容易失活。因此生物制氢的关键是要提高氢化酶的稳定性,以便能采取通常的发酵方法连续地、较高水平地生产氢气。由于微生物发酵产氢的研究才刚刚起步,这种方法离实际应用还有一段相当大的距离。

3. 酶在生物电池制造方面的应用

利用固定化酶或固定化微生物制造燃料电池(生物化学电池、微生物电池),将化学能转变成电能,是一个意义重大的研究领域,很有发展前途,值得探讨。

将固定化葡萄糖氧化酶装到铂电极上,制成酶电极,与银电极组成燃料电池。在葡萄糖氧化酶催化下,可使葡萄糖产生葡萄糖酸和电子,电子与 H^+ 可以使该电池产生电流。

微生物电池,是利用微生物代谢产生的电极活性物质(如 H_2 等),通过阳极氧化之后,获得电流的电池。在反应槽中,加入酒精厂的工业废水(含葡萄糖可达 $8\,mg\cdot L^{-1}$)和固定化氢产生菌,通过发酵可以连续产生 H_2。然后,将 H_2 输送到燃料电池的阳极,将空气送入阴极。这个燃料电池的阳极是铂黑—镍网,阴极是钯黑—镍网,两极之间是尼龙制的过滤器,两个电极的一端都插入电解液($8\,mol\cdot L^{-1}$)中,另一端以导线相连。这样,

就构成了一个燃料电池。

　　总之，由于固定化酶和固定化微生物在将化学能转变为电能时十分稳定，易于处理，有可能发展成为新的能源转化系统。随着生物技术和其他相关科学的高速发展，我们相信在不远的将来生物燃料电池一定会给人类带来可喜的电能资源，为开发新能源作出贡献。

本 章 要 点

　　疾病与体内某些酶有直接或间接的关系，可以利用某些酶来诊断和治疗疾病，也可以利用酶生产一些化学方法难以合成的药物。目前国内外广泛使用酶的领域是食品工业。酶在食品工业方面主要用于食品加工、食品保鲜、食品添加剂的生产以及增强或改善食品的风味和品质等。轻工业与人们日常生活息息相关。酶在轻工业方面的应用，促进了新产品、新工艺和新技术的发展，同时酶的应用可以提高产品质量、降低原材料消耗、改善劳动条件、减轻劳动强度等，显示出良好的经济效益和社会效益。利用酶催化作用的高度专一性对物质进行检测已成为物质分析检测的重要手段。酶法检测是以酶的专一性为基础，以酶作用后物质的变化为依据进行的。酶在细胞工程和基因工程中起着关键性的作用，主要包括酶在破除细胞壁、大分子切割、大分子连接及 PCR 技术等方面的应用。环境和能源问题已经成为举世瞩目的重大问题。酶在环境检测、治污及新能源开发等领域已经显示了巨大的威力。

复习思考题

1. 酶的应用领域有哪些？试举出这些领域中应用的突出例子。

2. 何谓酶的诊断？试举你熟悉的例子说明。

3. 本章讲述了哪几类药用酶？举几种你熟悉的例子。半合成青霉素和头孢霉素怎样合成？

4. 酶在食品加工方面有哪些应用？奶酪是怎样制成的？啤酒和柑橘汁生产过程中各用什么酶来消除浑浊？

5. 酶法脱胶、脱毛、退浆的原理何在？酶法生产氨基酸有什么优点？

6. 简述酶法分析的单酶反应定量和偶联酶反应定量。

7. 基因工程中常用到哪些工具酶？它们各有什么作用？

8. 酶在环保和能源开发方面可能作出哪些贡献？

主要参考文献

[1] 禹邦超,刘德立.应用酶学导论[M].武汉:华中师范大学出版社,1994.

[2] 徐凤彩主编.酶工程[M].北京:中国农业出版社,2001.

[3] 罗贵民主编.酶工程[M].北京:化学工业出版社,2002.

[4] 罗贵民主编.酶工程[M].北京:化学工业出版社,2003.

[5] 郭勇.酶工程[M].北京:科学出版社,2004.

[6] 郭勇.酶的生产和应用[M].北京:化学工业出版社,2003.

[7] 郭勇.酶工程原理与技术[M].北京:高等教育出版社,2011.

[8] 施巧琴主编.酶工程[M].北京:科学出版社,2006.

[9] 熊振平,等.酶工程[M].北京:化学工业出版社,1989.

[10] 罗九甫.酶和酶工程[M].上海:上海交通大学出版社,1996.

[11] 张树正主编.酶制剂工业[M].北京:科学出版社,1984.

[12] 邹显章.酶的工业生产技术[M].长春:吉林科技出版社,1988.

[13] 蔡谨,孟文芳.生命的催化剂——酶工程[M].杭州:浙江大学出版社,2002.

[14] 袁勤生主编.应用酶学[M].上海:华东理工大学出版社,1994.

[15] 袁勤生主编.现代酶学[M].上海:华东理工大学出版社,2007.

[16] 邹国林,朱汝璠.酶学[M].武汉:武汉大学出版社,1997.

[17] 李再资.生化工程与酶催化[M].广州:华南理工大学出版社,1995.

[18] 李再资.生物化学工程基础[M].北京:化学工业出版社,1999.

[19] 童海宝.生物化工[M].北京:化学工业出版社,2001.

[20] 张玉彬.生物催化的手性合成[M].北京:化学工业出版社,2002.

[21] 张今,曹淑桂,等.分子酶学工程导论[M].北京:科学出版社,2003.

[22] 张今.进化生物技术——酶定向分子进化[M].北京:科学出版社,2004.

[23] 邹承鲁,周筠梅.酶活性部位的柔性[M].济南:山东科学技术出版社,2004.

[24] 陈洪章,等.生物过程工程与设备[M].北京:化学工业出版社,2004.

[25] 何忠效,静国忠,许佐良,等.现代生物技术概论[M].北京:北京师范大学出版社,2000.

[26] 贾仕儒.生物反应工程原理[M].北京:科学出版社,2003.

[27] 陈坚,李寅.发酵过程优化原理与实践[M].北京:化学工业出版社,2002.

[28] 陈石根,周润琦.酶学[M].上海:复旦大学出版社,2001.

[29] 王璋.食品酶学[M].北京:中国轻工业出版社,1992.

[30] 陈峰,励建荣.现代生物与食品技术[M].北京:中国轻工业出版社,2002.

[31] 张龙翔,张庭芳,李令媛.生化实验方法和技术[M].2版.北京:高等教育出版社,1997.

[32] 李建武,萧能赓,等.生物化学实验原理和方法[M].北京:北京大学出版社,1994.

[33] 朱俭,曹凯鸣,周润琦,等.生物化学实验[M].上海:上海科学技术出版社,1981.

[34] 李如亮.生物化学实验[M].武汉:武汉大学出版社,1998.

[35] 陈毓荃.生物化学实验方法与技术[M].北京:科学出版社,2002.

[36] 宋思扬,楼士林.生物技术概论[M].北京:科学出版社,2003.

[37] 周海梦,王洪睿.蛋白质化学修饰[M].北京:清华大学出版社,1998.

[38] 司士辉.生物传感器[M].北京:化学工业出版社,2002.

[39] 陈守文.酶工程[M].北京:科学出版社,2010.

[40] 由德林.酶工程原理[M].北京:科学出版社,2011.

[41] 郑穗平,郭勇,潘力.酶学[M].北京:科学出版社,2009.